항공보안관련 법규

김명수

AVIATION SECURITY

머 리 말

1903년 12월 17일 자전거 제작기술자였던 미국의 라이트형제(Wright, Orville and Wilbur)가 최초로 유인동력비행에 성공하였다. 이후 항공산업은 제1・2차 세계대전을 겪으면서 군용기를 중심으로 비약적으로 발전하였다. 이와 같은 항공산업은 제1・2차 세계대전 종전 이후에는 군용기를 중심으로 한 항공산업이 민간항공산업으로 전환되어 발전을 거듭하였으며, 1947년에는 미국의 Bell X-1이라는 유인 실험용 비행기가 로켓엔진을 장착하고 초음속에 가까운 속도(1220㎞/h. 초음속의 단위 = 340.29m/s, 1225.15㎞/h)로 비행하는 데 성공하기에 이르렀다.

이후 1976년에는 영국과 프랑스가 공동으로 개발한 초음속제트여객기인 '콩코드'라는 항공기가 취항하기에 이르렀으며, 오늘날에는 미국 보잉(Boeing)사가 제작한 첨단항공기인 B777-300ER와 유럽의 항공기 합작회사인 에어버스인더스트리(Airbus Industrie)가 개발한 에어버스(Airbus) A380이라는 복층구조의 초대형여객기 등이 취항을 하고 있다.

2013년 5월 1일 태평양 상공에서는 마하6(2041.74m/s, 7350.899㎞/h)의 속도로 개발중인 미국의 차세대 극초음속 항공기인 51 Waverider가 마하5(1701.45.74m/s, 6125.749㎞/h)의 속도로 비행하는 데 성공하였다. 이렇듯 항공산업은 그 누구도 예측하지 못할 정도로 급성장을 거듭하고 있다.

이와 같이 항공산업이 급성장을 거듭함과 동시에 크게 우려할 사항이 있는데, 그것이 바로 항공테러이다.

항공테러는 항공기를 대상으로 하는 테러 이외에, 공항청사 및 보호구역 등에서 발생하는 테러도 포함되는 것이다. 이 중에서 특히 항공기를 대상으로 한 항공테러는 항공기가 공중을 운항하는 운송수단이라는 특수성으로 말미암아, 육상이나 해상의 운송수단과는 달리 테러가 발생하면 진압이 거의 불가능할 뿐만 아니라, 탑승객과 승무원 전원이 사망할 개연성이 매우 높다.

그러나 항공기를 대상으로 한 국제적인 항공테러는 1931년 남아프리카공화국에서 페루의 혁명분자들이 그들의 혁명강령이 적힌 유인물을 공중에서 살포하고자 팬암(Pan Am)항공기를 하이재킹(hijacking)한 것을 시초로 오늘날까지 전 세계적으로 끊임없이 발생되고 있다. 이러한 항공테러 중에서 전 세계인을 경악하게 한 초대형 항공테러 사건이 발생하였는데, 그것은 바로 2001년 9월 11일에 발생한 9·11테러이다.

우리나라도 1958년 2월 16일 부산 수영공항발 대한국립항공(KNA) 소속 쌍발여객기(DC-3형)인 창랑호가 수원 상공에서 북한공작원들에게 하이재킹(hijacking)되어 북한으로 피랍된 이래 오늘날까지 북한공작원들에 의하여 끊임없이 항공테러가 발생되고 있다.

그런데 우리나라는 다른 국가에서 발생되는 항공테러와는 달리 북한에 의하여 항공테러가 자행되고 있다. 그중에서도 1988년에 개최될 88서울올림픽게임을 저지할 목적으로 1987년 북한공작원에 의하여 자행된 대한항공(KAL) 소속 858(B-707) 여객기 항공테러사건은 오늘날까지 전 국민의 기억 속에 남아 있다.

이와 같이 테러집단 및 테러범들은 항공테러를 통하여 자신들의 소기의 목적을 달성할지 모르지만, 그것으로 인한 인적·물적 피해는 형언할 수 없을 정도로 막대하며, 전 세계인들은 경악을 금치 못한다.

항공테러는 사전에 방지할 수 없기 때문에 강조되는 것이 '항공보안'이다.

저자는 이러한 점들을 감안하여, 최일선에서 '항공보안'을 담당하는 '항공보안검색요원'들이 반드시 알아야 하는 "항공보안관련법"을 출판하게 되었다. 조급한 마음에서 탈고를 서두르다 보니, 미비점을 드러낼 수밖에 없어 많은 아쉬움이 남는다. 이는 향후 강의를 통하여 개선 및 보완해 나가고자 한다.

2014년 12월

金 明 秀

차 례

1장
항공법

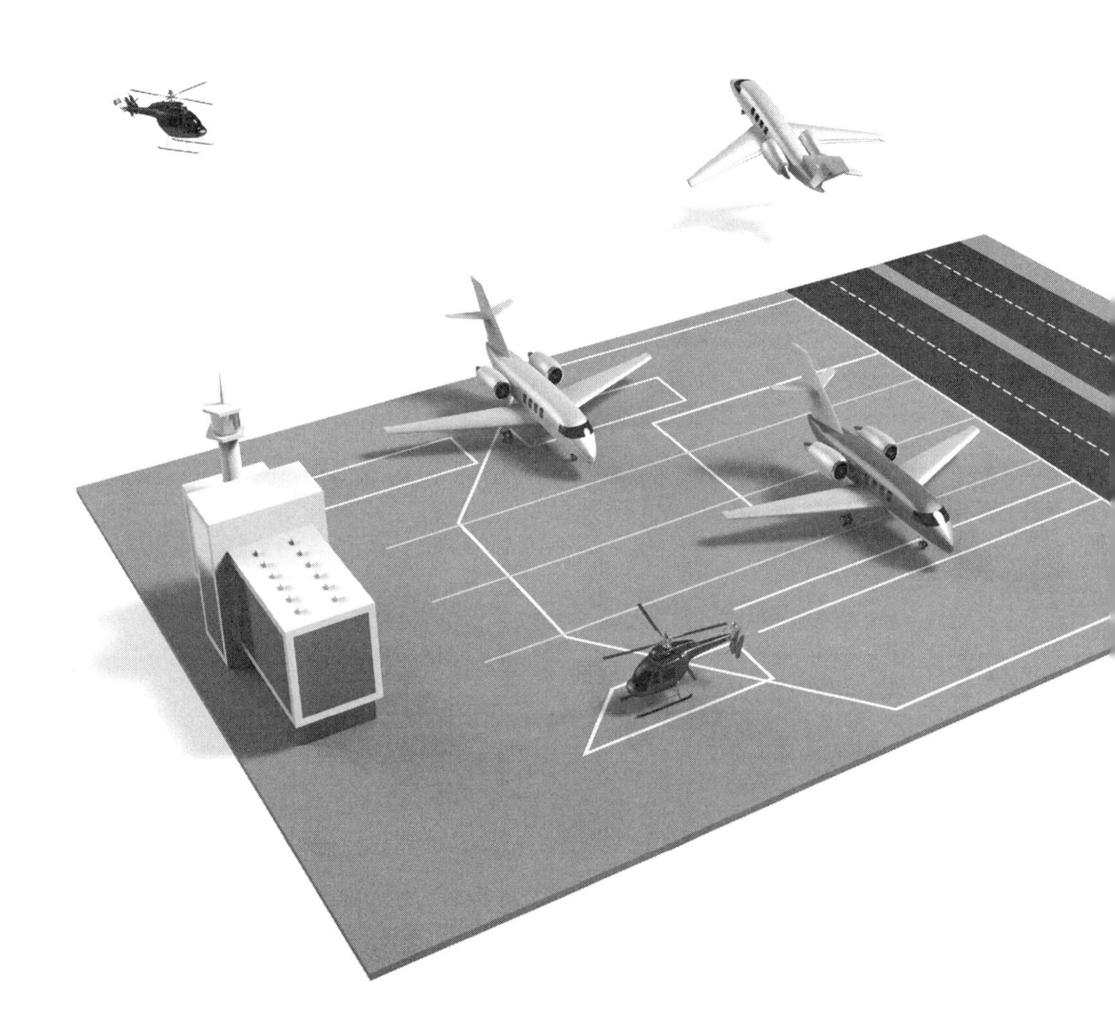

1. 항공법 개설

1.1 항공법의 제정

「항공법」(Aviation Act)은 1961년 3월 7일에 법률 제591호로 제정되어 동년 6월 8일부터 시행되었다.

1.2 항공법의 개정

1962년 11월 30일에 법률 제1194호로 일부개정을 하여 동년 동월 동일부터 시행한 것을 필두로 「항공법」이 제정되어 시행된 이후 현재까지 58차례의 개정을 거쳐 오늘에 이르고 있다.

1.3 현행 항공법

현행 「항공법」은 2013년 8월 6일 법률 제12026호로 일부개정을 하여 2014년 2월 7일부터 시행을 하여 오고 있다.

2. 항공법의 총칙

2.1 항공법의 제정목적

「항공법」(Aviation Act)을 제정하게 된 목적은 「국제민간항공조약」 및 동 조약의 부속서(附屬書)에서 채택한 표준과 방식에 의하여 항공기의 안전한 항행(航行)을 위한 방법을 정하고, 항공시설을 효율적으로 설치·관리하도록 하며, 항공운송사업의 질서를 확립함으로써 항공의 발전과 공공복리의 증진에 이바지하도록 하기 위함이다(항공법 제1조).

2.2 항공보안법의 법률용어에 대한 개념정의

「항공법」에서 사용하는 법률용어에 대한 개념정의는 다음과 같다(항공법 제2조).

2.2.1 항공기

"항공기"라 함은, 비행기·비행선·활공기(滑空機)·회전익(回轉翼)항공기 및 그 밖에 대통령령으로 정하는 것으로서, 항공에 사용할 수 있는 기기(機器)를 말한다(항공법 제2조 제1호).

2.2.2 국가기관 등 항공기

"국가기관 등 항공기"라 함은, 국가나 지방자치단체 및 그 밖에 「공공기관의 운영에 관한 법률」에 따른 공공기관으로서, 대통령령으로 정하는 공공기관(이하에서는 "국가기관 등"이라고 한다)이 소유하거나 임차(賃借)한 항공기로서, 다음에 해당하는 업무를 수행하기 위하여 사용되는 항공기를 말한다. 다만, 군용·경찰용 및 세관용 항공기는 제외한다.

1. 재난·재해 등으로 인한 수색(搜索)·구조
2. 산불의 진화 및 예방
3. 응급환자의 후송 등 구조·구급활동
4. 그 밖에 공공의 안녕과 질서유지를 위하여 필요한 업무

2.2.3 항공업무

"항공업무"라 함은, 다음에 해당하는 업무를 말한다.

1. 항공기에 탑승하여 행하는 항공기의 운항(항공기의 조종연습은 제외)
2. 항공교통관제(航空交通管制)
3. 운항관리 및 무선설비의 조작(操作)
4. 정비 · 수리 · 개조(이하에서는 "정비 등"이라고 한다)된 항공기 · 발동기 · 프로펠러(이하에서는 "항공기 등"이라고 한다), 장비품 또는 부품에 대하여 '항공기 등의 정비 등에 관한 확인'의 규정(항공법 제22조)에 의하여 안전성 여부를 확인하는 업무
5. 항공기에 사람이 탑승하지 아니하고, 원격 · 자동으로 비행할 수 있는 항공기(이하에서는 "무인항공기"라고 한다)의 운항

2.2.4 항공종사자

"항공종사자"라 함은, 항공업무에 종사하려는 사람 또는 경량항공기를 사용하여 비행하려는 사람은 국토교통부령으로 정하는 바에 따라 국토교통부장관으로부터 항공종사자 자격증명을 받도록 규정[1)](항공법 제25조 제1항)되어 있는데, 이 규정에 따라 항공종사자 자격증명을 받은 사람을 말한다.

2.2.5 객실승무원

"객실승무원"이라 함은, 항공기에 탑승하여 비상시에 탑승객을 탈출시키는 등 안전업무를 수행하는 승무원을 말한다.

2.2.6 비행장

"비행장"이라 함은, 항공기의 이륙[이수(離水)를 포함하며, 이하에서는 이와 동일] · 착륙[착수(着水)를 포함하며, 이하에서는 이와 동일]을 위하여 사용되는 육지 또는 수면(水面)의 일정한 구역으로서, 대통령령으로 정하는 것을 말한다.

---

1) 다만, 항공업무 중 무인항공기의 운항의 경우에는, 국토교통부장관으로부터 항공종사자 자격증명을 받지 않아도 된다(항공법 제25조 제1항 단서).

2.2.7 공항

"공항"이라 함은, 공항시설을 갖춘 공공용의 비행장으로서, 국토교통부장관이 그 명칭 · 위치 및 구역을 지정 · 고시한 것을 말한다.

2.2.8 공항운영자

"공항운영자"라 함은, 「인천국제공항공사법」 및 「한국공항공사법」 등의 관련법률에 따라 공항운영의 권한을 부여받은 자 또는 그 권한을 부여받은 자로부터 공항운영의 권한을 위탁 또는 이전받은 자를 말한다.

2.2.9 공항시설

"공항시설"이라 함은, 항공기의 이륙 · 착륙 및 여객 · 화물의 운송을 위한 시설과 그 부대시설 및 지원시설로서, 공항구역에 있는 시설과 공항구역 밖에 있는 시설 중 대통령령으로 정하는 시설로서, 국토교통부장관이 지정한 시설을 말한다.

2.2.10 공항구역

"공항구역"이라 함은, 공항으로 사용되고 있는 지역으로서, 「국토의 계획 및 이용에 관한 법률」 제30조[2](도시 · 군관리계획의 결정) 및 제43조[3](도시 · 군계획시설의 설치

---

2) 「국토의 계획 및 이용에 관한 법률」 제30조(도시 · 군관리계획의 결정)

① 시 · 도지사는 도시 · 군관리계획을 결정하려면 관계 행정기관의 장과 미리 협의하여야 하며, 국토교통부장관(제40조에 따른 수산자원보호구역의 경우 해양수산부장관을 말한다. 이하 이 조에서는 동일)이 도시 · 군관리계획을 결정하려면 관계 중앙행정기관의 장과 미리 협의하여야 한다. 이 경우, 협의 요청을 받은 기관의 장은 특별한 사유가 없으면 그 요청을 받은 날부터 30일 이내에 의견을 제시하여야 한다.

② 시 · 도지사는 「국토의 계획 및 이용에 관한 법률」 제24조 제5항에 의하여 국토교통부장관이 입안하여 결정한 도시 · 군관리계획을 변경하거나, 그 밖에 대통령령으로 정하는 중요한 사항에 관한 도시 · 군관리계획을 결정하려면, 미리 국토교통부장관과 협의하여야 한다.

③ 국토교통부장관은 도시 · 군관리계획을 결정하려면 중앙도시계획위원회의 심의를 거쳐야 하며, 시 · 도지사가 도시 · 군관리계획을 결정하려면 시 · 도 도시계획위원회의 심의를 거쳐야 한다. 다만, 시 · 도지사가 지구단위계획(지구단위계획과 지구단위계획구역을 동시에 결정할 때에는 지구단위계획구역의 지정 또는 변경에 관한 사항을 포함할 수 있다)을 결정하려면 대통령령으로 정하는 바에 따라 「건축법」 제4조에 따라 시 · 도에 두는 건축위원회와 도시계획위원회가 공동으로 하는 심의를 거쳐야 한다.

④ 국토교통부장관이나 시 · 도지사는 국방상 또는 국가안전보장상 기밀을 지켜야 할 필요가 있다고 인정되면(관계 중앙행정기관의 장이 요청할 때만 해당), 그 도시 · 군관리계획의 전부 또는 일부에 대하여 위 ① 내지 ③의 규정에 따른 절차를 생략할 수 있다.

·관리)에 따라 도시계획시설로 결정된 지역을 말한다.

2.2.11 공항개발예정지역

"공항개발예정지역"이라 함은, 공항개발사업을 목적으로 국토교통부장관, 시·도지사 또는 대도시 시장이 「항공법」 제88조(실시계획의 작성 및 인가 등)에 따라 실시계획을 작성 또는 변경작성을 하거나, 인가 또는 변경인가를 하여 대통령령에 의하여 그 내용을 고시한 것(항공법 제91조)에 의하여, 국토교통부장관이 공항개발기본계획으로 고시한 지역을 말한다.

2.2.12 공항개발사업

"항개발사업"이라 함은, 「항공법」에 의하여 시행하는 공항시설의 신설·증설·정비 또는 개량에 관한 사업을 말한다.

---

⑤ 결정된 도시·군관리계획을 변경하려는 경우에는, 위 ① 내지 ④의 규정을 준용한다. 다만, 대통령령으로 정하는 경미한 사항을 변경하는 경우에는 그러하지 아니하다.
⑥ 국토교통부장관이나 시·도지사는 도시·군관리계획을 결정하면, 대통령령에 의하여 그 결정을 고시하고, 국토교통부장관이나 도지사는 관계 서류를 관계 특별시장·광역시장·특별자치시장·특별자치도지사·시장 또는 군수에게 송부하여 일반이 열람할 수 있도록 하여야 하며, 특별시장·광역시장·특별자치시장·특별자치도지사는 관계 서류를 일반이 열람할 수 있도록 하여야 한다.
⑦ 시장 또는 군수가 도시·군관리계획을 결정하는 경우에는, 위 ① 내지 ⑥의 규정을 준용한다. 이 경우, "시·도지사"는 "시장 또는 군수"로, "시·도 도시계획위원회"는 "「국토의 계획 및 이용에 관한 법률」 제113조 제2항에 따른 시·군·구도시계획위원회"로, "「건축법」 제4조에 따라 시·도에 두는 건축위원회"는 "「건축법」 제4조에 따라 시 또는 군에 두는 건축위원회"로, "특별시장·광역시장·특별자치시장·특별자치도지사"는 "시장 또는 군수"로 본다.

3) 제43조(도시·군계획시설의 설치·관리)
① 지상·수상·공중·수중 또는 지하에 기반시설을 설치하려면 그 시설의 종류·명칭·위치·규모 등을 미리 도시·군관리계획으로 결정하여야 한다. 다만, 용도지역·기반시설의 특성 등을 고려하여 대통령령으로 정하는 경우에는 도시·군관리계획으로 결정하지 않아도 된다.
② 도시·군계획시설의 결정·구조 및 설치의 기준 등에 필요한 사항은 국토교통부령으로 정하고, 그 세부사항은 국토교통부령으로 정하는 범위에서 시·도의 조례로 정할 수 있다. 다만, 다른 법률에 특별한 규정이 있는 경우에는, 그 법률에 따른다.
③ 위 ①에 의하여 설치한 도시·군계획시설의 관리에 관하여 이 법 또는 다른 법률에 특별한 규정이 있는 경우 이외에 국가가 관리하는 경우에는, 대통령령으로, 지방자치단체가 관리하는 경우에는, 그 지방자치단체의 조례로 도시·군계획시설의 관리에 관한 사항을 정한다.

2.2.13 착륙대

"착륙대"라 함은, 항공기가 활주로를 이탈하는 경우, 항공기와 탑승자의 피해를 줄이기 위하여 활주로 주변에 설치하는 안전지대로서, 국토교통부령으로 정하는 길이와 폭으로 이루어지는 활주로 중심선에 중심을 두는 직사각형의 지표면 또는 수면을 말한다.

2.2.14 비행정보구역

"비행정보구역"이라 함은, 항공기의 안전하고 효율적인 비행과 항공기의 수색 또는 구조에 필요한 정보를 제공하기 위한 공역(空域)으로서, 「국제민간항공조약」 및 동 조약 부속서에 의하여 국토교통부장관이 그 명칭, 수직 및 수평 범위를 지정・공고한 공역을 말한다.

2.2.15 항공기사고

"항공기사고"라 함은, 사람이 항공기에 비행을 목적으로 탑승한 때부터 탑승한 모든 사람이 항공기에서 내릴 때까지(무인항공기 운항의 경우에는 비행을 목적으로 움직이는 순간부터 비행이 종료되어 발동기가 정지되는 순간까지를 말한다) 항공기의 운항과 관련하여 발생한 다음에 해당하는 것을 말한다.

1. 사람의 사망・중상(重傷) 또는 행방불명
2. 항공기의 중대한 손상・파손 또는 구조상의 결함
3. 항공기의 위치를 확인할 수 없거나, 항공기에 접근이 불가능한 경우

2.2.16 항공기 준사고

"항공기 준사고"(航空機 準事故)라 함은, 항공기사고 이외에 항공기사고로 발전할 수 있었던 것으로서, 국토교통부령으로 정하는 것을 말한다.

2.2.17 항공안전장애

"항공안전장애"라 함은, 항공기사고, 항공기 준사고 이외에 항공기의 운항 및 항행안전시설과 관련하여 항공안전에 영향을 미치거나 미칠 우려가 있었던 것으로서, 국토교통부령으로 정하는 것을 말한다.

2.2.18 장애물 제한표면

"장애물 제한표면"이라 함은, 항공기의 안전운항을 위하여 비행장 주변에 장애물(항공기의 안전운항을 방해하는 지형 · 지물 등을 말한다)의 설치 등이 제한되는 표면으로서, 대통령령으로 정하는 것을 말한다.

2.2.19 항행안전시설

"항행안전시설"이라 함은, 유선통신 · 무선통신 · 불빛 · 색채 또는 형상(形象)을 이용하여 항공기의 항행을 돕기 위한 시설로서, 국토교통부령으로 정하는 시설을 말한다.

2.2.20 항공등화

"항공등화"라 함은, 불빛을 이용하여 항공기의 항행을 돕기 위한 항행안전시설로서, 국토교통부령으로 정하는 시설을 말한다.

2.2.21 관제권

"관제권"(管制圈)이라 함은, 비행장과 그 주변의 공역으로서, 항공교통의 안전을 위하여 국토교통부장관이 지정한 공역을 말한다.

2.2.22 관제구

"관제구"(管制區)라 함은, 지표면 또는 수면으로부터 200미터 이상 높이의 공역으로서, 항공교통의 안전을 위하여 국토교통부장관이 지정한 공역을 말한다.

2.2.23 항공로

"항공로"라 함은, 국토교통부장관이 항공기의 항행에 적합하다고 지정한 지구의 표면상에 표시한 공간의 길을 말한다.

2.2.24 시계비행 기상상태

"시계비행 기상상태"라 함은, 항공기가 항행할 때의 가시거리 및 구름의 상황을 고려하여 국토교통부령으로 정하는 시계상(視界上)의 양호한 기상상태를 말한다.

2.2.25 계기비행 기상상태

"계기비행 기상상태"라 함은, 시계비행(視界飛行)의 기상상태 이외의 기상상태를 말한다.

2.2.26 계기비행

"계기비행"이라 함은, 항공기의 자세 · 고도(高度) · 위치 및 비행방향의 측정을 항공기에 장착된 계기에만 의존하여 비행하는 것을 말한다.

2.2.27 계기비행방식

"계기비행방식"이라 함은, 다음에 의한 비행방식을 말한다.

1. 관제권에서의 이륙 및 이에 따른 상승비행(上昇飛行)과 착륙 및 이에 선행(先行)하는 강하비행(降下飛行)은 「항공법」 제38조[4](공역 등의 지정)에 따라 국토교통부장관이 지정하는 항공로 또는 「항공법」 제70조 제1항[5]에 따라 국토교통부장관이 지시하는 비행로에서 하고, 그 밖의 비행은 「항공법」 제70조 제1항에 따라 국토교통부장관이 지시한 방법에 따라 하는 비행방식
2. 위 1.에서 언급한 비행 이외의 관제구에서의 비행을 「항공법」 제70조 제1항에 따른 국토교통부장관의 지시에 따라 하는 비행방식

---

4) 제38조(공역 등의 지정)
② 국토교통부장관은 공역을 체계적이고 효율적으로 관리하기 위하여 필요하다고 인정할 때에는, 비행정보구역을 다음의 공역으로 구분하여 지정 · 공고할 수 있다.
1. 관제공역 : 항공교통의 안전을 위하여 항공기의 비행 순서 · 시기 및 방법 등에 관하여 국토교통부장관의 지시를 받아야 할 필요가 있는 공역으로서 관제권 및 관제구를 포함하는 공역
2. 비관제공역 : 관제공역 이외의 공역으로서 항공기에 탑승하고 있는 조종사에게 비행에 필요한 조언 · 비행정보 등을 제공하는 공역
3. 통제공역 : 항공교통의 안전을 위하여 항공기의 비행을 금지하거나, 제한할 필요가 있는 공역
4. 주의공역 : 항공기의 비행 시 조종사의 특별한 주의 · 경계 · 식별 등이 필요한 공역
③ 국토교통부장관은 필요하다고 인정할 때에는, 국토교통부령에 의하여 위 ②에 따른 공역을 세분하여 지정 · 공고할 수 있다.
④ 위 ② 및 ③에 따른 공역의 설정기준과 그 밖에 공역의 지정 등에 필요한 사항은 국토교통부령으로 정한다.

5) 제70조(항공교통업무 등)
① 비행장이나 관제권 또는 관제구에서 항공기를 이동 · 이륙 · 착륙시키거나, 항공기로 비행을 하려는 사람은 국토교통부장관이 지시하는 이동 · 이륙 · 착륙의 순서 및 시기와 비행의 방법에 따라야 한다.

2.2.28 경량항공기

"경량항공기"라 함은, 항공기 이외에 비행할 수 있는 것으로서, 국토교통부령으로 정하는 타면(舵面)조종형비행기 · 체중이동형비행기 및 회전익경량항공기 등을 말한다.

2.2.29 경량항공기사고

"경량항공기사고"라 함은, 경량항공기의 비행과 관련하여 발생한 다음에 해당하는 것을 말한다.

1. 경량항공기에 의한 사람의 사망 · 중상 또는 행방불명
2. 경량항공기의 추락 · 충돌 또는 화재 발생
3. 경량항공기의 위치를 확인할 수 없거나, 경량항공기에 접근이 불가능한 경우

2.2.30 초경량비행장치

"초경량비행장치"라 함은, 항공기와 경량항공기 외에 비행할 수 있는 장치로서, 국토교통부령으로 정하는 동력비행장치(動力飛行裝置) · 인력활공기(人力滑空機) · 기구류(氣球類) 및 무인비행장치 등을 말한다.

2.2.31 초경량비행장치사고

"초경량비행장치사고"라 함은, 초경량비행장치(超輕量飛行裝置)의 비행과 관련하여 발생한 다음에 해당하는 것을 말한다.

1. 초경량비행장치에 의한 사람의 사망 · 중상 또는 행방불명
2. 초경량비행장치의 추락 · 충돌 또는 화재 발생
3. 초경량비행장치의 위치를 확인할 수 없거나, 초경량비행장치에 접근이 불가능한 경우

2.2.32 모의비행장치

"모의비행장치"라 함은, 항공기의 조종실을 모방하여 기계 · 전기 · 전자장치 등의 통제기능과 비행의 성능 및 특성 등을 실제의 항공기와 동일하게 재현할 수 있게 고안된 장치를 말한다.

2.2.33 항공운송사업

"항공운송사업"이라 함은, 타인의 수요에 맞추어 항공기를 사용하여 유상(有償)으로 여객이나 화물을 운송하는 사업을 말한다.

2.2.34 국내항공운송사업

"국내항공운송사업"이라 함은, 국토교통부령으로 정하는 일정한 규모 이상의 항공기를 이용하여 다음에 해당하는 운항을 하는 항공운송사업을 말한다.

1. 국내 정기편 운항 : 국내공항과 국내공항 사이에 일정한 노선을 정하고 정기적인 운항계획에 따라 운항하는 항공기 운항
2. 국내 부정기편 운항 : 국내에서 이루어지는 위 1.에서 언급한 항공기 운항 이외의 항공기 운항

2.2.35 국제항공운송사업

"국제항공운송사업"이라 함은, 국토교통부령으로 정하는 일정한 규모 이상의 항공기를 이용하여 다음에 해당하는 운항을 하는 항공운송사업을 말한다.

1. 국제 정기편 운항 : 국내공항과 외국공항 사이 또는 외국공항과 외국공항 사이에 일정한 노선을 정하고 정기적인 운항계획에 따라 운항하는 항공기 운항
2. 국제 부정기편 운항 : 국내공항과 외국공항 사이 또는 외국공항과 외국공항 사이에 이루어지는 위 1.에서 언급한 항공기 운항 이외의 항공기 운항

2.2.36 소형항공운송사업

"소형항공운송사업"이라 함은, 국내항공운송사업 및 국제항공운송사업 이외의 항공운송사업을 말한다.

2.2.37 항공기사용사업

"항공기사용사업"이라 함은, 항공운송사업 이외의 사업으로서, 타인의 수요에 맞추어 항공기를 사용하여 유상으로 농약 살포나 건설 또는 사진촬영 등 국토교통부령으로 정하는 업무를 하는 사업을 말한다.

2.2.38 항공기취급업

"항공기취급업"이라 함은, 항공기에 대한 급유(給油)나 항공화물 또는 수하물(手荷物)의 하역(荷役) 및 그 밖에 정비 등을 제외한 지상조업(地上操業)을 하는 사업을 말한다.

2.2.39 항공기정비업

"항공기정비업"이라 함은, 다른 사람의 수요에 맞추어 다음에 해당하는 업무를 하는 사업을 말한다.

1. 항공기 등이나 장비품 또는 부품의 정비 등을 하는 업무
2. 항공기 등이나 장비품 또는 부품의 정비 등에 대한 기술관리 및 품질관리 등을 지원하는 업무

2.2.40 상업서류 송달업

"상업서류 송달업"이라 함은, 타인의 수요에 맞추어 유상으로 자기의 조직이나 계통을 이용하여(우편법 제2조 제2항 단서) 수출입 등에 관한 서류와 그에 딸린 견본품을 항공기를 이용하여 송달하는 사업을 말한다.

2.2.41 항공운송 총대리점업

"항공운송 총대리점업"이라 함은, 항공운송사업을 경영하는 자를 위하여, 유상으로 항공기를 이용한 여객 또는 화물의 국제운송계약 체결을 대리(代理)[여권 또는 사증(査證)을 받는 절차의 대행은 제외]하는 사업을 말한다.

2.2.42 도심공항터미널업

"도심공항터미널업"이라 함은, 공항구역이 아닌 곳에서 항공여객이나 항공화물의 수송 및 처리에 관한 편의를 제공하기 위하여, 이에 필요한 시설을 설치하여 운영하는 사업을 말한다.

2.2.43 항공교통사업자

"항공교통사업자"라 함은, 공항 또는 항공기를 사용하여 여객 또는 화물의 운송과 관

련된 유상서비스(이하에서는 "항공교통서비스"라고 한다)를 제공하는 공항운영자 또는 항공운송사업자를 말한다.

2.2.44 항공교통이용자

"항공교통이용자"라 함은, 항공교통사업자가 제공하는 항공교통서비스를 이용하는 자를 말한다.

2.2.45 항공기대여업

"항공기대여업"이라 함은, 다른 사람의 수요에 맞추어 유상으로 항공기나 경량항공기 또는 초경량비행장치를 대여(貸與)하는 사업을 말한다.

2.2.46 초경량비행장치사용사업

"초경량비행장치사용사업"이라 함은, 다른 사람의 수요에 맞추어 국토교통부령으로 정하는 초경량비행장치를 사용하여 유상으로 농약살포 및 사진촬영 등 국토교통부령으로 정하는 업무를 하는 사업을 말한다.

2.3 임대차 항공기에 대한 권한 및 의무이양

외국에 등록된 항공기를 임차하여 운영하거나, 대한민국에 등록된 항공기를 외국에 임대하여 운항하게 하는 경우, 그 임대차(賃貸借) 항공기의 감항증명(堪航證明) · 항공종사자의 자격 관리 · 항공기의 운항 등에 관련된 권한 및 의무의 이양(移讓)에 관한 사항은 「국제민간항공조약」에 의하여, 국토교통부장관이 정하여 고시한다(항공법 제2조의 2).

2.4 군용항공기 등의 적용 특례

2.4.1 군용항공기와 그 항공업무 종사자에 대한 특례

군용항공기와 그 항공업무의 종사자에 대하여는 이 「항공법」을 적용하지 않는다(항공법 제2조의 3 제1항).

2.4.2 세관업무 또는 경찰업무에 사용하는 항공기와 그 항공업무 종사자에 대한 특례

세관업무 또는 경찰업무에 사용하는 항공기와 이에 관련된 항공업무에 종사하는 사람에 대하여는, 이 법을 적용하지 않는다. 다만, 국토교통부령으로 정하는 긴급출동의 경우를 제외하고는 공중충돌의 예방을 위하여「항공법」 제38조의 2[6](비행제한 등) · 제40조[7](무선설비의 설치 · 운용 의무) · 제54조[8](비행규칙 등) · 제55조(비행 중 금지행위 등) 제5호(무인항공기의 비행) 및 제70조 제1항[9](항공교통업무 등)을 적용한다(항공법 제2조의 3 제2항).

2.4.3 미합중국이 사용하는 항공기와 그 항공업무의 종사자

「대한민국과 아메리카합중국 간의 상호방위조약」 제4조에 따라 미합중국이 사용하는 항공기와 이에 관련된 항공업무에 종사하는 사람에 대하여는 위 2.4.2(항공법 제2조의 3 제2항)에서 언급한 바와 같다(항공법 제2조의 3 제3항).

---

6) 제38조의 2(비행제한 등)

① 「항공법」 제38조(공역 등의 지정) 제2항의 규정에 의하여 비관제공역 또는 주의공역에서 비행하는 항공기는 그 공역에 대하여 국토교통부장관이 정하여 공고하는 비행의 방식 및 절차에 따라야 한다.

② 항공기는 「항공법」 제38조(공역 등의 지정) 제2항의 규정에 의하여 통제공역에서 비행하여서는 아니 된다. 다만, 국토교통부령에 의하여 국토교통부장관으로부터 허가를 받아 그 공역에 대하여 국토교통부장관이 정하는 비행의 방식 및 절차에 따라 비행하는 경우에는, 통제공역이라도 비행할 수 있다.

7) 제40조(무선설비의 설치 · 운용 의무)

항공기를 항공에 사용하려는 자 또는 소유자등은 해당 항공기에 비상위치 무선표지설비, 2차감시레이더용 트랜스폰더 등 국토교통부령으로 정하는 무선설비를 설치 · 운용하여야 한다.

8) 제54조(비행규칙 등)

① 항공기를 운항하려는 사람은 「국제민간항공조약」 및 동 조약 부속서에 의하여 국토교통부령으로 정하는 비행에 관한 기준 · 절차 · 방식 등에 따라 비행하여야 한다.

② 비행규칙은 다음과 같이 구분한다.

1. 재산 및 인명을 보호하기 위한 비행절차 등 일반적인 사항에 관한 규칙
2. 시계비행에 관한 규칙
3. 계기비행에 관한 규칙
4. 비행계획의 작성 · 제출 · 접수 및 통보 등에 관한 규칙
5. 그 밖에 비행안전을 위하여 필요한 사항에 관한 규칙

9) 제70조(항공교통업무 등)

① 비행장, 관제권 또는 관제구에서 항공기를 이동 · 이륙 · 착륙시키거나 항공기로 비행을 하려는 사람은 국토교통부장관이 지시하는 이동 · 이륙 · 착륙의 순서 및 시기와 비행의 방법에 따라야 한다.

2.4.4 「항공법」 제144조 제1항 · 제145조 · 제146조 및 제151조의 적용

「항공법」 제144조(외국항공기의 항행) 제1항[10] · 제145조[11](외국항공기의 국내 사용) · 제146조[12](군수품 수송의 금지) 및 제151조[13](증명서 등의 인정)는 「대한민국과 아메리카합중국 간의 상호방위조약」 제4조에 의하여 미합중국이 사용하는 항공기와 그 항공업무에 종사하는 자에 대하여는 적용하지 않는다(항공법 제2조의 3 제4항).

2.5 국가기관 등 항공기의 적용 특례

2.5.1 국가기관 등 항공기와 그 항공업무의 종사자에 대한 「항공법」의 적용

국가기관 등 항공기와 그 항공업무의 종사자에 대하여는 「항공법」(제53조[14][이착륙

---

10) 제144조(외국항공기의 항행)

① 외국 국적을 가진 항공기(「항공법」 제147조[외국인 국제항공운송사업] 제1항에 의하여 허가를 받은 자가 해당 사업에 사용하는 항공기 및 「항공법」 제148조[외국항공기의 유상운송]에 의하여 허가를 받은 자가 해당 운송에 사용하는 항공기는 제외)의 사용자(외국이나 외국의 공공단체 또는 이에 준하는 자 포함)는 다음에 해당하는 항행을 하려면 국토교통부장관으로부터 허가를 받아야 한다.

1. 대한민국 밖에서 이륙하여 대한민국에 착륙하는 항행
2. 대한민국에서 이륙하여 대한민국 밖에 착륙하는 항행
3. 대한민국 밖에서 이륙하여 대한민국에 착륙하지 아니하고 대한민국을 통과하여 대한민국 밖에 착륙하는 항행

11) 제145조(외국항공기의 국내 사용)

외국 국적을 가진 항공기(외국인 국제항공운송사업자가 해당 사업에 사용하는 항공기 및 「항공법」 제148조[외국항공기의 유상운송]에 의하여 허가를 받은 자가 해당 운송에 사용하는 항공기는 제외)는 대한민국 각 지역 간의 항공에 사용하여서는 아니 된다. 다만, 국토교통부장관의 허가를 받은 경우에는, 대한민국 각 지역 간의 항공에 사용할 수 있다.

12) 제146조(군수품 수송의 금지)

외국 국적을 가진 항공기로 「항공법」 제144조 제1항 각 호의 어느 하나에 해당하는 항행을 하여 국토교통부령으로 정하는 군수품을 수송하여서는 아니 된다. 다만, 국토교통부장관의 허가를 받은 경우에는 그러하지 아니하다.

13) 제151조(증명서 등의 인정)

다음에 해당하는 항공기의 감항성 및 그 승무원의 자격에 관하여 해당 항공기의 국적인 외국정부가 한 증명 · 면허 및 그 밖의 행위는 이 「항공법」에 따라 한 것으로 본다.

1. 「항공법」 제144조(외국항공기의 항행) 제1항 각 호에 해당하는 항행을 하는 외국 국적의 항공기
2. 「항공법」 제147조(외국인 국제항공운송사업)에 의하여 외국인 국제항공운송사업에 사용되는 외국 국적의 항공기
3. 「항공법」 제148조(외국항공기의 유상운송)에 의하여 유상운송을 하는 외국 국적의 항공기

14) 제53조(이착륙의 장소)

항공기(활공기는 제외)는 육상에서는 비행장이 아닌 곳에서, 수상에서는 국토교통부령으로 정하는 장소가 아닌 곳에서 이륙하거나 착륙하여서는 아니 된다. 다만, 불가피한 사유가 있는 경우로서, 국토교통부장관의

의 장소]・제56조[15][긴급항공기의 지정 등] 및 제153조[16][항공안전활동]는 제외)을 적

허가를 받은 경우에는 이륙하거나 착륙할 수 있다.

15) 제56조(긴급항공기의 지정 등)

① 응급환자의 수송 등 국토교통부령으로 정하는 긴급한 업무에 항공기를 사용하려는 소유자 등은, 그 항공기에 대하여 국토교통부장관의 지정을 받아야 한다.

② 위 ①에 의하여 국토교통부장관으로부터 지정을 받은 항공기를 위 ①에 따른 긴급한 업무의 수행을 위하여 운항하는 경우에는, 「항공법」 제53조(이착륙의 장소)에 따른 이착륙의 장소에 관한 제한규정 및 동법 제55조(비행 중 금지행위 등) 제1호의 최저비행고도 아래에서의 비행금지에 관한 규정을 적용하지 아니한다.

③ 긴급항공기의 지정 및 운항절차 등에 관하여 필요한 사항은 국토교통부령으로 정한다.

④ 국토교통부장관은 긴급항공기를 운항하는 사람이 제3항에 따른 운항절차를 준수하지 아니하는 경우에는, 긴급항공기의 지정을 취소할 수 있다.

⑤ 위 ④에 의하여 지정취소처분을 받은 자는, 취소처분을 받은 날부터 2년 이내에는 긴급항공기의 지정을 받을 수 없다.

16) 제153조(항공안전활동)

① 국토교통부장관은 다음의 자에게 그 업무에 관한 보고를 하게 하거나, 서류를 제출하게 할 수 있다.

1. 항공기 등이나 장비품 또는 부품의 제작・개조・수리 또는 정비를 하는 자
2. 공항시설・비행장 또는 항행안전시설의 설치자 및 관리자
3. 항공종사자
4. 국내항공운송사업자 또는 국제항공운송사업자(외국인 국제항공운송사업자를 포함. 이하 이 조에서는 동일)・소형항공운송사업자・항공기사용사업자・항공기취급업자・항공기정비업자・항공운송 총대리점업자・상업서류 송달업자 및 도심공항터미널업자
5. 1. 내지 4.에서 언급한 자 이외의 자로서, 항공기 또는 항공시설을 계속하여 사용하는 자

② 국토교통부장관은 이 「항공법」을 시행하기 위하여 특히 필요한 경우에는, 소속 공무원으로 하여금 위 ①의 1. 내지 5.에 해당하는 자의 사무소・공장이나 그 밖의 사업장・공항시설・비행장・항행안전시설 또는 그 시설의 공사장・항공기의 정치장 또는 항공기에 출입하여 항공기・항행안전시설・장부・서류 및 그 밖의 물건을 검사하거나, 관계인에게 질문하게 할 수 있다. 이 경우, 국토교통부장관은 검사 등의 업무를 효율적으로 수행하기 위하여 특히 필요하다고 인정하면, 국토교통부령으로 정하는 자격을 갖춘 항공안전에 관한 전문가를 위촉하여 검사 등의 업무에 관한 자문에 응하게 할 수 있다.

③ 국토교통부장관은 국내항공운송사업자 또는 국제항공운송사업자가 취항하는 공항에 대하여 국토교통부령으로 정하는 바에 따라 정기적인 안전성검사를 하여야 한다.

④ 국토교통부장관은 상업서류 송달업자가 「우편법」을 위반할 현저한 우려가 있다고 인정하여 미래창조과학부장관이 요청하는 경우에는, 미래창조과학부 소속 공무원으로 하여금 상업서류 송달업자에 대하여 「우편법」과 관련된 사항에 관한 검사 또는 질문을 하게 할 수 있다.

⑤ 위 ② 내지 ④의 규정에 따른 검사 또는 질문을 하려면, 검사 또는 질문을 하기 7일 전까지 검사 또는 질문의 일시・사유 및 내용 등의 계획을 피검사자 또는 피질문자에게 알려야 한다. 다만, 긴급한 경우이거나 사전에 알리면 증거인멸 등으로 검사 또는 질문의 목적을 달성할 수 없다고 인정하는 경우에는 그러하지 아니할 수 있다.

⑥ 위 ② 내지 ④의 규정에 따라 검사 또는 질문을 하는 공무원은, 그 권한을 표시하는 증표를 지니고, 이를 관계인에게 보여주어야 한다.

⑦ 위 ⑥에 따른 증표에 관하여 필요한 사항은 국토교통부령으로 정한다.

⑧ 위 ② 내지 ④의 규정에 따른 검사 또는 질문을 한 경우에는, 그 결과를 피검사자 또는 피질문자에게 서면으로 알려야 한다.

용한다(항공법 제2조의 4 제1항).

2.5.2 국가기관 등 항공기를 공공목적으로 긴급히 운항하는 경우의 법적용 배제

위 2.5.1에서의 언급에도 불구하고, 국가기관 등 항공기를 재해·재난 등으로 인한 수색·구조, 화재의 진화, 응급환자 후송 및 그 밖에 국토교통부령으로 정하는 공공목적으로 긴급히 운항(훈련 포함)하는 경우에는, 「항공법」 제38조의 2[17](비행제한 등)·제43조[18](항공기의 연료 등)·제54조[19](비행규칙 등)·제55조(비행 중 금지행위 등) 제1호 내지 제3호[20]·제70조(항공교통업무 등) 제1항[21] 및 제74조의 2(항공기의 운항) 제2

---

⑨ 국토교통부장관은 위 ② 또는 ③에 따른 검사를 하는 중에 긴급히 조치하지 아니할 경우, 항공기의 안전운항에 중대한 위험을 초래할 수 있는 사항이 발견되었을 때에는, 국토교통부령에 의하여 항공기의 운항 또는 항행안전시설의 운용을 일시적으로 정지하게 하거나, 항공종사자 또는 항행안전시설을 관리하는 자의 업무를 일시적으로 정지하게 할 수 있다.

17) 제38조의 2(비행제한 등)
① 「항공법」 제38조(공역 등의 지정) 제2항에 따른 비관제공역 또는 주의공역에서 비행하는 항공기는 그 공역에 대하여 국토교통부장관이 정하여 공고하는 비행의 방식 및 절차에 따라야 한다.
② 항공기는 「항공법」 제38조 제2항에 따른 통제공역에서 비행하여서는 아니 된다. 다만, 국토교통부령으로 정하는 바에 따라 국토교통부장관의 허가를 받아, 그 공역에 대하여 국토교통부장관이 정하는 비행의 방식 및 절차에 따라 비행하는 경우에는 그러하지 아니하다.

18) 제43조(항공기의 연료 등)
소유자 등은 항공기에 국토교통부령으로 정하는 양의 연료 및 오일을 싣지 아니하고 항공기를 운항하여서는 아니 된다.

19) 제54조(비행규칙 등)
① 항공기를 운항하려는 사람은 「국제민간항공조약」 및 동 조약 부속서에 의하여 국토교통부령으로 정하는 비행에 관한 기준·절차·방식 등에 따라 비행하여야 한다.
② 비행규칙은 다음과 같이 구분한다.
1. 재산 및 인명을 보호하기 위한 비행절차 등 일반적인 사항에 관한 규칙
2. 시계비행에 관한 규칙
3. 계기비행에 관한 규칙
4. 비행계획의 작성·제출·접수 및 통보 등에 관한 규칙
5. 그 밖에 비행안전을 위하여 필요한 사항에 관한 규칙

20) 제55조(비행 중 금지행위 등)
항공기를 운항하려는 사람은 사람과 재산을 보호하기 위하여, 다음에 해당하는 비행 또는 행위를 하여서는 아니 된다. 다만, 국토교통부령에 의하여 국토교통부장관의 허가를 받은 경우에는, 비행 또는 행위를 할 수 있다.
1. 국토교통부령으로 정하는 최저비행고도(最低飛行高度) 아래에서의 비행
2. 물건의 투하(投下) 또는 살포
3. 낙하산 강하(降下)

21) 제70조(항공교통업무 등)
① 비행장이나 관제권 또는 관제구에서 항공기를 이동·이륙·착륙시키거나, 항공기로 비행을 하려는 사람

호[22])를 적용하지 아니한다(항공법 제2조의 4 제2항).

2.5.3 소관 행정기관의 장의 국토교통부장관에의 통보

「항공법」 제49조의 3[23])(항공안전 의무보고), 제49조의 4[24])(항공안전 자율보고), 제50조(기장의 권한 등) 제5항 및 제6항[25])을 국가기관 등 항공기에 적용할 때에는, "국토교통부장관"을 "소관 행정기관의 장"으로 본다. 이 경우, 소관 행정기관의 장은 제49조의 3, 제49조의 4, 제50조 제5항 및 제6항에 따라 보고받은 사실을 국토교통부장관에게 통보하여야 한다(항공법 제2조의 4 제3항).[26])

은 국토교통부장관이 지시하는 이동・이륙・착륙의 순서 및 시기와 비행의 방법에 따라야 한다.

22) 제74조의 2(항공기 안전운항을 위한 운항기술기준)
국토교통부장관은 항공기 안전운항을 확보하기 위하여 이 「항공법」과 「국제민간항공조약」 및 동 조약의 부속서에서 정한 범위에서 다음의 사항이 포함된 운항기술기준을 정하여 고시할 수 있다.
2. 항공기의 운항

23) 제49조의 3(항공안전 의무보고)
① 항공기사고・항공기 준사고 또는 항공안전장애를 발생시키거나, 항공기사고・항공기 준사고 또는 항공안전장애가 발생한 것을 알게 된 항공종사자 등 관계인은 국토교통부장관에게 그 사실을 보고하여야 한다.
② 위 ①에 의한 항공종사자 등 관계인의 범위・보고에 포함되어야 할 사항・시기・보고방법 및 절차 등은 국토교통부령으로 정한다.

24) 제49조의 4(항공안전 자율보고)
① 항공기사고・항공기 준사고 및 항공안전장애 외에 항공안전을 해치거나 해칠 우려가 있는 경우로서, 국토교통부령으로 정하는 상태(이하에서는 "경미한 항공안전장애"라고 한다)를 발생시켰거나, 경미한 항공안전장애가 발생한 것을 안 사람 또는 경미한 항공안전장애가 발생될 것이 예상된다고 판단하는 사람은 국토교통부령에 의하여 국토교통부장관에게 그 사실을 보고(이하에서는 "항공안전 자율보고"라고 한다)할 수 있다.
② 국토교통부장관은 위 ①에 따라 항공안전 자율보고를 한 사람의 의사에 반하여 보고자의 신분을 공개하여서는 아니 된다.
③ 「항공법」제33조(자격증명・항공신체검사증명의 취소 등) 제1항 제5호 내지 제19호 또는 제21호 내지 제30호에 해당하는 위반행위로 경미한 항공안전장애를 발생시킨 사람이 그 장애가 발생한 날부터 10일 이내에 위 ①에 따른 보고를 한 경우에는, 「항공법」 제33조 제1항에 따른 처분을 하지 아니할 수 있다. 다만, 고의 또는 중대한 과실로 경미한 항공안전장애를 발생시킨 경우에는 그러하지 아니하다.
④ 항공안전 자율보고에 포함되어야 할 사항・보고방법 및 절차 등은 국토교통부령으로 정한다.

25) 제50조(기장의 권한 등)
⑤ 기장은 항공기사고・항공기 준사고 또는 항공안전장애가 발생하였을 때에는, 국토교통부령에 의하여 국토교통부장관에게 그 사실을 보고하여야 한다. 다만, 기장이 보고할 수 없는 경우에는, 그 항공기의 소유자 등이 보고를 하여야 한다.
⑥ 기장은 다른 항공기에서 항공기사고・항공기 준사고 또는 항공안전장애가 발생한 것을 알았을 때에는, 국토교통부령에 의하여 국토교통부장관에게 그 사실을 보고하여야 한다. 다만, 무선설비를 통하여 그 사실을 안 경우에는 그러하지 아니하다.

26) 「항공법」 제2조의 4 제3항 규정에서는, "「항공법」 제49조의 3(항공안전 의무보고), 제49조의 4(항공안전 자

2.6 항공정책기본계획의 수립

2.6.1 국토교통부장관의 국가항공정책에 관한 기본계획의 수립

국토교통부장관은 국가항공정책(「항공우주산업개발 촉진법」에 따른 항공우주산업의 지원·육성에 관한 사항은 제외. 이하에서는 동일)에 관한 기본계획(이하에서는 "항공정책기본계획"이라고 한다)을 5년마다 수립하여야 한다(항공법 제2조의 5 제1항).

2.6.2 항공정책기본계획에 포함될 사항

항공정책기본계획에는 다음의 사항이 포함되어야 한다(항공법 제2조의 5 제2항).

1. 국내외 항공정책 환경의 변화와 전망
2. 국가항공정책의 목표, 전략계획 및 단계별 추진계획
3. 국내 항공운송사업 등의 육성 및 경쟁력 강화에 관한 사항
4. 공항의 효율적 개발 및 운영에 관한 사항
5. 항공교통이용자 보호 및 서비스 개선에 관한 사항
6. 항공전문인력의 양성 및 항공안전기술의 개발에 관한 사항
7. 항공교통의 안전관리에 관한 사항
8. 그 밖에 항공운송사업 등의 진흥을 위하여 필요한 사항

2.6.3 항공정책기본계획의 우선

항공정책기본계획은 「항공법」 제37조의 2[27](항공안전기술개발계획의 수립·시행)의

율보고), 제50조(기장의 권한 등) 제5항 및 제6항을 국가기관 등 항공기에 적용할 때에는, 국토교통부장관을 소관 행정기관의 장으로 보고, 이 경우에 동 법 위 규정들에 의하여 보고받은 사실을 국토교통부장관에게 통보"하도록 규정하고 있는데, 이 규정에서는 국토교통부장관이 소관 행정기관의 장이 되므로, 결론적으로 국토교통부장관은 자신이 보고받은 사실을 자신에게 통보하여야 하는 모순된 규정이라고 할 수 있다. 따라서 입법적인 해결방안이 절실히 요구된다.

27) 제37조의 2(항공안전기술개발계획의 수립·시행)
국토교통부장관은 항공안전기술의 발전을 위하여, 다음의 사항을 포함한 항공안전기술에 관한 개발계획을 수립·시행하여야 한다.
1. 항공운항기술의 개발에 관한 사항
2. 항공안전 분야 종사자의 육성에 관한 사항
3. 항공교통관제기술의 향상에 관한 사항
4. 그 밖에 항공안전기술의 발전에 필요한 사항

항공안전기술개발계획이나 동 법 제49조(항공안전프로그램 등) 제1항[28]의 항공안전프로그램 및 동 법 제89조[29](공항개발 중장기 종합계획의 수립 등)의 공항개발 중장기 종합계획에 우선하며, 그 계획의 기본이 된다(항공법 제2조의 5 제3항).

2.6.4 국토교통부장관의 항공정책기본계획의 수립 및 중요사항의 변경 시 협의

국토교통부장관은 항공정책기본계획을 수립하거나, 대통령령으로 정하는 중요한 사항을 변경하는 경우에는, 관계 중앙행정기관의 장과 특별시장·광역시장·도지사 또는 특별자치도지사(이하에서는 "시·도지사"라고 한다)와 협의하여야 한다(항공법 제2조

---

28) 제49조(항공안전프로그램 등)
① 국토교통부장관은 다음의 사항이 포함된 항공안전프로그램을 마련하여 고시하여야 한다.
1. 국가의 항공안전에 관한 목표
2. 위 1.의 항공안전 목표를 달성하기 위한 항공기 운항·항공교통업무·항행시설의 운영·공항의 운영 및 항공기의 정비 등 세부 분야별 활동에 관한 사항
3. 항공기사고·항공기 준사고 및 항공안전장애 등에 대한 보고체계에 관한 사항
4. 항공안전을 위한 자체조사활동 및 자체안전감독에 관한 사항
5. 잠재적인 항공안전 위험요소의 식별 및 개선조치의 이행에 관한 사항
6. 지속적인 자체감시와 정기적인 자체안전평가에 관한 사항

29) 제89조(공항개발 중장기 종합계획의 수립 등)
① 국토교통부장관은 공항개발사업을 체계적이고 효율적으로 추진하기 위하여, 5년마다 다음의 사항이 포함된 공항개발 중장기 종합계획(이하에서는 "종합계획"이라고 한다)을 수립하여야 한다.
1. 항공 수요의 전망
2. 권역별 공항개발에 관한 중장기 기본계획
3. 투자 소요 및 재원조달방안
4. 그 밖에 중장기 공항개발에 관한 사항
② 국토교통부장관이 공항개발사업을 시행하려는 경우에는, 종합계획에 따라 개발하려는 공항의 공항개발 기본계획(이하에서는 "기본계획"이라고 한다)을 다음의 사항을 포함하여 수립·시행하여야 한다. <개정 2012.1.26, 2013.3.23>
1. 공항개발예정지역
2. 공항의 규모 및 배치
3. 운영계획
4. 재원조달방안
5. 환경관리계획
6. 그 밖에 공항개발에 필요한 사항
③ 국토교통부장관이 종합계획 또는 기본계획을 수립하려는 경우에는 관할 지방자치단체의 장의 의견을 들은 후 관계 중앙행정기관의 장과 협의하여야 한다. <개정 2013.3.23>
④ 국토교통부장관은 관계 행정기관의 장에게 종합계획 또는 기본계획의 수립 또는 변경에 필요한 자료를 요구할 수 있다. 이 경우 요구를 받은 관계 행정기관의 장은 특별한 사유가 없으면 이에 협조하여야 한다. <개정 2013.3.23>
[전문개정 2009.6.9]

의 5 제4항).

2.6.5 국토교통부장관의 항공정책기본계획의 수립 및 변경 시 관보의 고시 등

국토교통부장관은 위 2.6.4(항공법 제2조의 5 제4항)에 의하여 항공정책기본계획을 수립하거나 변경하였을 때에는, 관보에 고시하고 관계 중앙행정기관의 장 및 시・도지사에게 알려야 한다(항공법 제2조의 5 제5항).

2.6.6 국토교통부장관의 연도별 시행계획의 수립

국토교통부장관은 항공정책기본계획을 시행하기 위하여, 필요한 연도별 시행계획을 수립하여야 한다(항공법 제2조의 5 제6항).

2.7 항공정책위원회의 설치 등

2.7.1 항공정책의 심의를 위한 항공정책위원회의 설치

항공정책에 관한 다음의 사항을 심의하기 위하여, 국토교통부장관 소속으로 항공정책위원회를 둔다(항공법 제2조의 6 제1항).

1. 항공정책기본계획의 수립 및 변경
2. 위 2.6.6(항공법 제2조의 5 제6항)에 따른 연도별 시행계획의 수립 및 변경
3. 그 밖에 항공정책에 관한 중요 사항으로서, 국토교통부장관이 심의에 부치는 사항

2.7.2 항공정책위원회의 구성과 운영에 관한 사항

항공정책위원회의 구성과 운영에 필요한 사항은 대통령령으로 정한다(항공법 제2조의 6 제2항).

3. 항공기

3.1 항공기의 등록

항공기를 소유하거나, 임차하여 항공기를 사용할 수 있는 권리가 있는 자(이하에서는 "소유자 등"이라고 한다)는 항공기를 국토교통부장관에게 등록하여야 한다. 다만, 대통령령으로 정하는 항공기는 국토교통부장관에게 등록하지 않아도 된다(항공법 제3조).

3.2 국적의 취득

위 3.1(항공법 제3조)에 의하여 등록된 항공기는 대한민국의 국적을 취득하고, 이에 따른 권리·의무를 갖는다(항공법 제4조).

3.3 소유권 등의 등록

3.3.1 항공기 소유권의 득실변경

항공기에 대한 소유권의 취득·상실·변경(득실변경)은 등록하여야 그 효력이 생긴다(항공법 제5조 제1항).

3.3.2 항공기 임차권의 등록

항공기에 대한 임차권은 등록하여야 제3자에 대하여 그 효력이 생긴다(항공법 제5조 제2항).

3.4 항공기 등록의 제한

3.4.1 항공기의 등록제한 및 예외

다음에 해당하는 자가 소유하거나, 임차하는 항공기는 등록할 수 없다. 다만, 대한민국의 국민 또는 법인이 임차하거나, 그 밖에 항공기를 사용할 수 있는 권리를 가진 자가 임차한 항공기는 등록할 수 있다(항공법 제6조 제1항).

1. 대한민국 국민이 아닌 사람

2. 외국정부 또는 외국의 공공단체
3. 외국의 법인 또는 단체
4. 위 1. 내지 3.에 해당하는 자가 주식이나, 지분의 2분의 1 이상을 소유하거나, 그 사업을 사실상 지배하는 법인
5. 외국인이 법인등기부상의 대표자이거나, 외국인이 법인등기부상의 임원 수의 2분의 1 이상을 차지하는 법인

3.4.2 외국 국적을 가진 항공기의 등록

외국 국적을 가진 항공기는 등록할 수 없다(항공법 제6조 제2항).

3.5 등록사항

3.5.1 항공기 소유자 등의 항공기 등록신청 시 국토교통부장관의 항공기 등록원부에의 기록

국토교통부장관은 소유자 등이 항공기의 등록을 신청한 경우에는, 항공기 등록원부에 다음의 사항을 기록하여야 한다(항공법 제8조 제1항).

1. 항공기의 형식
2. 항공기의 제작자
3. 항공기의 제작번호
4. 항공기의 정치장(定置場)
5. 소유자나 임차인·임대인의 성명 또는 명칭과 주소 및 국적
6. 등록 연월일
7. 등록기호

3.5.2 항공기 소유자 등의 항공기 등록신청 시 국토교통부장관의 항공기 등록원부에의 기록사항인 「항공법」 제8조(항공기 등록원부의 등록사항) 제1항 이외의 등록사항

위 3.5.1(항공법 제8조 제1항) 이외에 항공기의 등록에 필요한 사항은 대통령령으로

정한다(항공법 제8조 제2항).

3.6 등록증명서의 발급

국토교통부장관은 「항공법」 제8조(항공기 등록원부의 등록사항)에 의하여 항공기를 등록하였을 때에는, 신청인에게 항공기 등록증명서를 발급하여야 한다(항공법 제9조).

3.7 항공기 정치장의 변경등록

소유자 등은 「항공법」 제8조 제1항 제4호(항공기의 정치장)에 의하여 등록된 항공기의 정치장이 변경되었을 때에는, 그 사유가 발생한 날로부터 15일 이내에 국토교통부장관에게 변경등록을 신청하여야 한다(항공법 제10조).

3.8 항공기 소유권 및 임차권의 이전등록

등록된 항공기의 소유권 또는 임차권을 이전하는 경우에는, 소유자나 양수인 또는 임차인은 국토교통부장관에게 이전등록을 신청하여야 한다(항공법 제11조).

3.9 항공기 소유자 등의 항공기에 대한 말소등록

3.9.1 항공기 소유자 등의 항공기에 대한 말소등록의 사유

항공기 소유자 등은 등록된 항공기가 다음에 해당하는 경우에는, 그 사유가 발생한 날로부터 15일 이내에 국토교통부장관에게 말소등록을 신청하여야 한다(항공법 제12조 제1항).

1. 항공기가 멸실(滅失)되었거나, 항공기를 해체(정비・개조・수송 및 보관을 위하여 해체하는 경우는 제외)한 경우
2. 항공기의 존재여부가 1개월 이상 불분명한 경우. 다만, 항공기사고 등으로 항공기의 위치를 1개월 이내에 확인할 수 없는 경우에는, 항공기의 존재여부에 대한 기간을 2개월로 한다.
3. 위 3.4.1에서 언급한 ① 내지 ⑤(항공법 제6조 제1항)[30] 중에서 어느 하나에 해당

30) 제6조(항공기 등록의 제한)

하는 자에게 항공기를 양도하거나 임대(외국의 국적을 취득하는 경우에만 해당) 한 경우

4. 임차기간의 만료 등으로 항공기를 사용할 수 있는 권리가 상실된 경우

3.9.2 항공기 소유자 등의 항공기에 대한 말소등록 미신청 시 국토교통부장관의 최고(催告)

위 3.9.1(항공법 제12조 제1항)의 경우, 항공기 소유자 등이 항공기에 대한 말소등록을 신청하지 아니하면, 국토교통부장관은 7일 이상의 기간을 정하여, 항공기 소유자 등에게 항공기에 대한 말소등록을 신청할 것을 최고(催告)하여야 한다(항공법 제12조 제2항).

3.9.3 항공기 소유자 등의 항공기에 대한 말소등록 미신청 시 국토교통부장관의 직권말소

위 3.9.2(항공법 제12조 제2항)에 의한 국토교통부장관의 항공기 소유자 등에 대한 최고에도 불구하고, 항공기 소유자 등이 항공기에 대한 말소등록을 신청하지 않은 경우, 국토교통부장관은 직권으로 항공기에 대한 등록을 말소하고, 그 사실을 소유자 등과 그 밖의 이해관계인에게 알려야 한다(항공법 제12조 제3항).

3.10 항공기 등록원부의 등본 등의 발급청구 등

국토교통부장관에게 누구든지 항공기 등록원부의 등본 및 초본의 발급을 청구하거나, 항공기 등록원부의 열람을 청구할 수 있다(항공법 제13조).

---

① 다음에 해당하는 자가 소유하거나 임차하는 항공기는 등록을 할 수 없다. 다만, 대한민국의 국민 또는 법인이 임차하거나, 그 밖에 항공기를 사용할 수 있는 권리를 가진 자가 임차한 항공기는 등록을 할 수 있다.

1. 대한민국 국민이 아닌 사람
2. 외국정부 또는 외국의 공공단체
3. 외국의 법인 또는 단체
4. 1. 내지 3.의 어느 하나에 해당하는 자가 주식이나 지분의 2분의 1 이상을 소유하거나, 그 사업을 사실상 지배하는 법인
5. 외국인이 법인등기부상의 대표자이거나, 외국인이 법인등기부상의 임원 수의 2분의 1 이상을 차지하는 법인

3.11 항공기 등록기호표의 부착

3.11.1 항공기 소유자 등의 항공기 등록에 대한 등록기호표의 부착

항공기 소유자 등이 항공기를 등록한 경우에는, 그 항공기의 등록기호표를 국토교통부령으로 정하는 형식·위치 및 방법 등에 따라 항공기에 붙여야 한다(항공법 제14조 제1항).

3.11.2 항공기 등록기호표의 훼손금지

누구든지 위 3.11.1(항공법 제14조 제1항)에 의하여 항공기에 붙인 등록기호표를 훼손하여서는 안된다(항공법 제14조 제3항).

3.12 항공기의 감항증명

3.12.1 항공기 감항증명의 신청

항공기가 안전하게 비행할 수 있는 성능(이하에서는 "감항성"이라고 한다)이 있다는 증명(이하에서는 "감항증명"이라고 한다)을 받으려는 자는, 국토교통부령에 의하여 국토교통부장관에게 감항증명을 신청하여야 한다(항공법 제15조 제1항).

3.12.2 항공기 감항증명의 발급

항공기 감항증명은 대한민국의 국적을 가진 항공기가 아니면 받을 수 없다. 다만, 국토교통부령으로 정하는 항공기의 경우에는 감항증명을 받을 수 있다(항공법 제15조 제2항).

3.12.3 감항증명 미발급 항공기의 항공금지

다음에 해당하는 항공기 감항증명을 받지 아니한 항공기는 항공에 사용할 수 없다(항공법 제15조 제3항).

1. 표준감항증명 : 항공기가 「항공법」 제17조(형식증명) 제2항[31]에 따른 기술기준을

31) 제17조(형식증명)

① 항공기 등을 제작하려는 자는, 그 항공기 등의 설계에 관하여 국토교통부령으로 정하는 바에 따라 국토교통부장관으로부터 형식증명을 받을 수 있다. 이를 변경할 때에도 또한 동일하다.

② 국토교통부장관은 위 ①에 따른 형식증명을 할 때에는, 해당 항공기 등이 다음의 사항이 포함된 항공기 기술기준에 적합한지를 검사한 후, 적합하다고 인정하는 경우에 형식증명서를 발급한다. 이 경우, 국토교

충족하고 안전하게 운항할 수 있다고 판단되는 경우에 발급하는 증명

2. 특별감항증명 : 항공기가 연구·개발 등 국토교통부령으로 정하는 경우로서, 항공기 제작자 또는 소유자 등이 제시한 운용범위를 검토하여 안전하게 비행할 수 있다고 판단되는 경우에 발급하는 증명

3.12.4 항공기 감항증명의 유효기간

항공기 감항증명의 유효기간은 1년으로 한다. 다만, 항공기의 형식 및 소유자 등의 정비능력(항공법 제138조[정비조직인증 등]) 제2항[32]에 따라 정비 등을 위탁하는 경우에는, 정비조직인증을 받은 자의 정비능력을 말함) 등을 고려하여, 국토교통부령으로 정하는 바에 따라 유효기간을 연장할 수 있다(항공법 제15조 제4항).

3.12.5 국토교통부장관의 항공기에 대한 운용한계의 지정

국토교통부장관은 위 3.12.3(항공법 제15조 제3항 : 표준감항증명, 특별감항증명)에 따른 감항증명을 할 때에는, 항공기가 「항공법」 제17조(형식증명) 제2항[33]에 따른 기술

통부장관은 기술기준을 관보에 고시하여야 한다.

1. 항공기 등의 감항기준
2. 항공기 등의 환경기준(소음기준 포함)
3. 항공기 등의 지속 감항성 유지를 위한 기준
4. 항공기 등의 식별 표시 방법
5. 항공기 등·장비품 및 부품의 인증절차

32) 제138조(정비조직인증 등)

① 「항공법」 제2조 제37호 각 목의 업무(항공기 등·장비품 또는 부품의 정비 등을 하는 업무와 항공기 등·장비품 또는 부품의 정비 등에 대한 기술관리 및 품질관리 등을 지원하는 업무)를 하려는 자는, 국토교통부장관이 정하여 고시하는 인력·설비 및 검사체계 등에 관한 기준(이하에서는 "정비조직인증기준"이라고 한다)에 따른 인력 등을 갖추어 국토교통부장관의 인증(이하에서는 "정비조직인증"이라고 한다)을 받아야 한다.

② 「항공법」 제2조 제37호 각 목의 업무를 위탁하려는 자는 정비조직인증을 받은 자 또는 그 항공기 등·장비품 또는 부품을 제작한 자에게 하여야 한다.

33) 제17조(형식증명)

① 항공기 등을 제작하려는 자는, 그 항공기 등의 설계에 관하여 국토교통부령으로 정하는 바에 따라 국토교통부장관으로부터 형식증명을 받을 수 있다. 이를 변경할 때에도 또한 동일하다.

② 국토교통부장관은 위 ①에 따른 형식증명을 할 때에는, 해당 항공기 등이 다음의 사항이 포함된 항공기 기술기준에 적합한지를 검사한 후, 적합하다고 인정하는 경우에 형식증명서를 발급한다. 이 경우, 국토교통부장관은 기술기준을 관보에 고시하여야 한다.

1. 항공기 등의 감항기준
2. 항공기 등의 환경기준(소음기준 포함)

기준에 적합한지를 검사한 후, 그 항공기의 운용한계(運用限界)를 지정하여야 한다. 이 경우, 다음에 해당하는 항공기의 경우에는, 국토교통부령에 의하여 검사의 일부를 생략할 수 있다(항공법 제15조 제5항).

1. 「항공법」 제17조에 따른 형식증명(型式證明)을 받은 항공기
2. 「항공법」 제17조의 2에 따른 형식증명승인을 받은 항공기
3. 「항공법」 제17조의 3에 따른 제작증명을 받은 제작자가 제작한 항공기
4. 항공기를 수출하는 외국정부로부터 감항성(堪航性)이 있다는 승인을 받아 수입하는 항공기

3.12.6 국토교통부장관의 감항증명의 취소와 효력의 정지

국토교통부장관은 「항공법」 제19조(수리 · 개조승인) 제1항[34]에 따른 승인을 받지 못하거나, 「항공법」 제153조(항공안전 활동) 제2항[35]에 따른 검사 결과, 다음에 해당할 때에는, 해당 항공기에 대한 감항증명을 취소하거나, 6개월 이내의 기간을 정하여 그 효력을 정지시킬 수 있다. 다만, 아래 1.에 해당할 때에는, 감항증명을 반드시 취소하여야

---

3. 항공기 등의 지속 감항성 유지를 위한 기준
4. 항공기 등의 식별 표시 방법
5. 항공기 등 · 장비품 및 부품의 인증절차

34) 제19조(수리 · 개조승인)
① 감항증명을 받은 항공기의 소유자 등은 해당 항공기 등 또는 장비품 · 부품을 국토교통부령으로 정하는 범위에서 수리하거나 개조하려면, 국토교통부령에 의하여 그 수리 · 개조가 기술기준에 적합한지에 관하여 국토교통부장관으로부터 승인을 받아야 한다.

35) 제153조(항공안전 활동)
① 국토교통부장관은 다음의 자에게 그 업무에 관한 보고를 하게 하거나, 서류를 제출하게 할 수 있다.
1. 항공기 등 · 장비품 또는 부품의 제작 · 개조 · 수리 또는 정비를 하는 자
2. 공항시설 · 비행장 또는 항행안전시설의 설치자 및 관리자
3. 항공종사자
4. 국내항공운송사업자 · 국제항공운송사업자(외국인 국제항공운송사업자를 포함. 이하 이 조에서는 동일) · 소형항공운송사업자 · 항공기사용사업자 · 항공기취급업자 · 항공기정비업자 · 항공운송 총대리점업자 · 상업서류 송달업자 및 도심공항터미널업자
5. 위 1. 내지 4.의 자 이외의 자로서, 항공기 또는 항공시설을 계속하여 사용하는 자

② 국토교통부장관은 이 「항공법」을 시행하기 위하여 특히 필요한 경우에는, 소속 공무원으로 하여금 위 ①의 1. 내지 5.에 해당하는 자의 사무소 및 공장이나, 그 밖의 사업장 · 공항시설 · 비행장 · 항행안전시설 또는 그 시설의 공사장 · 항공기의 정치장 또는 항공기에 출입하여 항공기 · 항행안전시설 · 장부 · 서류 및 그 밖의 물건을 검사하거나, 관계인에게 질문하게 할 수 있다. 이 경우, 국토교통부장관은 검사 등의 업무를 효율적으로 수행하기 위하여, 특히 필요하다고 인정하면 국토교통부령으로 정하는 자격을 갖춘 항공안전에 관한 전문가를 위촉하여, 검사 등의 업무에 관한 자문에 응하게 할 수 있다.

한다(항공법 제15조 제6항).

1. 거짓이나 그 밖의 부정한 방법으로 감항증명을 받았을 때
2. 항공기가 승인 당시의 「항공법」 제17조(형식증명) 제2항[36]에 따른 기술기준에 적합하지 아니할 때

3.12.7 소유자 등의 항공기에 대한 감항성의 유지

소유자 등은 항공기를 운항하려면, 그 항공기를 감항성이 있는 상태로 유지하여야 한다(항공법 제15조 제7항).

3.12.8 국토교통부장관의 항공기에 대한 감항성 상태의 검사

국토교통부장관은 위 3.12.7(항공법 제15조 제7항)에 따라 소유자 등이 해당 항공기를 감항성이 있는 상태로 유지하는지를 수시로 검사하여야 하며, 항공기의 감항성 유지를 위하여 소유자 등에게 항공기 등·장비품 또는 부품에 대한 정비 등에 관한 감항성 개선지시 또는 그 밖에 검사 및 정비 등을 명할 수 있다(항공법 제15조 제8항).

3.13 항공기 등의 감항승인

3.13.1 우리나라에서 제작 등을 한 항공기 등을 타인에게 제공하려는 자의 감항승인 신청

우리나라에서 제작·운항 또는 정비 등을 한 항공기 등·장비품 또는 부품을 타인에게 제공하려는 자는 국토교통부령으로 정하는 바에 따라 국토교통부장관에게 감항승인

---

36) 제17조(형식증명)

① 항공기 등을 제작하려는 자는, 그 항공기 등의 설계에 관하여 국토교통부령으로 정하는 바에 따라 국토교통부장관으로부터 형식증명을 받을 수 있다. 이를 변경할 때에도 또한 동일하다.

② 국토교통부장관은 위 ①에 따른 형식증명을 할 때에는, 해당 항공기 등이 다음의 사항이 포함된 항공기 기술기준에 적합한지를 검사한 후, 적합하다고 인정하는 경우에 형식증명서를 발급한다. 이 경우, 국토교통부장관은 기술기준을 관보에 고시하여야 한다.

1. 항공기 등의 감항기준
2. 항공기 등의 환경기준(소음기준 포함)
3. 항공기 등의 지속 감항성 유지를 위한 기준
4. 항공기 등의 식별 표시 방법
5. 항공기 등·장비품 및 부품의 인증절차

을 신청할 수 있다(항공법 제15조의 2 제1항).

3.13.2 국토교통부장관의 감항승인신청에 대한 감항승인

위 3.13.1(항공법 제15조의 2 제1항)에 따른 신청을 받은 국토교통부장관은 해당 항공기 등·장비품 또는 부품이 「항공법」 제17조(형식증명) 제2항[37]에 따른 기술기준 또는 동 법 제20조(기술표준품에 대한 형식승인) 제1항[38]에 따른 기술표준품의 형식승인기준에 적합하고 안전하게 운용할 수 있다고 판단하는 경우에는, 감항승인을 하여야 한다(항공법 제15조의 2 제2항).

3.13.3 국토교통부장관의 감항승인의 취소 및 효력정지

국토교통부장관은 「항공법」 제153조(항공안전 활동) 제2항[39]에 따른 검사 결과, 다음

---

37) 제17조(형식증명)

① 항공기 등을 제작하려는 자는, 그 항공기 등의 설계에 관하여 국토교통부령으로 정하는 바에 따라 국토교통부장관으로부터 형식증명을 받을 수 있다. 이를 변경할 때에도 또한 동일하다.

② 국토교통부장관은 위 ①에 따른 형식증명을 할 때에는, 해당 항공기 등이 다음의 사항이 포함된 항공기 기술기준에 적합한지를 검사한 후, 적합하다고 인정하는 경우에 형식증명서를 발급한다. 이 경우, 국토교통부장관은 기술기준을 관보에 고시하여야 한다.

1. 항공기 등의 감항기준
2. 항공기 등의 환경기준(소음기준 포함)
3. 항공기 등의 지속 감항성 유지를 위한 기준
4. 항공기 등의 식별 표시 방법
5. 항공기 등·장비품 및 부품의 인증절차

38) 제20조(기술표준품에 대한 형식승인)

① 항공기 등의 안전성을 확보하기 위하여 국토교통부장관이 정하여 고시하는 장비품(시험 또는 연구·개발 목적으로 설계·제작하는 경우를 제외한다. 이하에서는 "기술표준품"이라고 한다)을 설계·제작하려는 자는 국토교통부장관이 정하여 고시하는 기술표준품의 형식승인기준에 따라 해당 기술표준품의 설계·제작에 대하여 국토교통부장관의 형식승인을 받아야 한다. 다만, 대한민국과 기술표준품의 형식승인에 관한 항공안전협정을 체결한 국가로부터 형식승인을 받은 기술표준품으로서 국토교통부령으로 정하는 기술표준품은 본문에 따른 형식승인을 받은 것으로 본다.

39) 제153조(항공안전 활동)

① 국토교통부장관은 다음의 자에게 그 업무에 관한 보고를 하게 하거나, 서류를 제출하게 할 수 있다.

1. 항공기 등·장비품 또는 부품의 제작·개조·수리 또는 정비를 하는 자
2. 공항시설·비행장 또는 항행안전시설의 설치자 및 관리자
3. 항공종사자
4. 국내항공운송사업자·국제항공운송사업자(외국인 국제항공운송사업자를 포함. 이하 이 조에서는 동일)·소형항공운송사업자·항공기사용사업자·항공기취급업자·항공기정비업자·항공운송 총대리점업자·상업서류 송달업자 및 도심공항터미널업자
5. 위 1. 내지 4.의 자 이외의 자로서, 항공기 또는 항공시설을 계속하여 사용하는 자

에 해당할 때에는, 위 3.13.2(항공법 제15조의 2 제2항)에 따른 감항승인을 취소하거나, 6개월 이내의 기간을 정하여, 그 효력을 정지시킬 수 있다. 다만, 아래 1.에 해당할 때에는 감항승인을 반드시 취소하여야 한다(항공법 제15조의 2 제3항).

1. 거짓이나 그 밖의 부정한 방법으로 감항승인을 받았을 때
2. 항공기 등·장비품 또는 부품이 위 3.13.2(항공법 제15조의 2 제2항)에 따른 승인 당시의 「항공법」 제17조(형식증명) 제2항[40]에 따른 기술기준 또는 동 법 제20조(기술표준품에 대한 형식승인) 제1항[41]에 따른 기술표준품의 형식승인기준에 적합하지 아니할 때

3.14 소음기준적합증명

3.14.1 항공기 소유자 등의 항공기 소음치 변동 시 그 항공기에 대한 소음기준적합증명

국토교통부령으로 정하는 항공기의 소유자 등은 국토교통부령으로 정하는 바에 따라

---

② 국토교통부장관은 이 「항공법」을 시행하기 위하여 특히 필요한 경우에는, 소속 공무원으로 하여금 위 ①의 1. 내지 5.에 해당하는 자의 사무소 및 공장이나, 그 밖의 사업장·공항시설·비행장·항행안전시설 또는 그 시설의 공사장·항공기의 정치장 또는 항공기에 출입하여 항공기·항행안전시설·장부·서류 및 그 밖의 물건을 검사하거나, 관계인에게 질문하게 할 수 있다. 이 경우, 국토교통부장관은 검사 등의 업무를 효율적으로 수행하기 위하여, 특히 필요하다고 인정하면 국토교통부령으로 정하는 자격을 갖춘 항공안전에 관한 전문가를 위촉하여, 검사 등의 업무에 관한 자문에 응하게 할 수 있다.

40) 제17조(형식증명)

① 항공기 등을 제작하려는 자는, 그 항공기 등의 설계에 관하여 국토교통부령으로 정하는 바에 따라 국토교통부장관으로부터 형식증명을 받을 수 있다. 이를 변경할 때에도 또한 동일하다.

② 국토교통부장관은 위 ①에 따른 형식증명을 할 때에는, 해당 항공기 등이 다음의 사항이 포함된 항공기 기술기준에 적합한지를 검사한 후, 적합하다고 인정하는 경우에 형식증명서를 발급한다. 이 경우, 국토교통부장관은 기술기준을 관보에 고시하여야 한다.

1. 항공기 등의 감항기준
2. 항공기 등의 환경기준(소음기준 포함)
3. 항공기 등의 지속 감항성 유지를 위한 기준
4. 항공기 등의 식별 표시 방법
5. 항공기 등·장비품 및 부품의 인증절차

41) 제20조(기술표준품에 대한 형식승인)

① 항공기 등의 안전성을 확보하기 위하여 국토교통부장관이 정하여 고시하는 장비품(시험 또는 연구·개발 목적으로 설계·제작하는 경우를 제외한다. 이하에서는 "기술표준품"이라고 한다)을 설계·제작하려는 자는 국토교통부장관이 정하여 고시하는 기술표준품의 형식승인기준에 따라 해당 기술표준품의 설계·제작에 대하여 국토교통부장관의 형식승인을 받아야 한다. 다만, 대한민국과 기술표준품의 형식승인에 관한 항공안전협정을 체결한 국가로부터 형식승인을 받은 기술표준품으로서 국토교통부령으로 정하는 기술표준품은 본문에 따른 형식승인을 받은 것으로 본다.

감항증명을 받는 경우와 수리·개조 등으로 항공기의 소음치(騷音値)가 변동된 경우에는, 그 항공기에 대하여 소음기준적합증명을 받아야 한다(항공법 제16조 제1항).

3.14.2 항공기 소유자 등의 항공기에 대한 부적합 소음기준증명을 받은 경우의 운항 금지

위 3.14.1(항공법 제16조 제1항)에 따른 소음기준적합증명을 받지 아니하거나, 소음기준적합증명의 기준에 적합하지 아니한 항공기를 운항하여서는 아니 된다. 다만, 국토교통부장관으로부터 운항허가를 받은 경우에는, 항공기를 운항할 수 있다(항공법 제16조 제2항).

3.14.3 국토교통부장관의 소음기준적합증명의 취소 및 효력정지

국토교통부장관은 「항공법」 제153조(항공안전 활동) 제2항[42]에 따른 검사 결과, 다음에 해당할 때에는, 위 3.14.1(항공법 제16조 제1항)에 따라 받은 소음기준적합증명을 취소하거나, 6개월 이내의 기간을 정하여, 그 효력을 정지시킬 수 있다. 다만, 아래 1.에 해당할 때에는, 소음기준적합증명을 반드시 취소하여야 한다(항공법 제16조 제3항).

1. 거짓이나 그 밖의 부정한 방법으로 소음기준적합증명을 받았을 때
2. 항공기가 위 3.14.1(항공법 제16조 제1항)에 따른 소음기준적합증명 당시의 「항공법」 제17조(형식증명) 제2항[43]에 따른 기술기준에 적합하지 아니할 때

---

42) 제153조(항공안전 활동)

① 국토교통부장관은 다음의 자에게 그 업무에 관한 보고를 하게 하거나, 서류를 제출하게 할 수 있다.

1. 항공기 등·장비품 또는 부품의 제작·개조·수리 또는 정비를 하는 자
2. 공항시설·비행장 또는 항행안전시설의 설치자 및 관리자
3. 항공종사자
4. 국내항공운송사업자·국제항공운송사업자(외국인 국제항공운송사업자를 포함. 이하 이 조에서는 동일)·소형항공운송사업자·항공기사용사업자·항공기취급업자·항공기정비업자·항공운송 총대리점업자·상업서류 송달업자 및 도심공항터미널업자
5. 위 1. 내지 4.의 자 이외의 자로서, 항공기 또는 항공시설을 계속하여 사용하는 자

② 국토교통부장관은 이 「항공법」을 시행하기 위하여 특히 필요한 경우에는, 소속 공무원으로 하여금 위 ①의 1. 내지 5.에 해당하는 자의 사무소 및 공장이나, 그 밖의 사업장·공항시설·비행장·항행안전시설 또는 그 시설의 공사장·항공기의 정치장 또는 항공기에 출입하여 항공기·항행안전시설·장부·서류 및 그 밖의 물건을 검사하거나, 관계인에게 질문하게 할 수 있다. 이 경우, 국토교통부장관은 검사 등의 업무를 효율적으로 수행하기 위하여, 특히 필요하다고 인정하면 국토교통부령으로 정하는 자격을 갖춘 항공안전에 관한 전문가를 위촉하여, 검사 등의 업무에 관한 자문에 응하게 할 수 있다.

3. 위 3.14.1(항공법 제16조 제1항)에 따른 소음기준적합증명과 3.14.2(항공법 제16조 제2항 단서)에 따른 운항허가에 필요한 사항은 국토교통부령으로 정한다(항공법 제16조 제4항).

3.15 형식증명

3.15.1 항공기 등의 제작자의 항공기 등에 대한 설계 및 그 변경 시의 형식증명

항공기 등을 제작하려는 자는 그 항공기 등의 설계에 관하여 국토교통부령으로 정하는 바에 따라 국토교통부장관의 형식증명을 받을 수 있다. 이를 변경할 때에도 또한 같다(항공법 제17조 제1항).

3.15.2 국토교통부장관의 항공기 등에 대한 형식증명서의 발급 및 기술기준의 고시

국토교통부장관은 위 3.15.1(항공법 제17조 제1항)에 따른 형식증명을 할 때에는, 해당 항공기 등이 다음의 사항이 포함된 항공기 기술기준(이하에서는 "기술기준"이라고 한다)에 적합한지를 검사한 후, 적합하다고 인정하는 경우에 형식증명서를 발급한다. 이 경우, 국토교통부장관은 기술기준을 관보에 고시하여야 한다(항공법 제17조 제2항).

1. 항공기 등의 감항기준
2. 항공기 등의 환경기준(소음기준 포함)
3. 항공기 등의 지속 감항성 유지를 위한 기준
4. 항공기 등의 식별 표시 방법
5. 항공기 등·장비품 및 부품의 인증절차

---

43) 제17조(형식증명)

① 항공기 등을 제작하려는 자는, 그 항공기 등의 설계에 관하여 국토교통부령으로 정하는 바에 따라 국토교통부장관으로부터 형식증명을 받을 수 있다. 이를 변경할 때에도 또한 동일하다.

② 국토교통부장관은 위 ①에 따른 형식증명을 할 때에는, 해당 항공기 등이 다음의 사항이 포함된 항공기 기술기준에 적합한지를 검사한 후, 적합하다고 인정하는 경우에 형식증명서를 발급한다. 이 경우, 국토교통부장관은 기술기준을 관보에 고시하여야 한다.

1. 항공기 등의 감항기준
2. 항공기 등의 환경기준(소음기준 포함)
3. 항공기 등의 지속 감항성 유지를 위한 기준
4. 항공기 등의 식별 표시 방법
5. 항공기 등·장비품 및 부품의 인증절차

3.15.3 국토교통부장관의 항공기 등의 제작자에 대한 검사일부의 면제

국토교통부장관은 국내의 항공기 등의 제작업자가 외국에서 형식증명을 받은 항공기 등의 제작기술을 도입하여 항공기 등을 제작하는 경우에는, 국토교통부령으로 정하는 바에 따라, 위 3.15.2(항공법 제17조 제2항)에 따른 검사의 일부를 생략할 수 있다(항공법 제17조 제3항).

3.15.4 항공기 등에 대한 설계변경을 하려는 자의 부가적인 형식증명

위 3.15.1(항공법 제17조 제1항)에 따른 형식증명을 받거나, 「항공법」 제17조(형식증명) 제2항[44]에 따른 형식증명승인을 받은 항공기 등에 다른 형식의 장비품 또는 부품을 장착하기 위하여 설계를 변경하려는 자는, 국토교통부령으로 정하는 바에 따라 국토교통부장관의 부가적인 형식증명(이하에서는 "부가형식증명"이라고 한다)을 받을 수 있다(항공법 제17조 제4항).

3.15.5 국토교통부장관의 항공기 등에 대한 형식증명 또는 부가형식증명의 취소 및 효력 정지

국토교통부장관은 「항공법」 제153조(항공안전 활동) 제2항[45]에 따른 검사 결과, 다음

---

44) 제17조(형식증명)

① 항공기 등을 제작하려는 자는, 그 항공기 등의 설계에 관하여 국토교통부령으로 정하는 바에 따라 국토교통부장관으로부터 형식증명을 받을 수 있다. 이를 변경할 때에도 또한 동일하다.

② 국토교통부장관은 위 ①에 따른 형식증명을 할 때에는, 해당 항공기 등이 다음의 사항이 포함된 항공기 기술기준에 적합한지를 검사한 후, 적합하다고 인정하는 경우에 형식증명서를 발급한다. 이 경우, 국토교통부장관은 기술기준을 관보에 고시하여야 한다.

1. 항공기 등의 감항기준
2. 항공기 등의 환경기준(소음기준 포함)
3. 항공기 등의 지속 감항성 유지를 위한 기준
4. 항공기 등의 식별 표시 방법
5. 항공기 등 · 장비품 및 부품의 인증절차

45) 제153조(항공안전 활동)

① 국토교통부장관은 다음의 자에게 그 업무에 관한 보고를 하게 하거나, 서류를 제출하게 할 수 있다.

1. 항공기 등 · 장비품 또는 부품의 제작 · 개조 · 수리 또는 정비를 하는 자
2. 공항시설 · 비행장 또는 항행안전시설의 설치자 및 관리자
3. 항공종사자
4. 국내항공운송사업자 · 국제항공운송사업자(외국인 국제항공운송사업자를 포함. 이하 이 조에서는 동일) · 소형항공운송사업자 · 항공기사용사업자 · 항공기취급업자 · 항공기정비업자 · 항공운송 총대리

에 해당할 때에는, 위 3.15.1(항공법 제17조 제1항)에 따른 형식증명 또는 3.15.4(항공법 제17조 제4항)에 따른 부가형식증명을 취소하거나, 6개월 이내의 기간을 정하여 해당 항공기 등에 대한 형식증명 또는 부가형식증명의 효력을 정지시킬 수 있다. 다만, 아래 1.에 해당할 때에는, 형식증명 또는 부가형식증명을 반드시 취소하여야 한다(항공법 제17조 제5항).

1. 거짓이나 그 밖의 부정한 방법으로 형식증명 또는 부가형식증명을 받았을 때
2. 항공기 등이 형식증명 또는 부가형식증명 당시의 기술기준에 적합하지 아니할 때

3.16 수입 항공기 등의 형식증명승인

3.16.1 항공기 등을 대한민국에 수출하려는 항공기제작자의 형식증명에 대한 승인

항공기 등의 설계에 관하여 외국정부로부터 형식증명을 받은 항공기 등을 대한민국에 수출하려는 제작자는, 항공기 등의 형식별로 외국정부의 형식증명이 기술기준에 적합한지에 대하여, 국토교통부령으로 정하는 바에 따라, 국토교통부장관의 승인(이하에서는 "형식증명승인"이라고 한다)을 받을 수 있다(항공법 제17조의 2 제1항).

3.16.2 국토교통부장관의 해당 항공기 등에 대한 형식증명승인 시 해당 항공기 등의 기술기준의 적합성여부에 대한 검사 및 예외

국토교통부장관은 위 3.16.1(항공법 제17조의 2 제1항)에 따라 형식증명승인을 할 때에는, 해당 항공기 등이 기술기준에 적합한지를 검사하여야 한다. 다만, 대한민국과 항공기 등의 감항성에 관한 항공안전협정을 체결한 국가로부터 형식증명을 받은 항공기 등에 대하여는, 해당 협정에서 정하는 바에 따라, 검사의 일부를 생략할 수 있다(항공법 제17조의 2 제2항).

점업자 · 상업서류 송달업자 및 도심공항터미널업자
5. 위 1. 내지 4.의 자 이외의 자로서, 항공기 또는 항공시설을 계속하여 사용하는 자

② 국토교통부장관은 이 「항공법」을 시행하기 위하여 특히 필요한 경우에는, 소속 공무원으로 하여금 위 ①의 1. 내지 5.에 해당하는 자의 사무소 및 공장이나, 그 밖의 사업장 · 공항시설 · 비행장 · 항행안전시설 또는 그 시설의 공사장 · 항공기의 정치장 또는 항공기에 출입하여 항공기 · 항행안전시설 · 장부 · 서류 및 그 밖의 물건을 검사하거나, 관계인에게 질문하게 할 수 있다. 이 경우, 국토교통부장관은 검사 등의 업무를 효율적으로 수행하기 위하여, 특히 필요하다고 인정하면 국토교통부령으로 정하는 자격을 갖춘 항공안전에 관한 전문가를 위촉하여, 검사 등의 업무에 관한 자문에 응하게 할 수 있다.

3.16.3 국토교통부장관의 형식증명승인서의 발급

국토교통부장관은 위 3.16.2(항공법 제17조의 2 제2항)에 따른 검사 결과, 해당 항공기 등이 기술기준에 적합하다고 인정할 때에는, 국토교통부령으로 정하는 바에 따라, 형식증명승인서를 발급하여야 한다(항공법 제17조의 2 제3항).

3.16.4 국토교통부장관의 부가형식증명승인

국토교통부장관은「항공법」제17조[46](형식증명)에 따른 형식증명 또는 위 3.16.1(항공법 제17조의 2 제1항)에 따른 형식증명승인을 받은 항공기 등으로서, 외국정부로부터 설계에 관한 부가적인 형식증명을 받은 사항이 있는 경우에는, 국토교통부령으로 정하는 바에 따라, 부가적인 형식증명승인(이하에서는 "부가형식증명승인"이라고 한다)을 할 수 있다(항공법 제17조의 2 제4항).

---

46) 제17조(형식증명)

① 항공기 등을 제작하려는 자는 그 항공기 등의 설계에 관하여 국토교통부령으로 정하는 바에 따라, 국토교통부장관의 형식증명을 받을 수 있다. 이를 변경할 때에도 또한 같다.

② 국토교통부장관은 위 ①에 따른 형식증명을 할 때에는 해당 항공기 등이 다음의 사항이 포함된 항공기 기술기준(이하에서는 "기술기준"이라고 한다)에 적합한지를 검사한 후, 적합하다고 인정하는 경우에, 형식증명서를 발급한다. 이 경우, 국토교통부장관은 기술기준을 관보에 고시하여야 한다.

1. 항공기 등의 감항기준
2. 항공기 등의 환경기준(소음기준 포함)
3. 항공기 등의 지속 감항성 유지를 위한 기준
4. 항공기 등의 식별 표시 방법
5. 항공기 등・장비품 및 부품의 인증절차

③ 국토교통부장관은 국내의 항공기 등의 제작업자가 외국에서 형식증명을 받은 항공기 등의 제작기술을 도입하여, 항공기 등을 제작하는 경우에는, 국토교통부령으로 정하는 바에 따라, 위 ②에 따른 검사의 일부를 생략할 수 있다.

④ 위 ①에 따른 형식증명을 받거나,「항공법」제17조의 2(수입 항공기 등의 형식증명승인)에 따른 형식증명승인을 받은 항공기 등에 다른 형식의 장비품 또는 부품을 장착하기 위하여 설계를 변경하려는 자는, 국토교통부령으로 정하는 바에 따라, 국토교통부장관의 부가적인 형식증명(이하에서는 "부가형식증명"이라고 한다)을 받을 수 있다.

⑤ 국토교통부장관은「항공법」제153조(항공안전 활동) 제2항에 따른 검사 결과, 다음에 해당할 때에는, 위 ①에 따른 형식증명 또는 위 ④에 따른 부가형식증명을 취소하거나, 6개월 이내의 기간을 정하여, 해당 항공기 등에 대한 형식증명 또는 부가형식증명의 효력을 정지시킬 수 있다. 다만, 아래 1.에 해당할 때에는, 형식증명 또는 부가형식증명을 반드시 취소하여야 한다.

1. 거짓이나 그 밖의 부정한 방법으로 형식증명 또는 부가형식증명을 받았을 때
2. 항공기 등이 형식증명 또는 부가형식증명 당시의 기술기준에 적합하지 아니할 때

3.16.5 국토교통부장관의 부가형식증명승인 시 기술기준에의 적합성여부에 대한 검사

국토교통부장관은 위 3.16.4(항공법 제17조의 2 제4항)에 따라 부가형식증명승인을 할 때에는, 해당 항공기 등이 기술기준에 적합한지를 검사하여야 한다. 다만, 대한민국과 항공기 등의 감항성에 관한 항공안전협정을 체결한 국가로부터 부가형식증명을 받은 사항에 대하여는, 해당 협정에서 정하는 바에 따라, 검사의 일부를 생략할 수 있다(항공법 제17조의 2 제5항).

3.16.6 국토교통부장관의 형식증명승인 또는 부가형식증명승인을 취소 및 효력정지

국토교통부장관은 「항공법」 제153조(항공안전 활동) 제2항[47]에 따른 검사 결과, 다음에 해당할 때에는, 해당 항공기 등에 대한 형식증명승인 또는 부가형식증명승인을 취소하거나, 6개월 이내의 기간을 정하여, 그 효력을 정지시킬 수 있다. 다만, 아래 1.에 해당할 때에는, 형식증명승인 또는 부가형식증명승인을 반드시 취소하여야 한다(항공법 제17조의 2 제6항).

1. 거짓이나 그 밖의 부정한 방법으로 형식증명승인 또는 부가형식증명승인을 받았을 때
2. 항공기 등이 형식증명승인 또는 부가형식증명승인 당시의 기술기준에 적합하지 아니할 때

---

47) 제153조(항공안전 활동)

① 국토교통부장관은 다음의 자에게 그 업무에 관한 보고를 하게 하거나, 서류를 제출하게 할 수 있다.
  1. 항공기 등·장비품 또는 부품의 제작·개조·수리 또는 정비를 하는 자
  2. 공항시설·비행장 또는 항행안전시설의 설치자 및 관리자
  3. 항공종사자
  4. 국내항공운송사업자·국제항공운송사업자(외국인 국제항공운송사업자를 포함. 이하 이 조에서는 동일)·소형항공운송사업자·항공기사용사업자·항공기취급업자·항공기정비업자·항공운송 총대리점업자·상업서류 송달업자 및 도심공항터미널업자
  5. 위 1. 내지 4.의 자 이외의 자로서, 항공기 또는 항공시설을 계속하여 사용하는 자

② 국토교통부장관은 이 「항공법」을 시행하기 위하여 특히 필요한 경우에는, 소속 공무원으로 하여금 위 ①의 1. 내지 5.에 해당하는 자의 사무소 및 공장이나, 그 밖의 사업장·공항시설·비행장·항행안전시설 또는 그 시설의 공사장·항공기의 정치장 또는 항공기에 출입하여 항공기·항행안전시설·장부·서류 및 그 밖의 물건을 검사하거나, 관계인에게 질문하게 할 수 있다. 이 경우, 국토교통부장관은 검사 등의 업무를 효율적으로 수행하기 위하여, 특히 필요하다고 인정하면 국토교통부령으로 정하는 자격을 갖춘 항공안전에 관한 전문가를 위촉하여, 검사 등의 업무에 관한 자문에 응하게 할 수 있다.

3.17 항공기 등의 제작증명

3.17.1 항공기 등을 제작하려는 자의 제작증명

위 3.16.4의 「항공법」 제17조(형식증명)에 따른 형식증명을 받은 항공기 등을 제작하려는 자는, 국토교통부령으로 정하는 바에 따라, 국토교통부장관으로부터 기술기준에 적합하게 항공기 등을 제작할 수 있는 기술 · 설비 · 인력 및 품질관리체계 등을 갖추고 있음을 인증하는 증명(이하에서는 "제작증명"이라고 한다)을 받을 수 있다(항공법 제17조의 3 제1항).

3.17.2 형식증명을 받은 항공기 등을 제작하는 자의 제작증명

위 3.16.4의 「항공법」 제17조(형식증명)에 의하여, 형식증명을 받은 항공기 등을 제작하는 자가, 국제적으로 신인도(信認度)가 높은 인증기관으로서, 국토교통부령으로 정하는 기관에서 제작증명을 받은 경우에는, 위 3.17.1(항공법 제17조의 3 제1항)에 따른 제작증명을 받은 것으로 본다(항공법 제17조의 3 제2항).

3.17.3 국토교통부장관의 제작증명의 취소 및 효력정지

국토교통부장관은 위 3.16.6의 「항공법」 제153조(항공안전 활동) 제2항에 따른 검사 결과, 다음에 해당할 때에는, 제작증명을 취소하거나, 6개월 이내의 기간을 정하여, 그 효력을 정지시킬 수 있다. 다만, 아래 1.에 해당할 때에는, 제작증명을 반드시 취소하여야 한다(항공법 제17조의 3 제3항).

1. 거짓이나 그 밖의 부정한 방법으로 제작증명을 받았을 때
2. 항공기 등이 제작증명 당시의 기술기준에 적합하지 아니할 때

3.18 감항증명 검사기준의 변경

소유자 등은 기술기준이 변경되어 위 3.16.4의 「항공법」 제17조(형식증명)에 따른 형식증명을 받은 항공기가 변경된 기준에 적합하지 아니하게 되었을 때에는, 감항성에 관하여 국토교통부장관의 승인을 받아야 한다(항공법 제18조).

3.19 항공기 소유자 등의 수리 및 개조승인

3.19.1 항공기 소유자 등의 항공기 등에 대한 수리 및 개조승인

감항증명을 받은 항공기의 소유자 등은 해당 항공기 등 또는 장비품 · 부품을 국토교통부령으로 정하는 범위에서 수리하거나 개조하려면, 국토교통부령으로 정하는 바에 따라, 그 수리 · 개조가 기술기준에 적합한지에 관하여, 국토교통부장관의 승인(이하에서는 "수리 · 개조승인"이라고 한다)을 받아야 한다(항공법 제19조 제1항).

3.19.2 항공기 소유자 등의 수리 및 개조 미승인의 항공기 등 · 장비품 및 부품의 사용금지

항공기 소유자 등은 수리 · 개조승인을 받지 아니한 항공기 등 · 장비품 및 부품을 운항 또는 항공기 등에 사용하여서는 아니 된다(항공법 제19조 제2항).

3.19.3 적합한 기술기준에 따른 수리 및 개조승인

위 3.19.1(항공법 제19조 제1항)에도 불구하고, 다음에 해당하는 경우로서, 기술기준에 적합한 경우에는, 수리 · 개조승인을 받은 것으로 본다(항공법 제19조 제3항).

1. 「항공법」 제20조[48](기술표준품에 대한 형식승인)에 따라 형식승인을 받은 자가

---

48) 제20조(기술표준품에 대한 형식승인)

① 항공기 등의 안전성을 확보하기 위하여 국토교통부장관이 정하여 고시하는 장비품(시험 또는 연구 · 개발 목적으로 설계 · 제작하는 경우를 제외한다. 이하에서는 "기술표준품"이라고 한다)을 설계 · 제작하려는 자는, 국토교통부장관이 정하여 고시하는 기술표준품의 형식승인기준에 따라, 해당 기술표준품의 설계 · 제작에 대하여, 국토교통부장관의 형식승인을 받아야 한다. 다만, 대한민국과 기술표준품의 형식승인에 관한 항공안전협정을 체결한 국가로부터 형식승인을 받은 기술표준품으로서, 국토교통부령으로 정하는 기술표준품은, 본문에 따른 형식승인을 받은 것으로 본다.

② 국토교통부장관은 위 ①에 따른 기술표준품에 대한 형식승인을 하는 경우에는, 기술표준품의 설계 · 제작에 대하여 기술표준품의 형식승인기준에 적합한지를 검사하여야 한다.

③ 위 ①에 따른 형식승인을 받지 아니한 기술표준품을 제작 · 판매하거나 항공기 등에 사용하여서는 아니 된다.

④ 국토교통부장관은 「항공법」 제153조(항공안전 활동) 제2항에 따른 검사 결과, 다음에 해당할 때에는, 해당 기술표준품에 대한 형식승인을 취소하거나, 6개월 이내의 기간을 정하여, 그 효력을 정지시킬 수 있다. 다만, 아래 1.에 해당할 때에는, 기술표준품에 대한 형식승인을 반드시 취소하여야 한다.

1. 거짓이나 그 밖의 부정한 방법으로 기술표준품에 대한 형식승인을 받았을 때
2. 기술표준품이 위 ①에 따른 기술표준품 형식승인 당시의 기술표준품 형식승인기준에 적합하지 아니할 때

제작한 기술표준품을 그 승인을 받은 자가 수리·개조하는 경우

2. 「항공법」 제20조의 2[49](부품 등 제작자증명)에 따라 부품등제작자증명을 받은 자가 제작한 장비품 또는 부품을 그 증명을 받은 자가 수리·개조하는 경우

3. 「항공법」 제138조[50](정비조직인증 등)에 따른 정비조직인증을 받은 자가 항공기 등 또는 장비품·부품을 수리·개조하는 경우

---

49) 제20조의 2(부품 등 제작자증명)

① 항공기 등에 사용할 장비품 또는 부품을 제작하려는 자는, 국토교통부령으로 정하는 바에 따라, 기술기준에 적합하게 장비품 또는 부품을 제작할 수 있는 인력·설비·기술 및 검사체계 등을 갖추고 있는지에 대하여 국토교통부장관으로부터 증명(이하에서는 "부품등제작자증명"이라고 한다)을 받아야 한다. 다만, 다음에 해당하는 장비품 또는 부품을 제작하는 경우에는, 국토교통부장관으로부터 증명을 받지 않아도 된다.

1. 「항공법」제17조(형식증명)에 따른 형식증명, 부가형식증명 당시 또는 형식증명승인, 부가형식증명승인 당시 장착되었던 장비품 또는 부품의 제작자가 제작하는 같은 종류의 장비품 또는 부품
2. 「항공법」제20조(기술표준품에 대한 형식승인)에 따른 형식승인을 받아 제작하는 기술표준품
3. 그 밖에 국토교통부령으로 정하는 장비품 또는 부품

② 위 ①에 따라 부품등제작자증명을 받지 아니한 장비품 또는 부품을 제작·판매하거나 항공기 등 또는 장비품에 사용하여서는 아니 된다.

③ 대한민국과 부품등제작자증명에 관한 항공안전협정을 체결한 국가로부터 부품등제작자증명을 받은 경우에는, 위 ①에 따른 부품등제작자증명을 받은 것으로 본다.

④ 국토교통부장관은 「항공법」 제153조(항공안전 활동) 제2항에 따른 검사 결과, 다음에 해당할 때에는, 부품등제작자증명을 취소하거나, 6개월 이내의 기간을 정하여, 그 효력을 정지시킬 수 있다. 다만, 아래 1.에 해당할 때에는, 부품등제작자증명을 취소하여야 한다.

1. 거짓이나 그 밖의 부정한 방법으로 부품등제작자증명을 받았을 때
2. 장비품 또는 부품이 부품등제작자증명 당시의 기술기준에 적합하지 아니할 때

50) 제138조(정비조직인증 등)

① 「항공법」 제2조(법률용어의 정의) 제37호(항공기정비업)의 업무(항공기 등·장비품 또는 부품의 정비 등을 하는 업무, 항공기 등·장비품 또는 부품의 정비 등에 대한 기술관리 및 품질관리 등을 지원하는 업무)를 하려는 자는, 국토교통부장관이 정하여 고시하는 인력·설비 및 검사체계 등에 관한 기준(이하에서는 "정비조직인증기준"이라고 한다)에 따른 인력 등을 갖추어 국토교통부장관의 인증(이하에서는 "정비조직인증"이라고 한다)을 받아야 한다.

② 위 ①의 「항공법」 제2조(법률용어의 정의) 제37호(항공기정비업)의 업무를 위탁하려는 자는, 정비조직인증을 받은 자 또는 그 항공기 등·장비품 또는 부품을 제작한 자에게 하여야 한다.

③ 국토교통부장관은 위 ①에 따라 정비조직인증을 하는 경우에는, 정비의 범위·방법 및 품질관리절차 등을 정한 세부 운영기준을 정비조직인증서와 함께 발급하여야 한다.

④ 항공기 등·장비품 또는 부품에 대한 정비 등을 하는 경우에는, 그 항공기 등·장비품 또는 부품을 제작한 자가 정하거나, 국토교통부장관이 인정한 정비방법 및 정비절차 등을 준수하여야 한다.

⑤ 대한민국과 정비조직인증에 관한 항공안전협정을 체결한 국가로부터 정비조직인증을 받은 자는, 국토교통부장관의 정비조직인증을 받은 것으로 본다.

3.20 항공기 등의 기술표준품에 대한 형식승인

3.20.1 항공기 등의 장비품 설계 · 제작자의 기술표준품 형식승인기준에 따른 형식승인

항공기 등의 안전성을 확보하기 위하여, 국토교통부장관이 정하여 고시하는 장비품(시험 또는 연구 · 개발 목적으로 설계 · 제작하는 경우를 제외. 이하에서는 "기술표준품"이라고 한다)을 설계 · 제작하려는 자는, 국토교통부장관이 정하여 고시하는 기술표준품의 형식승인기준에 따라, 해당 기술표준품의 설계 · 제작에 대하여, 국토교통부장관의 형식승인을 받아야 한다. 다만, 대한민국과 기술표준품의 형식승인에 관한 항공안전협정을 체결한 국가로부터 형식승인을 받은 기술표준품으로서, 국토교통부령으로 정하는 기술표준품은, 본문에 따른 형식승인을 받은 것으로 본다(항공법 제20조 제1항).

3.20.2 국토교통부장관의 기술표준품에 대한 형식승인 시 그 기준에 대한 적합성의 검사

국토교통부장관은 위 3.20.1(항공법 제20조 제1항)에 따른 기술표준품에 대한 형식승인을 하는 경우에는, 기술표준품의 설계 · 제작에 대하여, 기술표준품의 형식승인기준에 적합한지를 검사하여야 한다(항공법 제20조 제2항).

3.20.3 형식 미승인 기술표준품의 제작 · 판매 및 항공기 등에의 사용금지

위 3.20.1(항공법 제20조 제1항)에 따른 형식승인을 받지 아니한 기술표준품을 제작 · 판매하거나 항공기 등에 사용하여서는 아니 된다(항공법 제20조 제3항).

3.20.4 국토교통부장관의 기술표준품에 대한 형식승인의 취소 및 효력정지

국토교통부장관은 「항공법」 제153조(항공안전 활동) 제2항[51]에 따른 검사 결과, 다음

---

51) 제153조(항공안전 활동)

① 국토교통부장관은 다음의 자에게 그 업무에 관한 보고를 하게 하거나, 서류를 제출하게 할 수 있다.

1. 항공기 등 · 장비품 또는 부품의 제작 · 개조 · 수리 또는 정비를 하는 자
2. 공항시설 · 비행장 또는 항행안전시설의 설치자 및 관리자
3. 항공종사자
4. 국내항공운송사업자 · 국제항공운송사업자(외국인 국제항공운송사업자를 포함. 이하 이 조에서는 동일) · 소형항공운송사업자 · 항공기사용사업자 · 항공기취급업자 · 항공기정비업자 · 항공운송 총대리점업자 · 상업서류 송달업자 및 도심공항터미널업자
5. 위 1. 내지 4.의 자 이외의 자로서, 항공기 또는 항공시설을 계속하여 사용하는 자

에 해당할 때에는, 해당 기술표준품에 대한 형식승인을 취소하거나, 6개월 이내의 기간을 정하여, 그 효력을 정지시킬 수 있다. 다만, 아래 1.에 해당할 때에는, 기술표준품에 대한 형식승인을 취소하여야 한다(항공법 제20조 제4항).

1. 거짓이나 그 밖의 부정한 방법으로 기술표준품에 대한 형식승인을 받았을 때
2. 기술표준품이 위 3.20.1(항공법 제20조 제1항)에 따른 기술표준품 형식승인 당시의 기술표준품 형식승인기준에 적합하지 아니할 때

3.21 부품등제작자증명

3.21.1 항공기 등에 사용할 부품 등의 제작자가 갖추어야 할 부품 등 제작자 증명

항공기 등에 사용할 장비품 또는 부품을 제작하려는 자는, 국토교통부령으로 정하는 바에 따라, 기술기준에 적합하게 장비품 또는 부품을 제작할 수 있는 인력·설비·기술 및 검사체계 등을 갖추고 있는지에 대하여, 국토교통부장관으로부터 증명(이하에서는 "부품등제작자증명"이라고 한다)을 받아야 한다. 다만, 다음에 해당하는 장비품 또는 부품을 제작하는 경우에는, 국토교통부장관으로부터 증명을 받지 않아도 된다(항공법 제20조의 2 제1항).

1. 제「항공법」 제17조[52](형식증명)에 따른 형식증명, 부가형식증명 당시 또는 형식

---

② 국토교통부장관은 이 「항공법」을 시행하기 위하여 특히 필요한 경우에는, 소속 공무원으로 하여금 위 ①의 1. 내지 5.에 해당하는 자의 사무소 및 공장이나, 그 밖의 사업장·공항시설·비행장·항행안전시설 또는 그 시설의 공사장·항공기의 정치장 또는 항공기에 출입하여 항공기·항행안전시설·장부·서류 및 그 밖의 물건을 검사하거나, 관계인에게 질문하게 할 수 있다. 이 경우, 국토교통부장관은 검사 등의 업무를 효율적으로 수행하기 위하여, 특히 필요하다고 인정하면 국토교통부령으로 정하는 자격을 갖춘 항공안전에 관한 전문가를 위촉하여, 검사 등의 업무에 관한 자문에 응하게 할 수 있다.

52) 제17조(형식증명)

① 항공기 등을 제작하려는 자는 그 항공기 등의 설계에 관하여 국토교통부령으로 정하는 바에 따라, 국토교통부장관의 형식증명을 받을 수 있다. 이를 변경할 때에도 또한 같다.

② 국토교통부장관은 위 ①에 따른 형식증명을 할 때에는 해당 항공기 등이 다음의 사항이 포함된 항공기 기술기준(이하에서는 "기술기준"이라고 한다)에 적합한지를 검사한 후, 적합하다고 인정하는 경우에, 형식증명서를 발급한다. 이 경우, 국토교통부장관은 기술기준을 관보에 고시하여야 한다.

1. 항공기 등의 감항기준
2. 항공기 등의 환경기준(소음기준 포함)
3. 항공기 등의 지속 감항성 유지를 위한 기준
4. 항공기 등의 식별 표시 방법
5. 항공기 등·장비품 및 부품의 인증절차

③ 국토교통부장관은 국내의 항공기 등의 제작업자가 외국에서 형식증명을 받은 항공기 등의 제작기술을

증명승인, 부가형식증명승인 당시 장착되었던 장비품 또는 부품의 제작자가 제작하는 같은 종류의 장비품 또는 부품

2. 「항공법」 제20조[53](기술표준품에 대한 형식승인)에 따른 형식승인을 받아 제작하는 기술표준품

3. 그 밖에 국토교통부령으로 정하는 장비품 또는 부품

3.21.2 부품등제작자증명의 미취득 장비품 및 부품의 제작 · 판매 및 항공기 등에의 사용금지

위 3.21.1(항공법 제20조의 2 제1항)에 따라 부품등제작자증명을 받지 아니한 장비품 또는 부품을 제작 · 판매하거나, 항공기 등 또는 장비품에 사용하여서는 아니 된다(항공

도입하여, 항공기 등을 제작하는 경우에는, 국토교통부령으로 정하는 바에 따라, 위 ②에 따른 검사의 일부를 생략할 수 있다.

④ 위 ①에 따른 형식증명을 받거나, 「항공법」 제17조의 2(수입 항공기 등의 형식증명승인)에 따른 형식증명승인을 받은 항공기 등에 다른 형식의 장비품 또는 부품을 장착하기 위하여 설계를 변경하려는 자는, 국토교통부령으로 정하는 바에 따라, 국토교통부장관의 부가적인 형식증명(이하에서는 "부가형식증명"이라고 한다)을 받을 수 있다.

⑤ 국토교통부장관은 「항공법」 제153조(항공안전 활동) 제2항에 따른 검사 결과, 다음에 해당할 때에는, 위 ①에 따른 형식증명 또는 위 ④에 따른 부가형식증명을 취소하거나, 6개월 이내의 기간을 정하여, 해당 항공기 등에 대한 형식증명 또는 부가형식증명의 효력을 정지시킬 수 있다. 다만, 아래 1.에 해당할 때에는, 형식증명 또는 부가형식증명을 반드시 취소하여야 한다.

1. 거짓이나 그 밖의 부정한 방법으로 형식증명 또는 부가형식증명을 받았을 때
2. 항공기 등이 형식증명 또는 부가형식증명 당시의 기술기준에 적합하지 아니할 때

53) 제20조(기술표준품에 대한 형식승인)

① 항공기 등의 안전성을 확보하기 위하여 국토교통부장관이 정하여 고시하는 장비품(시험 또는 연구 · 개발 목적으로 설계 · 제작하는 경우를 제외한다. 이하에서는 "기술표준품"이라고 한다)을 설계 · 제작하려는 자는, 국토교통부장관이 정하여 고시하는 기술표준품의 형식승인기준에 따라, 해당 기술표준품의 설계 · 제작에 대하여, 국토교통부장관의 형식승인을 받아야 한다. 다만, 대한민국과 기술표준품의 형식승인에 관한 항공안전협정을 체결한 국가로부터 형식승인을 받은 기술표준품으로서, 국토교통부령으로 정하는 기술표준품은, 본문에 따른 형식승인을 받은 것으로 본다.

② 국토교통부장관은 위 ①에 따른 기술표준품에 대한 형식승인을 하는 경우에는, 기술표준품의 설계 · 제작에 대하여 기술표준품의 형식승인기준에 적합한지를 검사하여야 한다.

③ 위 ①에 따른 형식승인을 받지 아니한 기술표준품을 제작 · 판매하거나 항공기 등에 사용하여서는 아니 된다.

④ 국토교통부장관은 「항공법」 제153조(항공안전 활동) 제2항에 따른 검사 결과, 다음에 해당할 때에는, 해당 기술표준품에 대한 형식승인을 취소하거나, 6개월 이내의 기간을 정하여, 그 효력을 정지시킬 수 있다. 다만, 아래 1.에 해당할 때에는, 기술표준품에 대한 형식승인을 반드시 취소하여야 한다.

1. 거짓이나 그 밖의 부정한 방법으로 기술표준품에 대한 형식승인을 받았을 때
2. 기술표준품이 위 ①에 따른 기술표준품 형식승인 당시의 기술표준품 형식승인기준에 적합하지 아니할 때

법 제20조의 2 제2항).

3.21.3 우리나라와의 부품등제작자증명에 관한 항공안전협정체결국에 대한 부품등 제작자증명

대한민국과 부품등제작자증명에 관한 항공안전협정을 체결한 국가로부터 부품등제작자증명을 받은 경우에는, 위 3.21.1(항공법 제20조의 2 제1항)에 따른 부품등제작자증명을 받은 것으로 본다(항공법 제20조의 2 제3항).

3.21.4 국토교통부장관의 부품등제작자증명의 취소 및 효력정지

국토교통부장관은 위 3.20.4「항공법」 제153조(항공안전 활동) 제2항에 따른 검사 결과, 다음에 해당할 때에는, 부품등제작자증명을 취소하거나, 6개월 이내의 기간을 정하여, 그 효력을 정지시킬 수 있다. 다만, 아래 1.에 해당할 때에는, 부품등제작자증명을 반드시 취소하여야 한다(항공법 제20조의 2 제4항).

1. 거짓이나 그 밖의 부정한 방법으로 부품등제작자증명을 받았을 때
2. 장비품 또는 부품이 부품등제작자증명 당시의 기술기준에 적합하지 아니할 때

3.22 항공기 등의 정비 등에 관한 확인

항공기 등의 소유자 등은 항공기 등 · 장비품 또는 부품에 대하여 정비 등(국토교통부령으로 정하는 경미한 정비 및「항공법」 제19조(수리 · 개조승인) 제1항[54]에 따른 수리 · 개조는 제외)을 한 경우에,「항공법」 제26조[55](자격증명의 종류) 제9호(항공정비사)

54) 제19조(수리 · 개조승인)

① 감항증명을 받은 항공기의 소유자 등은 해당 항공기 등 또는 장비품 · 부품을 국토교통부령으로 정하는 범위에서 수리하거나 개조하려면, 국토교통부령에 의하여 그 수리 · 개조가 기술기준에 적합한지에 관하여 국토교통부장관으로부터 승인을 받아야 한다.

55) 제26조(자격증명의 종류)

자격증명의 종류는 다음과 같이 구분한다.

1. 운송용 조종사
2. 사업용 조종사
3. 자가용 조종사
4. 부조종사
5. 경량항공기 조종사

의 항공정비사 자격증명을 가진 사람으로부터 그 항공기 등·장비품 또는 부품이 기술기준에 적합하다는 확인을 받지 아니하면, 이를 항공에 사용할 수 없다. 다만, 확인을 받기가 곤란한 대한민국 이외의 지역에서 항공기 등·장비품 또는 부품에 대하여 정비 등을 하는 경우로서, 국토교통부령으로 정하는 자격을 가진 사람이 그 항공기 등·장비품 또는 부품의 안전성을 확인한 경우에는, 이를 항공에 사용할 수 있다(항공법 제22조).

3.23 초경량비행장치 등

3.23.1 초경량비행장치 소유자의 초경량비행장치에 관한 신고

초경량비행장치를 소유한 자는, 초경량비행장치의 종류·용도 및 소유자의 성명 등을 국토교통부령으로 정하는 바에 따라, 국토교통부장관에게 신고하여야 하며, 국토교통부장관으로부터 신고번호를 발급받은 후에는, 그 초경량비행장치에 신고번호를 표시하여야 한다. 다만, 대통령령으로 정하는 초경량비행장치의 경우에는, 국토교통부장관에 대한 신고와 신고번호를 표시하지 않아도 된다(항공법 제23조 제1항).

3.23.2 초경량비행장치를 사용하여 비행제한공역에서 비행하려는 자의 비행계획의 수립과 승인

동력비행장치 등 국토교통부령으로 정하는 초경량비행장치를 사용하여, 국토교통부장관이 고시하는 초경량비행장치 비행제한공역에서 비행하려는 사람은, 사전에 비행계획을 수립하여 국토교통부장관으로부터 승인을 받아야 한다(항공법 제23조 제2항).

3.23.3 초경량비행장치를 사용하여 비행하려는 자의 초경량비행장치 조종자 증명

동력비행장치 등 국토교통부령으로 정하는 초경량비행장치를 사용하여 비행하려는 사람은, 국토교통부령으로 정하는 기관 또는 단체로부터 국토교통부장관이 정하여 고시

6. 항공사
7. 항공기관사
8. 항공교통관제사
9. 항공정비사
10. 운항관리사

하는 자격기준에 적합하다는 증명(이하에서는 "초경량비행장치 조종자 증명"이라고 한다)을 받아야 한다(항공법 제23조 제3항).

3.23.4 초경량비행장치를 사용하여 비행하려는 자의 안전성인증

동력비행장치 등 국토교통부령으로 정하는 초경량비행장치를 사용하여 비행하려는 사람은, 국토교통부령으로 정하는 기관 또는 단체로부터 그 초경량비행장치가 국토교통부장관이 정하여 고시하는 비행안전을 위한 기술상의 기준에 적합하다는 안전성인증을 받아야 한다(항공법 제23조 제4항).

3.23.5 초경량비행장치를 사용하여 비행하려는 자의 비영리목적

초경량비행장치를 사용하여 비행하려는 사람은, 초경량비행장치를 영리목적으로 사용하여서는 아니 된다. 다만, 다음에 해당하는 사용을 위하여 보험에 가입한 경우에는, 영리목적으로 사용이 가능하다(항공법 제23조 제5항).

1. 항공기대여업에의 사용
2. 초경량비행장치사용사업에의 사용
3. 초경량비행장치의 조종교육에의 사용

3.23.6 초경량비행장치의 조종자에 대한 교육훈련을 위한 전문교육기관의 지정

국토교통부장관은 초경량비행장치의 조종자에 대한 교육훈련을 위하여 국토교통부령으로 정하는 인력 및 설비 등의 기준을 갖춘 기관을 전문교육기관으로 지정할 수 있다(항공법 제23조 제6항).

3.23.7 초경량비행장치의 조종자 및 소유자의 사고발생 시 보고

초경량비행장치의 조종자는 초경량비행장치사고가 발생하였을 때에는, 국토교통부령으로 정하는 바에 따라 지체 없이 국토교통부장관에게 그 사실을 보고하여야 한다. 다만, 조종자가 보고할 수 없는 경우에는, 그 초경량비행장치의 소유자가 사고를 보고하여야 한다(항공법 제23조 제7항).

3.23.8 초경량비행장치 조종자의 인명 및 재산피해의 방지를 위한 준수사항에 따른 비행

초경량비행장치의 조종자는 초경량비행장치로 인하여 인명이나 재산에 피해가 발생하지 아니하도록 국토교통부령으로 정하는 준수사항에 따라 비행하여야 한다(항공법 제23조 제8항).

3.23.9 초경량비행장치를 사용하여 비행제한공역에서 비행하려는 자의 안전비행 및 사고 시의 구조활동을 위한 장비의 장착 및 휴대

초경량비행장치를 사용하여 국토교통부장관이 고시하는 비행제한공역에서 비행하려는 사람은, 안전한 비행과 사고 시 신속한 구조활동을 위하여 국토교통부령으로 정하는 장비를 장착하거나 휴대하여야 한다. 다만, 무인비행장치 등 국토교통부령으로 정하는 초경량비행장치는 안전한 비행과 사고 시의 신속한 구조활동을 위한 장비의 장착 및 휴대를 하지 않아도 된다(항공법 제23조 제9항).

3.24 초경량비행장치의 변경신고 등

3.24.1 초경량비행장치 소유자가 신고한 초경량비행장치의 종류 · 용도 및 소유자의 성명 등의 변경신고

초경량비행장치를 소유한 자는, 「항공법」 제23조(초경량비행장치 등) 제1항[56]에 따라 신고한 사항을 변경하려면, 국토교통부령으로 정하는 바에 따라, 국토교통부장관에게 변경신고를 하여야 한다(항공법 제23조의 2 제1항).

3.24.2 초경량비행장치 소유자의 소유권 이전신고

초경량비행장치를 소유한 자는 신고한 초경량비행장치의 소유권을 이전하는 경우에

---

56) 제23조(초경량비행장치 등)

① 초경량비행장치를 소유한 자는, 초경량비행장치의 종류 · 용도 및 소유자의 성명 등을 국토교통부령으로 정하는 바에 따라, 국토교통부장관에게 신고하여야 하며, 국토교통부장관으로부터 신고번호를 발급받은 후에는, 그 초경량비행장치에 신고번호를 표시하여야 한다. 다만, 대통령령으로 정하는 초경량비행장치의 경우에는 국토교통부장관에게 신고를 하지 않아도 될 뿐만 아니라, 신고번호를 표시하지 않아도 된다.

는, 국토교통부장관에게 이전신고를 하여야 한다(항공법 제23조의 2 제2항).

3.24.3 초경량비행장치 소유자의 초경량비행장치가 멸실 및 해체된 경우에 관한 말소신고

초경량비행장치를 소유한 자는, 신고한 초경량비행장치가 멸실되었거나, 초경량비행장치를 해체(정비·개조·수송 또는 보관을 위하여 하는 해체는 제외)한 경우에는, 그 사유가 발생한 날부터 15일 이내에 국토교통부장관에게 말소신고를 하여야 한다(항공법 제23조의 2 제3항).

3.25 초경량비행장치 조종자 증명의 취소 등

국토교통부장관은 초경량비행장치의 조종자가 다음에 해당하면, 초경량비행장치 조종자 증명을 취소하거나, 1년 이내의 기간을 정하여, 그 효력을 정지시킬 수 있다. 다만, 아래 2. 또는 5.에 해당하는 경우에는, 초경량비행장치의 조종자 증명을 반드시 취소하여야 한다(항공법 제23조의 3).

1. 이 법을 위반하여 벌금 이상의 형을 선고받은 경우
2. 거짓이나 그 밖의 부정한 방법으로 초경량비행장치 조종자 증명을 받은 경우
3. 초경량비행장치의 조종자로서, 업무를 수행할 때, 고의 또는 중대한 과실로 초경량비행장치사고를 일으켜 인명피해나 재산피해를 발생시킨 경우
4. 「항공법」 제23조(초경량비행장치 등) 제8항[57]에 따른 초경량비행장치 조종자의 준수 사항을 위반한 경우
5. 「항공법」 제23조의 3(초경량비행장치 조종자 증명의 취소 등)에 따른 초경량비행장치 조종자 증명의 효력정지명령을 위반하여 초경량비행장치를 비행한 경우

57) 제23조(초경량비행장치 등)
초경량비행장치의 조종자는 초경량비행장치로 인하여 인명이나 재산에 피해가 발생하지 아니하도록 국토교통부령으로 정하는 준수사항에 따라 비행하여야 한다.

3.26 경량항공기 등

3.26.1 경량항공기 비행자의 비행계획의 수립 및 승인

경량항공기를 사용하여 비행하려는 사람은, 미리 비행계획을 수립하여 국토교통부장관의 승인을 받아야 한다(항공법 제24조 제1항).

3.26.2 경량항공기 비행자의 비행안전에 대한 안정성인증

경량항공기를 사용하여 비행하려는 사람은, 국토교통부령으로 정하는 기관 또는 단체로부터 그 경량항공기가 국토교통부장관이 정하여 고시하는 비행안전을 위한 기술상의 기준에 적합하다는 안전성인증을 받아야 한다(항공법 제24조 제2항).

3.26.3 경량항공기 소유자 및 사용자의 정비 시 기술상 기준에의 적합성 확인

경량항공기 소유자 또는 경량항공기를 사용하여 비행하려는 사람은 경량항공기 또는 그 장비품・부품을 정비한 경우에는, 「항공법」 제26조[58](자격증명의 종류) 제9호(항공정비사)의 항공정비사 자격증명을 가진 자로부터 위 3.26.2(항공법 제24조 제2항)에 따른 기술상의 기준에 적합하다는 확인을 받아야 한다. 다만, 국토교통부령으로 정하는 경미한 정비는 제외한다(항공법 제24조 제3항).

3.26.4 경량항공기 소유자 및 사용자의 보험가입

경량항공기의 소유자 또는 경량항공기를 사용하여 비행하려는 사람은, 국토교통부령

---

58) 제26조(자격증명의 종류)

자격증명의 종류는 다음과 같이 구분한다.

1. 운송용 조종사
2. 사업용 조종사
3. 자가용 조종사
4. 부조종사
5. 경량항공기 조종사
6. 항공사
7. 항공기관사
8. 항공교통관제사
9. 항공정비사
10. 운항관리사

으로 정하는 보험에 가입하여야 한다(항공법 제24조 제4항).

3.26.5 경량항공기 조종사의 인명 및 재산에 대한 피해방지의 준수사항

경량항공기의 조종사는 경량항공기로 인하여 인명이나 재산에 피해가 발생하지 아니하도록 국토교통부령으로 정하는 준수사항을 따라야 한다(항공법 제24조 제5항).

3.26.6 경량항공기의 비영리목적 및 예외

경량항공기를 사용하여 비행하려는 사람은, 경량항공기를 영리목적으로 사용하여서는 아니 된다. 다만, 경량항공기의 조종교육을 위한 비행은 영리목적으로 사용하여도 된다(항공법 제24조 제6항).

3.26.7 경량항공기 조종사 및 소유자의 사고발생 시 국토교통부장관에의 보고

경량항공기의 조종사는 경량항공기사고가 발생하였을 때에는, 국토교통부령으로 정하는 바에 따라 지체 없이 국토교통부장관에게 그 사실을 보고하여야 한다. 다만, 조종사가 보고할 수 없을 때에는, 그 경량항공기의 소유자가 사고를 보고하여야 한다(항공법 제24조 제7항).

3.26.8 경량항공기에 대한 다른 규정의 준용

경량항공기에 관하여는 「항공법」 제3조 내지 제6조[59](항공기의 등록 · 국적의 취득 ·

---

59) 제3조(항공기의 등록)
항공기를 소유하거나 임차하여 항공기를 사용할 수 있는 권리가 있는 자(이하에서는 "소유자 등"이라고 한다)는 항공기를 국토교통부장관에게 등록하여야 한다. 다만, 대통령령으로 정하는 항공기는 국토교통부장관에게 등록을 하지 않아도 된다.
제4조(국적의 취득)
위 「항공법」 제3조(항공기의 등록)에 따라 등록된 항공기는, 대한민국의 국적을 취득하고, 이에 따른 권리 · 의무를 갖는다.
제5조(소유권 등의 등록)
① 항공기에 대한 소유권의 취득 · 상실 · 변경은 등록하여야 그 효력이 생긴다.
② 항공기에 대한 임차권은 등록하여야 제3자에 대하여 그 효력이 생긴다.
제6조(항공기 등록의 제한)
① 다음에 해당하는 자가 소유하거나, 임차하는 항공기는 등록할 수 없다. 다만, 대한민국의 국민 또는 법인이 임차하거나, 그 밖에 항공기를 사용할 수 있는 권리를 가진 자가 임차한 항공기는 등록할 수 있다.

소유권 등의 등록 · 항공기 등록의 제한) · 제8조 내지 제14조[60](등록사항 · 등록증명서

1. 대한민국 국민이 아닌 사람
2. 외국정부 또는 외국의 공공단체
3. 외국의 법인 또는 단체
4. 위 1. 내지 3.에 해당하는 자가 주식이나 지분의 2분의 1 이상을 소유하거나, 그 사업을 사실상 지배하는 법인
5. 외국인이 법인등기부상의 대표자이거나 외국인이 법인등기부상의 임원 수의 2분의 1 이상을 차지하는 법인

② 외국 국적을 가진 항공기는 등록할 수 없다.

60) 제8조(등록사항)

① 국토교통부장관은 소유자 등이 항공기의 등록을 신청한 경우에는, 항공기 등록원부에 다음의 사항을 기록하여야 한다.

1. 항공기의 형식
2. 항공기의 제작자
3. 항공기의 제작번호
4. 항공기의 정치장(定置場)
5. 소유자 또는 임차인 · 임대인의 성명 또는 명칭과 주소 및 국적
6. 등록 연월일
7. 등록기호

② 위 ① 이외에 항공기의 등록에 필요한 사항은 대통령령으로 정한다.

제9조(등록증명서의 발급)

국토교통부장관은 위 「항공법」 제8조(등록사항)에 따라 항공기를 등록하였을 때에는, 신청인에게 항공기 등록증명서를 발급하여야 한다.

제10조(변경등록)

소유자 등은 위 「항공법」 제8조 제1항 제4호(항공기의 정치장[定置場])에 따라, 등록된 항공기의 정치장이 변경되었을 때에는, 그 사유가 발생한 날부터 15일 이내에 국토교통부장관에게 변경등록을 신청하여야 한다.

제11조(이전등록)

등록된 항공기의 소유권 또는 임차권을 이전하는 경우에는, 소유자 · 양수인 또는 임차인은 국토교통부장관에게 이전등록을 신청하여야 한다.

제12조(말소등록)

① 소유자 등은 등록된 항공기가 다음에 해당하는 경우에는, 그 사유가 발생한 날부터 15일 이내에 국토교통부장관에게 말소등록을 신청하여야 한다.

1. 항공기가 멸실(滅失)되었거나 항공기를 해체(정비 · 개조 · 수송 또는 보관을 위하여 하는 해체는 제외)한 경우
2. 항공기의 존재 여부가 1개월 이상 불분명한 경우. 다만, 항공기사고 등으로 항공기의 위치를 1개월 이내에 확인할 수 없는 경우에는 2개월로 한다.
3. 「항공법」 제6조(항공기 등록의 제한) 제1항(대한민국 국민이 아닌 사람 · 외국정부 또는 외국의 공공단체 · 외국의 법인 또는 단체 · 이상에서 언급한 것에 해당하는 자가 주식이나 지분의 2분의 1 이상을 소유하거나, 그 사업을 사실상 지배하는 법인 · 외국인이 법인등기부상의 대표자이거나 외국인이 법인등기부상의 임원 수의 2분의 1 이상을 차지하는 법인) 중 어느 하나에 해당하는 자에게 항공기를 양도하거나 임대(외국 국적을 취득하는 경우만 해당)한 경우
4. 임차기간의 만료 등으로 항공기를 사용할 수 있는 권리가 상실된 경우

② 위 ①의 경우 소유자 등이 말소등록을 신청하지 아니하면, 국토교통부장관은 7일 이상의 기간을 정하여

의 발급 · 변경등록 · 이전등록 · 말소등록 · 등록등본 등의 발급청구 등 · 등록기호표의 부착) · 제33조[61](자격증명 · 항공신체검사증명의 취소 등) · 제34조[62](계기비행증명 및

말소등록을 신청할 것을 최고(催告)하여야 한다.

③ 위 ②에 따른 최고를 한 후에도, 소유자 등이 말소등록을 신청하지 아니하면, 국토교통부장관은 직권으로 등록을 말소하고, 그 사실을 소유자 등 또는 그 밖의 이해관계인에게 알려야 한다.

제13조(등록 등본 등의 발급청구 등)

누구든지 국토교통부장관에게 항공기 등록원부의 등본 또는 초본의 발급을 청구하거나, 항공기 등록원부의 열람을 청구할 수 있다.

제14조(등록기호표의 부착)

① 소유자 등은 항공기를 등록한 경우에는, 그 항공기의 등록기호표를 국토교통부령으로 정하는 형식 · 위치 및 방법 등에 따라 항공기에 붙여야 한다.

② 누구든지 위 ①에 따라 항공기에 붙인 등록기호표를 훼손하여서는 아니 된다.

61) 제33조(자격증명 · 항공신체검사증명의 취소 등)

① 국토교통부장관은 항공종사자가 다음에 해당하면, 그 자격증명이나 자격증명의 한정(이하 이 조에서는 "자격증명 등"이라고 한다)을 취소하거나, 1년 이내의 기간을 정하여 자격증명 등의 효력정지를 명할 수 있다. 다만, 아래 2. 또는 32.에 해당하는 경우에는, 해당 자격증명 등을 반드시 취소하여야 한다.

1. 이 법을 위반하여 벌금 이상의 형을 선고받은 경우
2. 부정한 방법으로 자격증명 등을 받은 경우
3. 항공종사자로서 항공업무를 수행할 때, 고의 또는 중대한 과실로 항공기사고를 일으켜 인명피해나 재산피해를 발생시킨 경우
4. 항공교통관제업무를 수행할 때, 고의 또는 중대한 과실로 항공기 준사고에 해당하는 항공기 충돌 위험을 초래한 경우
5. 「항공법」 제22조(항공기 등의 정비 등의 확인)에 따라 정비 등을 확인하는 항공종사자가 기술기준에 적합하지 아니한 항공기 등 · 장비품 또는 부품을 적합한 것으로 확인한 경우
6. 「항공법」 제27조(업무범위) 제1항(자격증명을 받은 자는 그가 받은 자격증명의 종류에 따른 항공업무 이외의 항공업무에의 종사금지)을 위반하여, 자격증명의 종류에 따른 항공업무 이외의 항공업무에 종사한 경우
7. 「항공법」 제28조(자격증명의 한정) 제2항(자격증명의 한정을 받은 항공종사자는 그 한정된 항공기의 종류 · 등급 또는 형식 이외의 항공기나, 한정된 업무범위 이외의 항공업무에의 종사금지)을 위반하여 자격증명의 한정을 받은 항공종사자가 한정된 종류 · 등급 또는 형식 이외의 항공기나 한정된 정비업무 이외의 항공업무에 종사한 경우
8. 「항공법」 제31조(항공신체검사증명) 제1항(「항공법」 제35조(항공기의 조종연습) 제4항에서 준용하는 경우를 포함)[운항승무원 · 경량항공기 조종사 · 항공교통관제사의 항공신체검사증명]을 위반하여 항공신체검사증명을 받지 아니하고, 항공업무에 종사하거나, 항공기 조종연습을 한 경우
9. 「항공법」 제34조(계기비행증명 및 조종교육증명) 제1항을 위반하여 계기비행증명을 받지 아니하고 계기비행 또는 계기비행방식에 따른 비행을 한 경우
10. 「항공법」 제34조(계기비행증명 및 조종교육증명) 제2항을 위반하여 조종교육증명을 받지 아니하고 조종교육을 한 경우
11. 「항공법」 제34조의 2(항공영어구술능력증명) 제1항을 위반하여 항공영어구술능력증명을 받지 아니하고 같은 항 각 호의 어느 하나에 해당하는 항공업무에 종사한 경우
12. 「항공법」 제38조의 2(비행제한 등) 제1항을 위반하여 국토교통부장관이 정하여 공고하는 비행의 방식 및 절차에 따르지 아니하고 비관제공역(非官制空域) 또는 주의공역(主意空域)에서 비행한 경우

13. 「항공법」 제38조의 2(비행제한 등) 제2항을 위반하여 허가를 받지 아니하거나 국토교통부장관이 정하는 비행의 방식 및 절차에 따르지 아니하고 통제공역에서 비행한 경우
14. 「항공법」 제45조(운항승무원의 조건)를 위반하여 국토교통부령으로 정하는 비행경험이 없이 항공운송사업 및 항공기사용사업에 사용되는 항공기를 운항하거나 계기비행・야간비행 또는 「항공법」 제34조(계기비행증명 및 조종교육증명) 제2항에 따른 조종교육의 업무에 종사한 경우
15. 「항공법」 제47조(주류 등) 제1항을 위반하여 주류 등의 영향으로 항공업무를 정상적으로 수행할 수 없는 상태에서 항공업무(조종연습을 포함)에 종사한 경우
16. 「항공법」 제47조(주류 등) 제2항을 위반하여 항공업무(조종연습을 포함)에 종사하는 동안에 동 조 제1항에 따른 주류 등을 섭취하거나 사용한 경우
17. 「항공법」 제47조(주류 등) 제3항을 위반하여 동 조 제1항에 따른 주류 등의 섭취 및 사용 여부의 측정 요구에 따르지 아니한 경우
18. 「항공법」 제48조(신체장애)를 위반하여 동 법 제31조(항공신체검사증명) 제2항에 따른 항공신체검사증명기준에 적합하지 아니한 운항승무원 및 항공교통관제사가 항공업무(조종연습을 포함)에 종사한 경우
19. 고의 또는 중대한 과실로 「항공법」 제49조의 3(항공안전 의무보고) 제1항에 따른 항공안전장애 또는 동 법 제49조의 4(항공안전 자율보고) 제1항에 따른 경미한 항공안전장애를 발생시킨 경우
20. 「항공법」 제50조(기장의 권한 등) 제2항 또는 제4항 내지 제6항의 규정에 따른 기장의 의무를 이행하지 아니한 경우
21. 조종사가 「항공법」 제51조(조종사의 운항자격)에 따른 운항자격의 인정 또는 심사를 받지 아니하고 운항한 경우
22. 「항공법」 제52조(운항관리사) 제2항을 위반하여 기장이 운항관리사의 승인을 받지 아니하고 항공기를 출발시키거나 비행계획을 변경한 경우
23. 「항공법」 제53조(이착륙의 장소)를 위반하여 이착륙 장소가 아닌 곳에서 이륙하거나 착륙한 경우
24. 「항공법」 제54조(비행규칙 등) 제1항을 위반하여 비행규칙을 따르지 아니하고 비행한 경우
25. 「항공법」 제55조(비행 중 금지행위 등)를 위반하여 비행 중 금지행위 등을 한 경우
26. 「항공법」 제59조(위험물 운송 등) 제1항을 위반하여 허가를 받지 아니하고 항공기로 위험물을 운송한 경우
27. 「항공법」 제70조(항공교통업무 등) 제1항을 위반하여 국토교통부장관이 지시하는 이동・이륙・착륙의 순서 및 시기와 비행의 방법에 따르지 아니한 경우
28. 「항공법」 제74조(승무원 등의 탑승 등) 제2항을 위반하여 항공종사자가 자격증명서 및 항공신체검사증명서 또는 국토교통부령으로 정하는 자격증명서를 지니지 아니하고 항공업무에 종사한 경우
29. 「항공법」 제74조의 3(운항기술기준의 준수)을 위반하여 동 법 제74조의 2(항공기 안전운항을 위한 운항기술기준)에 따른 운항기술기준을 지키지 아니하고 비행을 하거나 업무를 수행한 경우
30. 「항공법」 제115조의 2(항공운송사업의 운항증명) 제4항을 위반하여 같은 조 제2항에 따른 운영기준을 지키지 아니하고 비행을 하거나 업무를 수행한 경우
31. 「항공법」 제116조(운항규정 및 정비규정) 제3항을 위반하여 같은 조 제1항에 따른 운항규정 또는 정비규정을 지키지 아니하고 업무를 수행한 경우
32. 동 조에 따른 자격증명 등의 정지명령을 위반하여 정지기간에 항공업무에 종사한 경우

② 국토교통부장관은 항공종사자가 다음에 해당하면, 그 항공신체검사증명을 취소하거나, 1년 이내의 기간을 정하여 항공신체검사증명의 효력정지를 명할 수 있다. 다만, 아래 1에 해당하는 경우에는, 항공신체검사증명을 반드시 취소하여야 한다.

1. 부정한 방법으로 항공신체검사증명을 받은 경우
2. 「항공법」 제31조(항공신체검사증명) 제2항에 따른 항공신체검사증명의 기준에 맞지 아니하게 되어 항

조종교육증명)·제35조[63](항공기의 조종연습)·제36조[64](조종연습허가서 등의 휴대)·

공업무를 수행하기에 부적합하다고 인정되는 경우

3. 「항공법」 제32조(항공신체검사명령)·제47조(주류 등)·제48조(신체장애) 또는 제74조(승무원 등의 탑승 등) 제2항(자격증명서를 지니지 아니한 경우는 제외)을 위반한 경우

③ 자격증명 등의 시험에 응시하거나 심사를 받는 사람이, 그 시험 또는 심사에서 부정행위를 하거나, 항공신체검사를 받는 사람이 그 검사에서 부정한 행위를 한 경우에는, 그 부정행위를 한 날부터 각각 2년간 이 법에 따른 자격증명 등의 시험에 응시하거나, 심사를 받을 수 없으며, 동 법에 따른 신체검사를 받을 수 없다.

④ 위 ① 및 ②에 따른 처분의 기준 및 절차와 그 밖에 필요한 사항은 국토교통부령으로 정한다.

62) 제34조(계기비행증명 및 조종교육증명)

① 운송용 조종사(회전익항공기를 조종하는 경우만 해당)·사업용 조종사·자가용 조종사 또는 부조종사의 자격증명을 받은 사람은, 그가 사용할 수 있는 항공기의 종류로 다음에 해당하는 비행을 하려면, 국토교통부령으로 정하는 바에 따라, 국토교통부장관으로부터 계기비행증명을 받아야 한다.

1. 계기비행
2. 계기비행방식에 따른 비행

② 다음에 해당하는 조종연습을 하는 사람에 대하여, 조종교육을 하려는 사람은, 그 항공기의 종류별로 국토교통부령으로 정하는 바에 따라, 국토교통부장관으로부터 조종교육증명을 받아야 한다.

1. 「항공법」 제26조(자격증명의 종류) 제1호 내지 제4호의 규정에 따른 자격증명을 받지 아니한 사람이 항공기(제27조 제4항에 따라 국토교통부령으로 정하는 항공기는 제외)에 탑승하여 하는 조종연습
2. 「항공법」 제26조(자격증명의 종류) 제1호 내지 제4호의 규정에 따른 자격증명을 받은 사람이, 그 자격증명에 대하여 한정을 받은 종류 이외의 항공기에 탑승하여 하는 조종연습

③ 위 ②에 따른 조종교육에 필요한 사항은 국토교통부령으로 정한다.

④ 위 ①에 따른 계기비행증명 및 위 ②에 따른 조종교육증명에 관하여는, 「항공법」 제29조(시험의 실시 및 면제) 및 제33조(자격증명·항공신체검사증명의 취소 등) 제1항·제3항을 준용한다.

63) 제35조(항공기의 조종연습)

① 다음에 해당하는 조종연습을 위한 조종에 관하여는, 「항공법」 제27조(업무범위) 제1항·제2항 및 제28조(자격증명의 한정) 제3항을 적용하지 아니한다.

1. 「항공법」 제26조(자격증명의 종류) 제1호 내지 제4호의 규정에 따른 자격증명 및 동 법 제31조(항공신체검사증명)에 따른 항공신체검사증명을 받은 사람이 한정받은 등급 또는 형식 이외의 항공기(한정받은 종류의 항공기만 해당)에 탑승하여 하는 조종연습으로서 그 항공기를 조종할 수 있는 자격증명 및 항공신체검사증명을 받은 사람(그 항공기를 조종할 수 있는 지식 및 능력이 있다고 인정하여 국토교통부장관이 지정한 사람을 포함)의 감독하에 하는 조종연습
2. 「항공법」 제34조(계기비행증명 및 조종교육증명) 제2항 제1호에 따른 조종연습으로서, 그 조종연습에 관하여 국토교통부장관의 허가를 받고 조종교육증명을 받은 사람의 감독하에 하는 조종연습
3. 「항공법」 제34조(계기비행증명 및 조종교육증명) 제2항 제2호에 따른 조종연습으로서, 조종교육증명을 받은 사람의 감독하에 하는 조종연습

② 국토교통부장관은 위 ①의 2.에 따른 조종연습의 허가 신청을 받은 경우, 신청인이 항공기의 조종연습을 하기에 필요한 능력이 있다고 인정되는 경우에는, 국토교통부령으로 정하는 바에 따라, 그 조종연습을 허가한다.

③ 위 ①의 2.에 따른 허가는 신청인에게 항공기 조종연습허가서를 발급함으로써 한다.

④ 위 ①의 2.에 따른 허가를 받은 사람에 대하여는 「항공법」 제31조(항공신체검사증명)·제32조(항공신체검사명령) 및 제33조(자격증명·항공신체검사증명의 취소 등)를 준용한다.

64) 제36조(조종연습허가서 등의 휴대)

제38조의 2[65](비행제한 등) · 제39조[66](국적 등의 표시) · 제47조[67](주류 등) · 제54조[68]

「항공법」 제35조(항공기의 조종연습) 제3항에 따른 항공기 조종연습허가서를 받은 사람이 조종연습을 할 때에는, 항공기 조종연습허가서와 항공신체검사증명서를 지녀야 한다.

65) 제38조의 2(비행제한 등)

① 「항공법」 제38조(공역 등의 지정) 제2항에 따른 비관제공역 또는 주의공역에서 비행하는 항공기는, 그 공역에 대하여 국토교통부장관이 정하여 공고하는 비행의 방식 및 절차에 따라야 한다.

② 항공기는 「항공법」 제38조(공역 등의 지정) 제2항에 따른 통제공역에서 비행하여서는 아니 된다. 다만, 국토교통부령으로 정하는 바에 따라, 국토교통부장관의 허가를 받아 그 공역에 대하여 국토교통부장관이 정하는 비행의 방식 및 절차에 따라 비행하는 경우에는, 통제구역에서 비행을 할 수 있다.

66) 제39조(국적 등의 표시)

① 국적 · 등록기호 및 소유자 등의 성명 또는 명칭을 표시하지 아니한 항공기를 항공에 사용하여서는 아니 된다. 다만, 신규로 제작한 항공기 등 국토교통부령으로 정하는 항공기의 경우에는, 국적 · 등록기호 및 소유자 등의 성명 또는 명칭을 표시하지 아니한 항공기라도 항공에 사용할 수 있다.

② 위 ①에 따른 국적 등의 표시에 필요한 사항은 국토교통부령으로 정한다.

67) 제47조(주류 등)

① 항공종사자(조종연습을 하는 사람을 포함. 이하 이 조에서는 동일) 및 객실승무원은 「주세법」 제3조 제1호에 따른 주류, 「마약류 관리에 관한 법률」 제2조 제1호에 따른 마약류 또는 「화학물질관리법」 제22조 제1항에 따른 환각물질 등(이하에서는 "주류 등"이라고 한다)의 영향으로 항공업무(조종연습을 포함. 이하 이 조에서는 동일) 또는 객실승무원의 업무를 정상적으로 수행할 수 없는 상태에서는, 항공업무 또는 객실승무원의 업무에 종사하여서는 아니 된다.

② 항공종사자 및 객실승무원은 항공업무 또는 객실승무원의 업무에 종사하는 동안에는 주류 등을 섭취하거나 사용하여서는 아니 된다.

③ 국토교통부장관은 항공안전과 위험 방지를 위하여 필요하다고 인정하거나, 항공종사자 및 객실승무원이 위 ① 또는 ②를 위반하여 항공업무 또는 객실승무원의 업무를 하였다고 인정할 만한 상당한 이유가 있을 때에는, 주류 등의 섭취 및 사용 여부를 호흡측정기 검사 등의 방법으로 측정할 수 있으며, 항공종사자 및 객실승무원은 이러한 측정에 응하여야 한다.

④ 국토교통부장관은 항공종사자 또는 객실승무원이 위 ③에 따른 측정 결과에 불복하면, 그 항공종사자 또는 객실승무원의 동의를 받아 혈액 채취 또는 소변 검사 등의 방법으로 주류 등의 섭취 및 사용 여부를 다시 측정할 수 있다.

⑤ 주류 등의 영향으로 항공업무 또는 객실승무원의 업무를 정상적으로 수행할 수 없는 상태의 기준은, 다음과 같다.

1. 주정성분이 있는 음료의 섭취로 혈중알코올농도가 0.03퍼센트 이상인 경우
2. 「마약류관리에 관한 법률」 제2조 제1호에 따른 마약류를 사용한 경우
3. 「화학물질관리법」 제22조 제1항에 따른 환각물질을 사용한 경우

⑥ 위 ① 내지 ⑤의 규정에 따른 주류 등의 종류 · 주류 등의 측정에 필요한 세부 절차 및 측정기록의 관리 등에 관하여 필요한 사항은 국토교통부령으로 정한다.

68) 제54조(비행규칙 등)

① 항공기를 운항하려는 사람은 「국제민간항공조약」 및 동 조약 부속서에 따라, 국토교통부령으로 정하는 비행에 관한 기준 · 절차 · 방식 등(이하에서는 "비행규칙"이라고 한다)에 따라 비행하여야 한다.

② 비행규칙은 다음과 같이 구분한다.

1. 재산 및 인명을 보호하기 위한 비행절차 등 일반적인 사항에 관한 규칙
2. 시계비행에 관한 규칙
3. 계기비행에 관한 규칙

(비행규칙 등) 및 제70조[69](항공교통업무 등)를 준용한다(항공법 제24조 제8항).

4. 항공종사자

4.1 항공종사자 자격증명 등

4.1.1 항공종사자의 자격증명

항공업무에 종사하려는 사람 또는 경량항공기를 사용하여 비행하려는 사람은, 국토교통부령으로 정하는 바에 따라, 국토교통부장관으로부터 항공종사자 자격증명(이하에서는 "자격증명"이라고 한다)을 받아야 한다. 다만, 항공업무 중 무인항공기를 운항하려는 경우에는, 국토교통부장관으로부터 항공종사자 자격증명을 받지 않아도 된다(항공법 제25조 제1항).

4.1.2 항공종사자 자격증명의 미발급 대상자

다음에 해당하는 사람은 자격증명을 받을 수 없다(항공법 제25조 제2항).

1. 다음의 나이 미만인 사람
   ⓐ 자가용 조종사 및 경량항공기 조종사 자격의 경우 : 17세(자가용 활공기 조종사 자격의 경우에는 16세)

---

4. 비행계획의 작성 · 제출 · 접수 및 통보 등에 관한 규칙
5. 그 밖에 비행안전을 위하여 필요한 사항에 관한 규칙

69) 제70조(항공교통업무 등)
① 비행장 · 관제권 또는 관제구에서 항공기를 이동 · 이륙 · 착륙시키거나 항공기로 비행을 하려는 사람은, 국토교통부장관이 지시하는 이동 · 이륙 · 착륙의 순서 및 시기와 비행의 방법에 따라야 한다.
② 국토교통부장관은 비행정보구역에서 비행하는 항공기의 안전하고 효율적인 운항을 위하여 공항 및 항행안전시설의 운용 상태 등 항공기의 운항과 관련된 조언 및 정보를 조종사 또는 관련 기관 등에 제공할 수 있다.
③ 국토교통부장관은 비행정보구역 안에서 수색 · 구조를 필요로 하는 항공기에 관한 정보를 조종사 또는 관련 기관 등에게 제공할 수 있다.
④ 위 ① 내지 ③의 규정에 따라 국토교통부장관이 하는 업무(이하에서는 "항공교통업무"라고 한다)의 대상 · 내용 · 절차 등에 관하여 필요한 사항은, 국토교통부령으로 정한다.
⑤ 비행장 안의 이동지역에서 차량의 운행, 비행장의 유지 · 보수, 그 밖의 업무를 수행하는 자는 항공교통의 안전을 위하여 국토교통부장관의 지시에 따라야 한다.

ⓑ 사업용 조종사 · 부조종사 · 항공사 · 항공기관사 · 항공교통관제사 및 항공정비사 자격의 경우 : 18세

ⓒ 운송용 조종사 및 운항관리사 자격의 경우 : 21세

2. 「항공법」 제33조(자격증명 · 항공신체검사증명의 취소 등) 제1항[70]에 따른 자격증명 취소처분을 받고, 그 취소일부터 2년이 지나지 아니한 사람

4.1.3 항공작전기지에서 항공기를 관제하는 군인의 관제업무

위 4.1.1(항공법 제25조 제1항) 및 4.1.2(항공법 제25조 제2항)에도 불구하고, 「군사기지 및 군사시설 보호법」의 적용을 받는 항공작전기지에서 항공기를 관제하는 군인은, 국방부장관으로부터 자격인정을 받아, 관제업무를 수행할 수 있다(항공법 제25조 제3항).

4.2 자격증명의 종류

자격증명의 종류는 다음과 같이 구분한다(항공법 제26조).

1. 운송용 조종사
2. 사업용 조종사
3. 자가용 조종사
4. 부조종사
5. 경량항공기 조종사
6. 항공사
7. 항공기관사
8. 항공교통관제사
9. 항공정비사
10. 운항관리사

70) 주) 61 참조

4.3 업무범위

4.3.1 자격증명 취득자의 자격증명의 종류에 따른 항공업무

자격증명을 받은 사람은, 그가 받은 자격증명의 종류에 따른 항공업무 이외의 항공업무에 종사하여서는 아니 된다(항공법 제27조 제1항).

4.3.2 항공종사자의 자격증명의 종류에 따른 업무범위

위 4.3.1(항공법 제27조 제1항)에 따른 항공종사자의 자격증명의 종류에 따른 업무범위는 다음 도표와 같다(항공법 제27조 제2항).

✦ 자격증명별 업무 범위

자격	업무 범위
운송용 조종사	항공기에 탑승하여 다음의 행위를 하는 것 1. 사업용 조종사의 자격을 가진 사람이 할 수 있는 행위 2. 항공운송사업의 목적을 위하여 사용하는 항공기를 조종하는 행위
사업용 조종사	항공기에 탑승하여 다음의 행위를 하는 것 1. 자가용 조종사의 자격을 가진 사람이 할 수 있는 행위 2. 보수를 받고 무상 운항을 하는 항공기를 조종하는 행위 3. 항공기사용사업에 사용하는 항공기를 조종하는 행위 4. 항공운송사업에 사용하는 항공기(1명의 조종사가 필요한 항공기만 해당)를 조종하는 행위 5. 기장 이외의 조종사로서, 항공운송사업에 사용하는 항공기를 조종하는 행위
자가용 조종사	항공기에 탑승하여 보수를 받지 아니하고 무상운항을 하는 항공기를 조종하는 행위
부조종사	비행기에 탑승하여 다음의 행위를 하는 것 1. 자가용 조종사의 자격을 가진 자가 할 수 있는 행위 2. 기장 이외의 조종사로서, 비행기를 조종하는 행위
경량항공기 조종사	경량항공기에 탑승하여 경량항공기를 조종하는 행위
항공사	항공기에 탑승하여 그 위치 및 항로의 측정과 항공상의 자료를 산출하는 행위
항공기관사	항공기에 탑승하여 발동기 및 기체를 취급하는 행위(조종장치의 조작은 제외)
항공교통관제사	항공교통의 안전·신속 및 질서를 유지하기 위하여 항공교통관제기관에서 항공기 운항을 관제하는 행위

항공정비사	정비 또는 개조(국토교통부령으로 정하는 경미한 정비 및「항공법」제19조 제1항에 따른 수리 · 개조는 제외)한 항공기에 대하여,「항공법」제22조에 따른 확인을 하는 행위
운항관리사	항공운송사업에 사용되는 항공기의 운항에 필요한 다음의 사항을 확인하는 행위 1. 비행계획의 작성 및 변경 2. 항공기 연료 소비량의 산출 3. 항공기 운항의 통제 및 감시

*「항공법」제27조 제2항 관련 별표 참조

4.3.3 자격증명 취득자와 항공종사자의 자격증명의 종류에 따른 항공업무에 관한 규정의 비적용

위 4.3.1(항공법 제27조 제1항) 및 4.3.2(항공법 제27조 제2항)는 국토교통부령으로 정하는 항공기에 탑승하여 조종(항공기에 탑승하여 그 기체(機體) 및 발동기(發動機)를 다루는 것을 포함. 이하 동일)하는 경우와, 새로운 종류 · 등급 또는 형식의 항공기에 탑승하여 시험비행 등을 하는 경우로서, 국토교통부장관의 허가를 받은 경우에는 적용하지 아니한다(항공법 제27조 제4항).

4.4 자격증명의 한정

4.4.1 국토교통부장관의 자격증명에 대한 한정

국토교통부장관은 다음의 구분에 따라 자격증명에 대한 한정을 할 수 있다(항공법 제28조 제1항).

1. 운송용 조종사 · 사업용 조종사 · 자가용 조종사 및 부조종사 또는 항공기관사의 자격의 경우 : 항공기의 종류 · 등급 또는 형식
2. 경량항공기 조종사의 경우 : 경량항공기의 종류
3. 항공정비사 자격의 경우 : 항공기 종류 및 정비 업무 범위

4.4.2 자격증명의 한정을 받은 항공종사자의 항공기 및 항공업무에 대한 종사의 금지

위 4.4.1(항공법 제28조 제1항)에 따라 자격증명의 한정을 받은 항공종사자는, 그 한정된 항공기의 종류 · 등급 또는 형식 이외의 항공기나, 한정된 업무범위 이외의 항공업

무에 종사하여서는 아니 된다(항공법 제28조 제2항).

4.4.3 자격증명의 한정에 필요한 세부사항

위 4.4.1(항공법 제28조 제1항)에 따른 자격증명의 한정에 필요한 세부사항은 국토교통부령으로 정한다(항공법 제28조 제3항).

4.5 시험의 실시 및 면제

4.5.1 자격증명을 취득하려는 자에 대한 시험

자격증명을 받으려는 사람은, 국토교통부령으로 정하는 바에 따라, 항공업무에 종사하는 데에 필요한 지식 및 능력에 관하여, 국토교통부장관이 실시하는 학과시험 및 실기시험에 합격하여야 한다(항공법 제29조 제1항).

4.5.2 자격증명 항공기에 따라 한정하는 경우의 항공기 탑승경력 및 정비경력 등에 대한 심사

국토교통부장관은 위 4.4 자격증명의 한정(항공법 제28조)에 따라, 자격증명을 항공기의 종류・등급 또는 형식별로 한정(「항공법」 제34조[계기비행증명 및 조종교육증명]에 따른 계기비행[計器飛行]증명 및 조종교육증명을 포함)하는 경우에는, 항공기 탑승경력 및 정비경력 등을 심사하여야 한다. 이 경우 종류 및 등급에 대한 최초의 자격증명의 한정은 실기시험을 실시하여 심사할 수 있다(항공법 제29조 제2항).

4.5.3 국토교통부장관의 시험 및 심사에 대한 전부 또는 일부의 면제

국토교통부장관은 다음에 해당하는 사람에게는, 국토교통부령으로 정하는 바에 따라, 위 4.5.2(항공법 제29조 제1항) 및 4.5.2(항공법 제29조 제2항)에 따른 시험 및 심사의 전부 또는 일부를 면제할 수 있다(항공법 제29조 제4항).

1. 외국정부로부터 자격증명을 받은 사람
2. 「항공법」 제29조의 3[71](전문교육기관의 지정・육성)에 따른 전문교육기관의 교

71) 제29조의 3(전문교육기관의 지정・육성)

육과정을 이수한 사람

3. 실무경험이 있는 사람

4. 「국가기술자격법」에 따른 항공기술 분야의 자격을 가진 사람

4.6 모의비행장치를 이용한 자격증명 실기시험의 실시 등

4.6.1 모의비행장치를 이용한 실기시험의 실시

국토교통부장관은 실제 항공기 대신 모의비행장치를 이용하여, 위 4.5.1(항공보안법 제29조[시험의 실시 및 면제] 제1항)에 따른 실기시험을 실시할 수 있다(항공법 제29조의 2 제1항).

4.6.2 모의비행장치를 이용한 탑승경력의 항공기 탑승경력

국토교통부장관이 지정하는 모의비행장치를 이용한 탑승경력은, 위 4.5.2(항공보안법 제29조[시험의 실시 및 면제] 제2항)에 따른 항공기 탑승경력으로 본다(항공법 제29조의 2 제2항).

4.6.3 모의비행장치의 지정기준과 탑승경력의 인정 등에 관한 사항

위 4.6.2(항공법 제29조의 2 제2항)에 따른 모의비행장치의 지정기준과 탑승경력의 인정 등에 필요한 사항은 국토교통부령으로 정한다(항공법 제29조의 2 제3항).

4.7 전문교육기관의 지정 · 육성

4.7.1 국토교통부장관의 항공종사자 전문교육기관의 지정

국토교통부장관은 항공종사자를 육성하기 위하여, 국토교통부령으로 정하는 바에 따

---

① 국토교통부장관은 항공종사자를 육성하기 위하여, 국토교통부령으로 정하는 바에 따라, 항공종사자 전문교육기관(이하에서는 "전문교육기관"이라고 한다)을 지정할 수 있다.

② 국토교통부장관은 위 ①에 따라 지정된 전문교육기관이 항공운송사업에 필요한 항공종사자를 육성하는 경우에는, 예산의 범위에서 필요한 경비의 전부 또는 일부를 지원할 수 있다.

③ 전문교육기관의 지정기준은, 국토교통부령으로 정한다.

④ 국토교통부장관은 전문교육기관으로 지정받은 자가 위 ③에 따른 전문교육기관의 지정기준을 위반한 경우에는, 그 지정을 취소할 수 있다.

라, 항공종사자 전문교육기관(이하에서는 “전문교육기관”이라고 한다)을 지정할 수 있다(항공법 제29조의 3 제1항).

4.7.2 국토교통부장관의 전문교육기관에 대한 경비의 전부 및 일부의 지원

국토교통부장관은 위 4.7.1(항공법 제29조의 3 제1항)에 따라 지정된 전문교육기관이 항공운송사업에 필요한 항공종사자를 육성하는 경우에는, 예산의 범위에서 필요한 경비의 전부 또는 일부를 지원할 수 있다(항공법 제29조의 3 제2항).

4.7.3 전문교육기관의 지정기준

전문교육기관의 지정기준은 국토교통부령으로 정한다(항공법 제29조의 3 제3항).

4.7.4 국토교통부장관의 지정기준 위반의 전문교육기관에 대한 지정의 취소

국토교통부장관은 전문교육기관으로 지정받은 자가 위 4.7.3(항공법 제29조의 3 제3항)에 따른 전문교육기관의 지정기준을 위반한 경우에는, 그 지정을 취소할 수 있다(항공법 제29조의 3 제4항).

4.8 항공신체검사증명

4.8.1 국토교통부장관으로부터 항공신체검사증명을 받아야 할 자격증명의 취득자

운송용 조종사 · 사업용 조종사 · 자가용 조종사 및 부조종사 · 경량항공기 조종사 · 항공사 · 항공기관사 및 항공교통관제사(항공법 제26조[자격증명의 종류] 제1호 내지 제8호)의 자격증명을 받은 사람 중 다음에 해당하는 사람은, 국토교통부장관으로부터 자격증명별로 항공신체검사증명을 받아야 한다(항공법 제31조 제1항).

1. 운송용 조종사 · 사업용 조종사 · 자가용 조종사 및 부조종사(항공법 제26조 제1호 내지 제4호) 및 항공사 · 항공기관사(항공법 제26조[자격증명의 종류] 제6호 · 제7호)의 자격증명을 받은 사람 중 항공기에 탑승하여 항공업무에 종사하는 사람(이하에서는 “운항승무원”이라고 한다)
2. 경량항공기 조종사(항공법 제26조[자격증명의 종류] 제5호)의 자격증명을 받고,

경량항공기에 탑승하여 조종을 하는 사람

3. 항공교통관제사(항공법 제26조[자격증명의 종류] 제8호)의 자격증명을 받고, 항공교통관제사로서 항공업무를 하려는 사람

4.8.2 자격증명별 항공신체검사증명의 기준 · 방법 및 유효기간 등에 관한 사항

위 4.8.1(항공법 제 31조 제1항)에 따른 자격증명별 항공신체검사증명의 기준 · 방법 및 유효기간 등에 관하여 필요한 사항은, 국토교통부령으로 정한다(항공법 제31조 제2항).

4.8.3 국토교통부장관의 항공신체검사증명서의 발급

국토교통부장관은 항공신체검사증명을 받는 사람이 위 4.8.2(항공법 제31조 제2항)에 따른 항공신체검사증명의 기준에 적합한 경우에는, 항공신체검사증명서를 발급하여야 한다(항공법 제31조 제3항).

4.8.4 항공신체검사증명의 기준미달자에 대한 국토교통부장관의 항공신체검사증명서의 발급

국토교통부장관은 항공신체검사증명을 받는 사람이 위 4.8.2(항공법 제31조 제2항)에 따른 자격증명별 항공신체검사증명의 기준에 일부 미달한 경우에도, 국토교통부령으로 정하는 바에 따라, 항공신체검사를 받은 사람의 경험 및 능력을 고려하여 필요하다고 인정하는 경우에는, 해당 항공업무의 범위를 한정하여, 항공신체검사증명서를 발급할 수 있다(항공법 제31조 제4항).

4.8.5 항공신체검사증명의 결과에 대한 불복자의 이의신청

위 4.8.1(항공법 제31조 제1항)에 따른 자격증명별 항공신체검사증명 결과에 불복하는 사람은, 국토교통부령으로 정하는 바에 따라, 이의신청을 할 수 있다(항공법 제31조 제5항).

4.8.6 국토교통부장관의 이의신청인에 대한 이의신청결과의 통보

국토교통부장관은 위 4.8.5(항공법 제31조 제5항)에 따른 이의신청에 대한 결정을 한 경우에는, 지체 없이 신청인에게 그 결정 내용을 알려야 한다(항공법 제31조 제6항).

4.9 항공전문의사의 지정 등

4.9.1 국토교통부장관의 항공전문의사 지정과 그에 의한 항공신체검사증명에 관한 업무수행

국토교통부장관은 위 4.8(항공법 제31조[항공신체검사증명])에 따른 자격증명별 항공신체검사증명을 효율적이고 전문적으로 하기 위하여, 항공의학에 관한 전문교육을 받은 전문의사(이하에서는 "항공전문의사"라고 한다)를 지정하여, 위 4.8(항공법 제31조[항공신체검사증명])에 따른 항공신체검사증명에 관한 업무를 수행하게 할 수 있다(항공법 제31조의 2 제1항).

4.9.2 항공전문의사의 지정기준 및 절차

항공전문의사의 지정기준 및 지정절차 등에 관하여 필요한 사항은 국토교통부령으로 정한다(항공법 제31조의 2 제2항).

4.9.3 항공전문의사의 정기전문교육

항공전문의사는 국토교통부령으로 정하는 바에 따라, 국토교통부장관이 정기적으로 실시하는 전문교육을 받아야 한다(항공법 제31조의 2 제3항).

4.10 항공전문의사 지정의 취소 등

4.10.1 국토교통부장관의 항공전문의사에 대한 지정의 취소 및 효력정지

국토교통부장관은 항공전문의사가 다음에 해당하면, 그 지정을 취소하거나, 1년 이내의 기간을 정하여 그 지정의 효력정지를 명할 수 있다. 다만, 아래 1. 내지 4.에 해당하는 경우에는 반드시 항공전문의사의 지정을 취소하여야 한다(항공법 제31조의 3 제1항).

1. 항공전문의사가 위 4.9.2(항공법 제31조의 2 제2항)에 따른 지정기준에 적합하지 아니하게 된 경우
2. 항공전문의사가 고의 또는 중대한 과실로 항공신체검사증명서를 잘못 발급한 경우
3. 항공전문의사가 「의료법」 제65조[72](면허 취소와 재교부) 또는 동 법 제66조[73](자

---

72) 제65조(면허 취소와 재교부)
① 보건복지부장관은 의료인이 다음에 해당할 경우에는, 그 면허를 취소할 수 있다. 다만, 아래 1.의 경우에는 반드시 면허를 취소하여야 한다.
1. 「의료법」 제8조(결격사유 등) 각 호의 어느 하나에 해당하게 된 경우
2. 「의료법」 제66조(자격정지 등)에 따른 자격 정지 처분 기간 중에 의료행위를 하거나 3회 이상 자격 정지 처분을 받은 경우
3. 「의료법」 제11조(면허 조건과 등록) 제1항에 따른 면허 조건을 이행하지 아니한 경우
4. 면허증을 빌려준 경우
② 보건복지부장관은 위 ①(의료법 제65조 제1항)에 따라 면허가 취소된 자라도 취소의 원인이 된 사유가 없어지거나, 개전(改悛)의 정이 뚜렷하다고 인정되면 면허를 재교부할 수 있다. 다만, 위 ①의 3.(의료법 제65조 제1항 제3호)에 따라 면허가 취소된 경우에는, 취소된 날부터 1년 이내, 위 ①의 2 · 5.(의료법 제65조 제1항 제2호 · 제5호)에 따라 면허가 취소된 경우에는, 취소된 날부터 2년 이내, 「의료법」 제8조(결격사유 등) 제4호에 따른 사유로 면허가 취소된 경우에는, 취소된 날부터 3년 이내에는 재교부하지 못한다. 그런데, 의료법 제65조(면허 취소와 재교부) 제2항의 단서 규정 중에는 「의료법」 제65조 "제1항 제2호 · 제4호 또는 제5호에 따라"라는 규정이 있는데, 동 법 제65조 제1항 제4호 규정은 2009년 12월 31일 개정 · 시행 당시부터 삭제된 규정임에도 불구하고, 동 규정을 정비하지 아니하고 그대로 두고 있다는 것은 입법상의 문제점이 아닐 수 없으므로, 개정을 통하여 이 규정을 정비하여야 할 것이다.

73) 제66조(자격정지 등)
① 보건복지부장관은 의료인이 다음에 해당하면 1년의 범위에서 면허자격을 정지시킬 수 있다. 이 경우, 의료기술과 관련한 판단이 필요한 사항에 관하여는 관계 전문가의 의견을 들어 결정할 수 있다.
1. 의료인의 품위를 심하게 손상시키는 행위를 한 때
2. 의료기관 개설자가 될 수 없는 자에게 고용되어 의료행위를 한 때
3. 「의료법」 제17조(진단서 등) 제1항 및 제2항에 따른 진단서 · 검안서 또는 증명서를 거짓으로 작성하여 내주거나, 동 법 제22조(진료기록부 등) 제1항에 따른 진료기록부 등을 거짓으로 작성하거나, 고의로 사실과 다르게 추가기재 · 수정한 때
4. 「의료법」 제20조(태아 성 감별 행위 등 금지)를 위반한 경우
5. 「의료법」 제27조(무면허 의료행위 등 금지) 제1항을 위반하여 의료인이 아닌 자로 하여금 의료행위를 하게 한 때
6. 의료기사가 아닌 자에게 의료기사의 업무를 하게 하거나 의료기사에게 그 업무 범위를 벗어나게 한 때
7. 관련 서류를 위조 · 변조하거나 속임수 등 부정한 방법으로 진료비를 거짓 청구한 때
8. 「의료법」 제23조의 2(부당한 경제적 이익 등의 취득 금지)를 위반하여 경제적 이익 등을 제공받은 때
9. 그 밖에 이 법 또는 이 법에 따른 명령을 위반한 때
② 위 ① 1.(의료법 제66조 제1항 제1호)에 따른 행위의 범위는 대통령령으로 정한다.
③ 의료기관은 그 의료기관 개설자가 위 ① 7.(의료법 제66조 제1항 제7호)에 따라 자격정지 처분을 받은 경우에는 그 자격정지 기간 중 의료업을 할 수 없다.
④ 보건복지부장관은 의료인이 「의료법」 제25조(신고)에 따른 신고를 하지 아니한 때에는, 신고할 때까지 면허의 효력을 정지할 수 있다.

격정지 등)에 따라 자격이 취소 또는 정지된 경우

4. 본인이 지정취소를 요청한 경우
5. 항공전문의사가 위 4.9.3(항공법 제31조의 2[항공전문의사의 지정 등] 제3항)에 따른 전문교육을 받지 아니한 경우
6. 항공전문의사가 「항공법」 제31조(항공신체검사증명) 제2항에 따라 국토교통부령으로 정한 업무를 태만히 수행한 경우

4.10.2 항공전문의사 지정취소의 절차 및 효력정지에 관한 사항

항공전문의사 지정취소의 절차 및 지정의 효력정지의 구체적인 사항 등에 관하여 필요한 사항은, 국토교통부령으로 정한다(항공법 제31조의 3 제2항).

4.11 항공신체검사명령

국토교통부장관은 특히 필요하다고 인정하는 경우에는, 항공신체검사증명의 유효기간이 지나지 아니한 운항승무원 및 항공교통관제사에게 「항공법」 제31조(항공신체검사증명)에 따른 신체검사를 받을 것을 명할 수 있다(항공법 제32조).

4.12 자격증명 · 항공신체검사증명의 취소 등

4.12.1 국토교통부장관의 항공종사자에 대한 자격증명 등의 취소 및 효력정지

국토교통부장관은 항공종사자가 다음에 해당하면, 그 자격증명이나 자격증명의 한정(이하 이 조에서는 "자격증명 등"이라고 한다)을 취소하거나, 1년 이내의 기간을 정하여, 자격증명 등의 효력정지를 명할 수 있다. 다만, 아래 2. 또는 32.(항공법 제33조 제1항 제2호 또는 제32호)에 해당하는 경우에는, 해당 자격증명 등을 취소하여야 한다(항공법 제33조 제1항).

1. 「항공법」을 위반하여 벌금 이상의 형을 선고받은 경우
2. 부정한 방법으로 자격증명 등을 받은 경우

---

⑤ 위 ① 2.(의료법 제66조 제1항 제2호)를 위반한 의료인이 자진하여 그 사실을 신고한 경우에는, 위 ①(의료법 제66조 제1항)에도 불구하고, 보건복지부령으로 정하는 바에 따라, 그 처분을 감경하거나 면제할 수 있다.

3. 항공종사자로서 항공업무를 수행할 때, 고의 또는 중대한 과실로 항공기사고를 일으켜 인명피해나 재산피해를 발생시킨 경우
4. 항공교통관제업무를 수행할 때, 고의 또는 중대한 과실로 항공기 준사고에 해당하는 항공기 충돌 위험을 초래한 경우
5. 「항공법」 제22조(항공기 등의 정비 등의 확인)에 따라 정비 등을 확인하는 항공종사자가 기술기준에 적합하지 아니한 항공기 등·장비품 또는 부품을 적합한 것으로 확인한 경우
6. 「항공법」 제27조(업무 범위) 제1항을 위반하여 자격증명의 종류에 따른 항공업무 이외의 항공업무에 종사한 경우
7. 「항공법」 제28조(자격증명의 한정) 제2항을 위반하여 자격증명의 한정을 받은 항공종사자가 한정된 종류·등급 또는 형식 이외의 항공기나 한정된 정비업무 이외의 항공업무에 종사한 경우
8. 「항공법」 제31조(항공신체검사증명) 제1항(항공법 제35조[항공기의 조종연습] 제4항에서 준용하는 경우를 포함)을 위반하여, 항공신체검사증명을 받지 아니하고, 항공업무에 종사하거나 항공기 조종연습을 한 경우
9. 「항공법」 제34조(계기비행증명 및 조종교육증명) 제1항을 위반하여, 계기비행증명을 받지 아니하고, 계기비행 또는 계기비행방식에 따른 비행을 한 경우
10. 「항공법」 제34조(계기비행증명 및 조종교육증명) 제2항을 위반하여, 조종교육증명을 받지 아니하고, 조종교육을 한 경우
11. 「항공법」 제34조의 2(항공영어구술능력증명) 제1항을 위반하여, 항공영어구술능력증명을 받지 아니하고, 동 법 동 항 각 호에 해당하는 항공업무에 종사한 경우
12. 「항공법」 제38조의 2(비행제한 등) 제1항을 위반하여, 국토교통부장관이 정하여 공고하는 비행의 방식 및 절차에 따르지 아니하고, 비관제공역(非官制空域) 또는 주의공역(主意空域)에서 비행한 경우
13. 「항공법」 제38조의 2(비행제한 등) 제2항을 위반하여, 허가를 받지 아니하거나, 국토교통부장관이 정하는 비행의 방식 및 절차에 따르지 아니하고, 통제공역에서 비행한 경우
14. 「항공법」 제45조(운항승무원의 조건)를 위반하여, 국토교통부령으로 정하는 비행경험이 없이, 항공운송사업 및 항공기사용사업에 사용되는 항공기를 운항하거

나, 계기비행 · 야간비행 또는 동 법 제34조(계기비행증명 및 조종교육증명) 제2항에 따른 조종교육의 업무에 종사한 경우

15. 「항공법」 제47조(주류 등) 제1항을 위반하여, 주류 등의 영향으로 항공업무를 정상적으로 수행할 수 없는 상태에서 항공업무(조종연습을 포함)에 종사한 경우
16. 「항공법」 제47조(주류 등) 제2항을 위반하여, 항공업무(조종연습을 포함)에 종사하는 동안에 동 법 동 조 제1항에 따른 주류 등을 섭취하거나 사용한 경우
17. 「항공법」 제47조(주류 등) 제3항을 위반하여, 동 법 동 조 제1항에 따른 주류 등의 섭취 및 사용 여부의 측정 요구에 따르지 아니한 경우
18. 「항공법」 제48조(신체장애)를 위반하여, 동 법 제31조(항공신체검사증명) 제2항에 따른 항공신체검사증명기준에 적합하지 아니한 운항승무원 및 항공교통관제사가 항공업무(조종연습을 포함)에 종사한 경우
19. 고의 또는 중대한 과실로 「항공법」 제49조의 3(항공안전 의무보고) 제1항에 따른 항공안전장애 또는 동 법 제49조의 4(항공안전 자율보고) 제1항에 따른 경미한 항공안전장애를 발생시킨 경우
20. 「항공법」 제50조(기장의 권한 등) 제2항 또는 제4항 내지 제6항의 규정에 따른 기장의 의무를 이행하지 아니한 경우
21. 조종사가 「항공법」 제51조(조종사의 운항자격)에 따른 운항자격의 인정 또는 심사를 받지 아니하고 운항한 경우
22. 「항공법」 제52조(운항관리사) 제2항을 위반하여, 기장이 운항관리사의 승인을 받지 아니하고, 항공기를 출발시키거나, 비행계획을 변경한 경우
23. 「항공법」 제53조(이착륙의 장소)를 위반하여, 이착륙 장소가 아닌 곳에서 이륙하거나, 착륙한 경우
24. 「항공법」 제54조(비행규칙 등) 제1항을 위반하여, 비행규칙을 따르지 아니하고, 비행한 경우
25. 「항공법」 제55조(비행 중 금지행위 등)를 위반하여, 비행 중 금지행위 등을 한 경우
26. 「항공법」 제59조(위험물 운송 등) 제1항을 위반하여, 허가를 받지 아니하고, 항공기로 위험물을 운송한 경우
27. 「항공법」 제70조(항공교통업무 등) 제1항을 위반하여, 국토교통부장관이 지시하

는 이동·이륙·착륙의 순서 및 시기와 비행의 방법에 따르지 아니한 경우

28. 「항공법」 제74조(승무원 등의 탑승 등) 제2항을 위반하여, 항공종사자가 자격증명서 및 항공신체검사증명서 또는 국토교통부령으로 정하는 자격증명서를 지니지 아니하고, 항공업무에 종사한 경우
29. 「항공법」 제74조의 3(운항기술기준의 준수)을 위반하여 동 법 제74조의 2(항공기 안전운항을 위한 운항기술기준)에 따른 운항기술기준을 지키지 아니하고, 비행을 하거나, 업무를 수행한 경우
30. 「항공법」 제115조의 2(항공운송사업의 운항증명) 제4항을 위반하여, 동 법 동조 제2항에 따른 운영기준을 지키지 아니하고, 비행을 하거나, 업무를 수행한 경우
31. 「항공법」 제116조(운항규정 및 정비규정) 제3항을 위반하여, 동 법 동 조 제1항에 따른 운항규정 또는 정비규정을 지키지 아니하고, 업무를 수행한 경우
32. 「항공법」 제33조(자격증명·항공신체검사증명의 취소 등)에 따른 자격증명 등의 정지명령을 위반하여, 정지기간에 항공업무에 종사한 경우

4.12.2 국토교통부장관의 항공종사자에 대한 항공신체검사증명의 취소 및 효력정지

국토교통부장관은 항공종사자가 다음 각 호의 어느 하나에 해당하면, 그 항공신체검사증명을 취소하거나, 1년 이내의 기간을 정하여 항공신체검사증명의 효력정지를 명할 수 있다. 다만, 아래 1.에 해당하는 경우에는, 항공신체검사증명을 반드시 취소하여야 한다(항공법 제33조 제2항).

1. 부정한 방법으로 항공신체검사증명을 받은 경우
2. 「항공법」 제31조(항공신체검사증명) 제2항에 따른 항공신체검사증명의 기준에 맞지 아니하게 되어, 항공업무를 수행하기에 부적합하다고 인정되는 경우
3. 「항공법」 제32조(항공신체검사명령)·제47조(주류 등)·제48조(신체장애) 및 제74조(승무원 등의 탑승 등) 제2항(자격증명서를 지니지 아니한 경우는 제외)을 위반한 경우

4.12.3 자격증명 등의 시험응시자나 심사자 및 항공신체검사자의 부정행위에 대한 처분

자격증명 등의 시험에 응시하거나, 심사를 받는 사람이 그 시험 또는 심사에서 부정행위를 하거나, 항공신체검사를 받는 사람이 그 검사에서 부정한 행위를 한 경우에는, 그 부정행위를 한 날부터 각각 2년간 이 법에 따른 자격증명 등의 시험에 응시하거나, 심사를 받을 수 없으며, 이 법에 따른 신체검사를 받을 수 없다(항공법 제33조 제3항).

4.12.4 처분의 기준 및 절차에 관한 사항

위 4.12.1(항공법 제33조 제1항) 및 4.12.2(항공법 제33조 제2항)에 따른 처분의 기준 및 절차와 그 밖에 필요한 사항은 국토교통부령으로 정한다(항공법 제33조 제4항).

4.13 계기비행증명 및 조종교육증명

4.13.1 운송용 조종사 · 사업용 조종사 · 자가용 조종사 및 부조종사의 계기비행증명

운송용 조종사(회전익항공기를 조종하는 경우만 해당) · 사업용 조종사 · 자가용 조종사 및 부조종사의 자격증명을 받은 사람은, 그가 사용할 수 있는 항공기의 종류로 다음과 같은 비행을 하려면, 국토교통부령으로 정하는 바에 따라, 국토교통부장관으로부터 계기비행증명을 받아야 한다(항공법 제34조 제1항).

1. 계기비행
2. 계기비행방식에 따른 비행

4.13.2 조종연습자에 대한 조종교육자의 조종교육증명

다음에 해당하는 조종연습을 하는 사람에 대하여, 조종교육을 하려는 사람은, 그 항공기의 종류별로 국토교통부령으로 정하는 바에 따라, 국토교통부장관으로부터 조종교육증명을 받아야 한다(항공법 제34조 제2항).

1. 운송용 조종사 · 사업용 조종사 · 자가용 조종사 및 부조종사(항공법 제26조[자격증명의 종류] 제1호 내지 제4호)의 자격증명을 받지 아니한 사람이 항공기(항공법 제27조[업무 범위] 제4항에 따라 국토교통부령으로 정하는 항공기는 제외)에

탑승하여 하는 조종연습

2. 운송용 조종사 · 사업용 조종사 · 자가용 조종사 및 부조종사(항공법 제26조[자격증명의 종류] 제1호 내지 제4호)의 자격증명을 받은 사람이, 그 자격증명에 대하여 한정을 받은 종류 이외의 항공기에 탑승하여 하는 조종연습

4.13.3 조종교육에 필요한 사항

위 4.13.2(항공법 제34조 제2항)에 따른 조종교육에 필요한 사항은 국토교통부령으로 정한다(항공법 제34조 제3항).

4.13.4 계기비행증명 및 조종교육증명에 관한 준용규정

위 4.13.1(항공법 제34조 제1항)에 따른 계기비행증명 및 위 4.13.2(항공법 제34조 제2항)에 따른 조종교육증명에 관하여는 「항공법」 제29조(시험의 실시 및 면제) 및 제33조(자격증명 · 항공신체검사증명의 취소 등) 제1항 · 제3항을 준용한다(항공법 제34조 제4항).

4.14 항공영어구술능력증명

4.14.1 항공기에 대한 조종 · 관제 · 무선통신업무 종사자의 항공영어구술능력증명

다음에 해당하는 업무에 종사하려는 사람은, 국토교통부장관으로부터 항공영어구술능력증명을 받아야 한다(항공법 제34조의 2 제1항).

1. 두 나라 이상의 영공(領空)을 운항하는 항공기의 조종
2. 두 나라 이상의 영공을 운항하는 항공기에 대한 관제
3. 「항공법」 제80조의 3(항공통신업무 등)에 따른 항공통신업무 중 두 나라 이상의 영공을 운항하는 항공기에 대한 무선통신

4.14.2 항공영어구술능력증명에 관한 시험의 실시 · 등급 · 등급별 합격기준 및 유효기간

위 4.14.1(항공법 제34조의 2 제1항)에 따른 항공영어구술능력증명을 위한 시험의 실시 · 항공영어구술능력증명의 등급 · 등급별 합격기준 및 등급별 유효기간 등에 관하여

필요한 사항은 국토교통부령으로 정한다(항공법 제34조의 2 제2항).

4.14.3 국토교통부장관의 항공영어구술능력증명서 발급

국토교통부장관은 항공영어구술능력증명을 받으려는 사람이 위 4.14.2(항공법 제34조의 2 제2항)에 따른 등급별 합격기준에 적합한 경우에는, 국토교통부령으로 정하는 바에 따라, 항공영어구술능력증명서를 발급하여야 한다(항공법 제34조의 2 제3항).

4.14.4 국방부장관의 항공영어구술능력증명서 발급

위 4.14.3(항공법 제34조의 2 제3항)에도 불구하고, 「항공법」 제25조(항공종사자 자격증명 등) 제3항에 따라, 국방부장관으로부터 자격인정을 받아 관제업무를 수행하는 사람으로서, 항공영어구술능력증명을 받으려는 사람이 위 4.14.2(항공법 제34조의 2 제2항)에 따른 등급별 합격기준에 적합한 경우에는, 국방부장관이 항공영어구술능력증명서를 발급할 수 있다(항공법 제34조의 2 제4항).

4.14.5 항공영어구술능력증명에 관한 시험의 면제

외국정부로부터 항공영어구술능력증명을 받은 사람은, 해당 등급별 유효기간의 범위에서, 위 4.14.2(항공법 제34조의 2 제2항)에 따른 항공영어구술능력증명을 위한 시험이 면제된다(항공법 제34조의 2 제5항).

4.14.6 항공영어구술능력증명에 관한 준용규정

위 4.14.1(항공법 제34조의 2 제1항)에 따른 항공영어구술능력증명에 관하여는, 「항공법」 제33조(자격증명・항공신체검사증명의 취소 등) 제1항 제2호 및 동 법 동 조 제3항을 준용한다. 이 경우, "자격증명" 및 "항공신체검사증명"은 "항공영어구술능력증명"으로 본다(항공법 제34조의 2 제6항).

4.15 항공기의 조종연습

4.15.1 조종연습을 위한 조종에 있어서의 업무범위 및 자격증명의 한정에 관한 규정의 배제

다음에 해당하는 조종연습을 위한 조종에 관하여는, 「항공법」 제27조(업무범위) 제1항 · 제2항 및 동 법 제28조(자격증명의 한정) 제3항을 적용하지 아니한다(항공법 제35조 제1항).

1. 운송용 조종사 · 사업용 조종사 · 자가용 조종사 및 부조종사(항공법 제26조[자격증명의 종류] 제1호 내지 제4호)의 자격증명 및 「항공법」 제31조(항공신체검사증명)에 따른 항공신체검사증명을 받은 사람이, 한정받는 등급 또는 형식 이외의 항공기(한정받은 종류의 항공기만 해당)에 탑승하여 하는 조종연습으로서, 그 항공기를 조종할 수 있는 자격증명 및 항공신체검사증명을 받은 사람(그 항공기를 조종할 수 있는 지식 및 능력이 있다고 인정하여 국토교통부장관이 지정한 사람을 포함)의 감독하에 하는 조종연습
2. 「항공법」 제34조(계기비행증명 및 조종교육증명) 제2항 제1호(운송용 조종사 · 사업용 조종사 · 자가용 조종사 및 부조종사의 자격증명을 받지 아니한 사람이 항공기[항공법 제27조 제4항에 따라 국토교통부령으로 정하는 항공기는 제외]에 탑승하여 하는 조종연습)에 따른 조종연습으로서, 그 조종연습에 관하여 국토교통부장관의 허가를 받고 조종교육증명을 받은 사람의 감독하에 하는 조종연습
3. 「항공법」 제34조(계기비행증명 및 조종교육증명) 제2항 제2호(운송용 조종사 · 사업용 조종사 · 자가용 조종사 및 부조종사의 자격증명을 받은 사람이 그 자격증명에 대하여 한정을 받은 종류 이외의 항공기에 탑승하여 하는 조종연습)에 따른 조종연습으로서, 조종교육증명을 받은 사람의 감독하에 하는 조종연습

4.15.2 국토교통부장관의 항공기 조종연습 능력자의 신청에 대한 조종연습의 허가

국토교통부장관은 위 4.15.1의 2.(항공법 제35조 제1항 제2호)[74]에 따른 조종연습의 허가 신청을 받은 경우, 신청인이 항공기의 조종연습을 하기에 필요한 능력이 있다고 인정되는 경우에는, 국토교통부령으로 정하는 바에 따라, 그 조종연습을 허가한다(항공

---

74) 이는 국토교통부장관의 허가를 받고 조종교육증명을 받은 사람의 감독하에 하는 조종연습을 말한다.

법 제35조 제2항).

4.15.3 항공기 조종연습의 허가

위 4.15.1의 2.(항공법 제35조 제1항 제2호)[75]에 따른 허가는, 신청인에게 항공기 조종연습허가서를 발급함으로써 한다(항공법 제35조 제3항).

4.15.4 항공기 조종연습의 허가를 받은 자에 대한 준용규정

위 4.15.1의 2.(항공법 제35조 제1항 제2호)[76]에 따른 허가를 받은 사람에 대하여는, 「항공법」 제31조(항공신체검사증명)·제32조(항공신체검사명령) 및 제33조(자격증명·항공신체검사증명의 취소 등)를 준용한다(항공법 제35조 제4항).

4.16 조종연습허가서 등의 휴대

「항공법」 제35조(항공기의 조종연습) 제3항에 따른 항공기 조종연습허가서를 받은 사람이 조종연습을 할 때에는, 항공기 조종연습허가서와 항공신체검사증명서를 지녀야 한다(항공법 제36조).

5. 항공기의 운항

5.1 항공안전기술개발계획의 수립·시행

국토교통부장관은 항공안전기술의 발전을 위하여, 다음의 사항을 포함한 항공안전기술에 관한 개발계획을 수립·시행하여야 한다(항공법 제37조의 2).

1. 항공운항기술의 개발에 관한 사항
2. 항공안전 분야 종사자의 육성에 관한 사항
3. 항공교통관제기술의 향상에 관한 사항
4. 그 밖에 항공안전기술의 발전에 필요한 사항

---

75) 이는 국토교통부장관의 허가를 받고 조종교육증명을 받은 사람의 감독하에 하는 조종연습을 말한다.
76) 이는 국토교통부장관의 허가를 받고 조종교육증명을 받은 사람의 감독하에 하는 조종연습을 말한다.

5.2 공역 등의 지정

5.2.1 비행정보구역의 지정 및 공고

국토교통부장관은 공역을 체계적이고 효율적으로 관리하기 위하여, 필요하다고 인정할 때에는, 비행정보구역을 다음과 같은 공역으로 구분하여 지정·공고할 수 있다(항공법 제38조 제2항).

1. 관제공역 : 항공교통의 안전을 위하여, 항공기의 비행 순서·시기 및 방법 등에 관하여 국토교통부장관의 지시를 받아야 할 필요가 있는 공역으로서, 관제권 및 관제구를 포함하는 공역
2. 비관제공역 : 관제공역 이외의 공역으로서, 항공기에 탑승하고 있는 조종사에게 비행에 필요한 조언·비행정보 등을 제공하는 공역
3. 통제공역 : 항공교통의 안전을 위하여, 항공기의 비행을 금지하거나, 제한할 필요가 있는 공역
4. 주의공역 : 항공기의 비행 시 조종사의 특별한 주의·경계·식별 등이 필요한 공역

5.2.2 관제공역·비관제공역·통제공역 및 주의공역에 대한 세분화 지정·공고

국토교통부장관은 필요하다고 인정할 때에는, 국토교통부령으로 정하는 바에 따라, 위 5.2.1(항공법 제38조 제2항)에 따른 공역을 세분하여 지정·공고할 수 있다(항공법 제38조 제3항).

5.2.3 공역의 설정기준 및 공역의 지정 등에 관한 사항

위 5.2.1(항공법 제38조 제2항) 및 위 5.2.2(항공법 제38조 제3항)에 따른 공역의 설정기준과 그 밖에 공역의 지정 등에 필요한 사항은, 국토교통부령으로 정한다(항공법 제38조 제4항).

5.3 비행제한 등

5.3.1 비관제공역 또는 주의공역을 비행하는 항공기의 비행방식 및 절차

위 5.2.1(항공법 제38조 제2항)에 따른 비관제공역 또는 주의공역에서 비행하는 항공기는 그 공역에 대하여, 국토교통부장관이 정하여 공고하는 비행의 방식 및 절차에 따라야 한다(항공법 제38조의 2 제1항).

5.3.2 항공기의 통제공역에서의 비행금지 및 예외

항공기는 위 5.2.1(항공법 제38조 제2항)에 따른 통제공역에서 비행하여서는 아니 된다. 다만, 국토교통부령으로 정하는 바에 따라, 국토교통부장관의 허가를 받아, 그 공역에 대하여 국토교통부장관이 정하는 비행의 방식 및 절차에 따라 비행하는 경우에는, 그 공역에서 비행할 수 있다(항공법 제38조의 2 제2항).

5.4 공역위원회의 설치

5.4.1 공역의 설정 및 관리에 관한 사항의 심의를 위한 공역위원회의 설치

「항공법」 제38조(공역 등의 지정)에 따른 공역의 설정 및 관리에 필요한 사항을 심의하기 위하여, 국토교통부장관 소속으로 공역위원회를 둔다(항공법 제38조의 3 제1항).

5.4.2 공역위원회의 구성 · 운영 및 기능 등에 관한 사항

공역위원회의 구성 · 운영 및 기능 등에 관하여 필요한 사항은 대통령령으로 정한다(항공법 제38조의 3 제2항).

5.5 항공교통안전에 관한 관계 행정기관의 장의 협조

국토교통부장관은 항공교통의 안전을 확보하기 위하여, 관계 행정기관의 장과 다음의 사항에 관하여 상호 협조하여야 한다. 이 경우에는 국가안전보장을 고려하여야 한다(항공법 제38조의 4).

1. 항공교통관제에 관한 사항

2. 효율적인 공역관리에 관한 사항
3. 그 밖에 항공교통의 안전을 위하여 필요한 사항

5.6 전시 상황 등에서의 공역관리

전시(戰時) 및 「통합방위법」에 따른 통합방위사태 선포 시의 공역관리에 관하여는 전시 관계법 및 「통합방위법」에서 규정하는 바에 의한다(항공법 제38조의 5).

5.7 국적 등의 표시

5.7.1 국적, 등록기호 및 소유자 등의 성명 또는 명칭을 표시하지 않은 항공기의 항공사용 금지 및 예외

국적, 등록기호 및 소유자 등의 성명 또는 명칭을 표시하지 아니한 항공기를 항공에 사용하여서는 아니 된다. 다만, 신규로 제작한 항공기 등 국토교통부령으로 정하는 항공기의 경우에는, 그러한 표시를 하지 않아도 항공에 사용할 수 있다(항공법 제39조 제1항).

5.7.2 항공기의 국적 등의 표시에 관한 사항

위 5.7.1(항공법 제39조 제1항)에 따른 국적 등의 표시에 필요한 사항은 국토교통부령으로 정한다(항공법 제39조 제2항).

5.8 무선설비의 설치 · 운용 의무

항공기를 항공에 사용하려는 자 또는 소유자 등은 해당 항공기에 비상위치 무선표지설비, 2차감시레이더용 트랜스폰더 등 국토교통부령으로 정하는 무선설비를 설치 · 운용하여야 한다(항공법 제40조).

5.9 경량항공기의 무선설비 설치 · 운용 의무

경량항공기를 항공에 사용하려는 사람 또는 소유자 등은 해당 경량항공기에 무선교신용 전화, 항공기 식별용 트랜스폰더 등 국토교통부령으로 정하는 무선설비를 설치 · 운용하여야 한다(항공법 제40조의 2).

5.10 항공계기 등의 설치 · 탑재 및 운용 등

5.10.1 항공기의 사용자 및 소유자 등의 운용을 위한 항공계기 등의 설치 및 탑재

항공기를 항공에 사용하려는 자 또는 소유자 등은 해당 항공기에 항공기 안전운항을 위하여 필요한 항공계기(航空計器), 장비, 서류, 구급용구 등(이하에서는 "항공계기 등"이라고 한다)을 설치하거나 탑재하여 운용하여야 한다(항공법 제41조 제1항).

5.10.2 항공계기 등의 설치 및 탑재할 항공기와 그 종류, 설치 · 탑재기준 및 그 운용방법 등에 관한 사항

위 5.10.1(항공법 제41조 제1항)에 따라 항공계기 등을 설치하거나 탑재하여야 할 항공기, 항공계기 등의 종류, 설치 · 탑재기준 및 그 운용방법 등에 관하여 필요한 사항은 국토교통부령으로 정한다(항공법 제41조 제2항).

5.11 항공기의 연료 등

항공기의 소유자 등은 항공기에 국토교통부령으로 정하는 양의 연료 및 오일을 싣지 아니하고 항공기를 운항하여서는 아니 된다(항공법 제43조).

5.12 항공기의 등불

항공기를 야간(일몰 시부터 일출 시까지의 사이를 말한다. 이하 동일)에 비행시키거나, 비행장에 정류 또는 정박(碇泊)시키는 경우에는, 국토교통부령으로 정하는 바에 따라, 등불로 항공기의 위치를 나타내야 한다(항공법 제44조).

5.13 운항승무원의 조건

항공운송사업 및 항공기사용사업에 사용되는 항공기를 운항하거나, 국외비행에 사용되는 항공기 중 항공기 중량, 승객 좌석 수 등 국토교통부령으로 정하는 기준에 해당하는 항공기를 운항하거나 계기비행, 야간비행 또는 「항공법」 제34조(계기비행증명 및 조종교육증명) 제2항에 따른 조종교육 업무에 종사하려는 운항승무원은 국토교통부령으로 정하는 비행경험(모의비행장치를 이용하여 얻은 비행경험을 포함)이 있어야 한다(항공법 제45조).

5.14 승무시간 기준 등

5.14.1 국토교통부장관의 승무원의 승무시간 및 비행 근무시간 등의 제한

국토교통부장관은 비행의 안전을 고려하여 항공운송사업 또는 항공기사용사업에 종사하는 운항승무원 및 객실승무원(이하에서는 "승무원"이라고 한다)의 승무시간 및 비행 근무시간 등을 제한할 수 있다(항공법 제46조 제1항).

5.14.2 승무시간 및 비행 근무시간 등의 기준에 관한 사항

위 5.14.1(항공법 제46조 제1항)에 따른 승무시간 및 비행 근무시간 등의 기준에 관하여 필요한 사항은 국토교통부령으로 정한다(항공법 제46조 제2항).

5.15 주류 등

5.15.1 항공종사자 및 객실승무원이 주류 등의 영향이 있는 경우의 항공 또는 객실 승무원 업무의 종사금지

항공종사자(조종연습을 하는 사람을 포함. 이하 이 조에서는 동일) 및 객실승무원은 「주세법」 제3조(정의) 제1호[77]에 따른 주류, 「마약류 관리에 관한 법률」 제2조(정의) 제1호[78]에 따른 마약류 또는 「유해화학물질 관리법」 제43조(환각물질의 흡입 등의 금지)

---

77) 제3조(정의)
이 법에서 사용하는 용어의 뜻은 다음과 같다.
1. "주류"라 함은 다음과 같은 것을 말한다.
가. 주정(酒精)[희석하여 음료로 할 수 있는 에틸알코올을 말하며, 불순물이 포함되어 있어서 직접 음료로 할 수는 없으나, 정제하면 음료로 할 수 있는 조주정(粗酒精)을 포함]
나. 알코올분 1도 이상의 음료[용해(鎔解)하여 음료로 할 수 있는 가루 상태인 것을 포함하되, 「약사법」에 따른 의약품으로서, 알코올분이 6도 미만인 것과 국세청장이 제5조의 2(주류판정심의위원회)에 따른 주류판정심의위원회의 심의를 거쳐 주류가 아닌 것으로 결정한 것은 제외]

78) 제2조(정의)

제1항[79]에 따른 환각물질 등(이하에서는 “주류 등”이라고 한다)의 영향으로 항공업무(조종연습을 포함. 이하 이 조에서는 동일) 또는 객실승무원의 업무를 정상적으로 수행할 수 없는 상태에서는 항공업무 또는 객실승무원의 업무에 종사하여서는 아니 된다(항공법 제47조 제1항).

5.15.2 항공종사자 및 객실승무원의 업무종사 기간 중 주류 등의 섭취 및 사용금지

항공종사자 및 객실승무원은 항공업무 또는 객실승무원의 업무에 종사하는 동안에는 주류 등을 섭취하거나 사용하여서는 아니 된다(항공법 제47조 제2항).

5.15.3 항공종사자 및 객실승무원의 주류 등의 섭취 및 사용 여부에 대한 측정

국토교통부장관은 항공안전과 위험 방지를 위하여 필요하다고 인정하거나, 항공종사자 및 객실승무원이 위 5.15.1(항공법 제47조 제1항) 또는 위 5.15.2(항공법 제47조 제2항)를 위반하여, 항공업무 또는 객실승무원의 업무를 하였다고 인정할 만한 상당한 이유가 있을 때에는, 주류 등의 섭취 및 사용 여부를 호흡측정기 검사 등의 방법으로 측정할 수 있으며, 항공종사자 및 객실승무원은 이러한 측정에 응하여야 한다(항공법 제47조 제3항).

5.15.4 항공종사자 및 객실승무원의 주류 등의 섭취 및 사용 여부의 측정 결과에 대한 불복 시의 검사방법

국토교통부장관은 항공종사자 또는 객실승무원이 제3항에 따른 측정 결과에 불복하면, 그 항공종사자 또는 객실승무원의 동의를 받아 혈액 채취 또는 소변 검사 등의 방법으로 주류 등의 섭취 및 사용 여부를 다시 측정할 수 있다(항공법 제47조 제4항).

이 법에서 사용하는 용어의 뜻은 다음과 같다.

1. “마약류”라 함은, 마약·향정신성의약품 및 대마를 말한다.

79) 제43조(환각물질의 흡입 등의 금지)

① 누구든지 흥분·환각 또는 마취의 작용을 일으키는 유해화학물질로서, 대통령령으로 정하는 물질(이하에서는 “환각물질”이라고 한다)을 섭취 또는 흡입하거나, 이러한 목적으로 소지하여서는 아니 된다.

5.15.5 항공종사자 및 객실승무원이 주류 등의 영향으로 정상적인 업무 수행을 할 수 없는 상태에 대한 기준

주류 등의 영향으로 항공업무 또는 객실승무원의 업무를 정상적으로 수행할 수 없는 상태의 기준은 다음과 같다(항공법 제47조 제5항).

1. 주정성분이 있는 음료의 섭취로 혈중알코올농도가 0.03퍼센트 이상인 경우
2. 「마약류관리에 관한 법률」 제2조 제1호[80]에 따른 마약류를 사용한 경우
3. 「유해화학물질 관리법」 제43조 제1항[81]에 따른 환각물질을 사용한 경우

5.15.6 주류 등의 종류 · 측정에 필요한 세부절차 및 측정기록의 관리 등에 관한 사항

위 5.15.1 내지 5.15.5(항공법 제47조 제1항 내지 제5항)까지의 규정에 따른 주류 등의 종류, 주류 등의 측정에 필요한 세부절차 및 측정기록의 관리 등에 관하여 필요한 사항은 국토교통부령으로 정한다(항공법 제47조 제6항).

5.16 신체장애

「항공법」 제31조(항공신체검사증명) 제2항에 따른 항공신체검사증명기준에 적합하지 아니한 운항승무원 및 항공교통관제사는 종전 항공신체검사증명의 유효기간이 남아있는 경우에도 항공업무(조종연습을 포함)에 종사하여서는 아니 된다(항공법 제48조).

5.17 항공안전프로그램 등

5.17.1 국토교통부장관의 항공안전프로그램의 고시

국토교통부장관은 다음과 같은 사항이 포함된 항공안전프로그램을 마련하여 고시하여야 한다(항공법 제49조 제1항).

1. 국가의 항공안전에 관한 목표
2. 위 5.17.1 1.(항공법 제49조 제1항 제1호)의 항공안전 목표를 달성하기 위한 항공기 운항 · 항공교통업무 · 항행시설 운영 · 공항 운영 및 항공기 정비 등 세부 분야

---

80) 상게 주 78) 참조
81) 상게 주 79) 참조

별 활동에 관한 사항
3. 항공기사고·항공기 준사고 및 항공안전장애 등에 대한 보고체계에 관한 사항
4. 항공안전을 위한 자체조사활동 및 자체안전감독에 관한 사항
5. 잠재적인 항공안전 위험요소의 식별 및 개선조치의 이행에 관한 사항
6. 지속적인 자체감시와 정기적인 자체안전평가에 관한 사항

5.17.2 항공안전관리시스템의 마련과 승인 및 운용

다음에 해당하는 자는, 사업·교육 또는 운항을 시작하기 전까지 위 5.17.1(항공법 제49조 제1항)의 항공안전프로그램에 따라, 항공기사고 등의 예방 및 비행안전의 확보를 위한 항공안전관리시스템을 마련하고, 국토교통부장관의 승인을 받아 운용하여야 한다. 국토교통부령으로 정하는 중요 사항을 변경할 때에도 또한 같다(항공법 제49조 제2항).

1. 「항공법」 제26조(자격증명의 종류) 제1호 내지 제4호(운송용 조종사·사업용 조종사·자가용 조종사 및 부조종사)의 규정에 따른 항공종사자 양성을 위하여, 동 법 제29조의 3(전문교육기관의 지정·육성) 제1항에 따라 지정된 전문교육기관

1의 2. 「항공법」 제75조(비행장 및 항행안전시설의 설치) 제2항에 따른 항행안전시설의 설치자, 동 법 제80조(비행장 및 항행안전시설의 관리) 제1항에 따른 항행안전시설의 관리자

2. 「항공법」 제111조의 2(공항운영증명 등) 제1항에 따른 공항운영자
3. 「항공법」 제112조(국내항공운송사업 및 국제항공운송사업) 제1항에 따라 국내항공운송사업 또는 국제항공운송사업의 면허를 받은 자, 동 법 제132조(소형항공운송사업) 제1항에 따라 소형항공운송사업의 등록을 한 자(이하에서는 "항공운송사업자"라고 한다) 및 항공기 중량·승객 좌석 수 등 국토교통부령으로 정하는 기준에 해당하는 항공기로 국외를 운항하려는 자
4. 「항공법」 제137조의 2(항공기정비업) 제1항에 따라 항공기정비업의 등록을 한 자

5.17.3 국토교통부장관의 항공교통업무에 관한 안전관리시스템의 구축 및 운용

국토교통부장관은 항공교통업무를 체계적으로 수행하기 위하여, 위 5.17.1(항공법 제49조 제1항)의 항공안전프로그램에 따라 항공교통업무에 관한 안전관리시스템을 구축

· 운용하여야 한다(항공법 제49조 제3항). <개정 2013.3.23>

5.17.4 항공안전프로그램 · 항공안전관리시스템 · 항공교통업무 안전관리시스템에 관한 사항

다음의 사항은 국토교통부령으로 정한다(항공법 제49조 제4항).

1. 위 5.17.1(항공법 제49조 제1항)의 항공안전프로그램의 마련에 필요한 사항
2. 위 5.17.2(항공법 제49조 제2항)의 항공안전관리시스템에 포함되어야 할 사항, 항공안전관리시스템의 승인기준 및 구축 · 운용에 필요한 사항
3. 위 5.17.3(항공법 제49조 제3항)의 항공교통업무 안전관리시스템의 구축 · 운용에 필요한 사항

5.18 항공기사고 지원계획서

5.18.1 항공운송사업자의 항공기사고 지원계획서의 제출 및 예외

항공운송사업자는 국토교통부령으로 정하는 바에 따라, 항공기사고와 관련된 탑승자 및 그 가족의 지원에 관한 계획서(이하에서는 "항공기사고 지원계획서"라고 한다)를 국토교통부장관에게 제출하여야 한다. 다만, 항공운송사업의 면허를 받으려는 자는 최초로 면허를 신청할 때, 항공기사고 지원계획서를 제출하여야 한다(항공법 제49조의 2 제1항).

5.18.2 항공기사고 지원계획서에 관한 사항

항공기사고 지원계획서에는 다음과 같은 사항이 포함되어야 한다(항공법 제49조의 2 제2항).

1. 항공기사고대책본부의 설치 및 운영에 관한 사항
2. 탑승자의 구호 및 보상절차에 관한 사항
3. 유해(遺骸) 및 유품(遺品)의 식별 · 확인 · 관리 · 인도에 관한 사항
4. 탑승자 가족에 대한 통지 및 지원에 관한 사항
5. 그 밖에 국토교통부령으로 정하는 사항

5.18.3 항공기사고 지원계획서 내용의 보완 또는 변경

국토교통부장관은 항공기사고 지원계획서의 내용이 신속한 사고 수습을 위하여 적절하지 못하다고 인정하는 경우에는, 그 내용의 보완 또는 변경을 명할 수 있다(항공법 제49조의 2 제3항).

5.18.4 항공운송사업자의 항공기사고 발생 시 항공기사고 지원계획서의 이행

항공운송사업자는 항공기사고가 발생하면 항공기사고 지원계획서에 포함된 사항을 지체 없이 이행하여야 한다(항공법 제49조의 2 제4항).

5.18.5 항공기사고 지원계획서의 미제출자 또는 그 계획서의 보완 또는 변경명령 미이행자에 대한 사업면허 발급금지

국토교통부장관은 위 5.18.1의 단서(항공법 제49조의 2 제1항 단서)에 따른 항공기사고 지원계획서를 제출하지 아니하거나, 위 5.18.3(항공법 제49조의 2 제3항)에 따른 보완 또는 변경 명령을 이행하지 아니한 자에게는, 사업면허를 발급하여서는 아니 된다(항공법 제49조의 2 제5항).

5.19 항공안전 의무보고

5.19.1 항공기사고 · 항공기 준사고 또는 항공안전장애의 발생 및 그 사실을 안 항공종사자 등 관계인의 그 사실에 대한 보고

항공기사고 · 항공기 준사고 또는 항공안전장애를 발생시키거나, 항공기사고 · 항공기 준사고 또는 항공안전장애가 발생한 것을 알게 된 항공종사자 등 관계인은, 국토교통부장관에게 그 사실을 보고하여야 한다(항공법 제49조의 3 제1항).

5.19.2 항공종사자 등 관계인의 범위 · 보고사항 · 시기 · 보고방법 및 절차

위 5.19.1(항공법 제49조의 3 제1항)에 따른 항공종사자 등 관계인의 범위 · 보고에 포함되어야 할 사항 · 시기 · 보고방법 및 절차 등은 국토교통부령으로 정한다(항공법 제49조의 3 제2항).

5.20 항공안전 자율보고

5.20.1 경미한 항공안전장애의 발생 및 그 사실을 안 자 또는 예상한 자의 그 사실에 관한 자율보고

항공기사고 · 항공기 준사고 및 항공안전장애 외에 항공안전을 해치거나, 해칠 우려가 있는 경우로서, 국토교통부령으로 정하는 상태(이하에서는 "경미한 항공안전장애"라고 한다)를 발생시켰거나, 경미한 항공안전장애가 발생한 것을 안 사람 또는 경미한 항공안전장애가 발생될 것이 예상된다고 판단하는 사람은, 국토교통부령으로 정하는 바에 따라, 국토교통부장관에게 그 사실을 보고(이하에서는 "항공안전 자율보고"라고 한다)할 수 있다(항공법 제49조의 4 제1항).

5.20.2 국토교통부장관의 항공안전 자율보고자의 의사에 반한 신분공개의 금지

국토교통부장관은 위 5.20.1(항공법 제49조의 4 제1항)에 따라 항공안전 자율보고를 한 사람의 의사에 반하여 보고자의 신분을 공개하여서는 아니 된다(항공법 제49조의 4 제2항).

5.20.3 경미한 항공안전장애를 발생시킨 자의 자율보고 시의 미처분 및 예외

「항공법」 제33조(자격증명 · 항공신체검사증명의 취소 등) 제1항 제5호 내지 제19호 또는 제21호 내지 제30호에 해당하는 위반행위로 경미한 항공안전장애를 발생시킨 사람이 그 장애가 발생한 날부터 10일 이내에 위 5.20.1(항공법 제49조의 4 제1항)에 따른 보고를 한 경우에는, 동 법 제33조(자격증명 · 항공신체검사증명의 취소 등) 제1항에 따른 처분을 하지 아니할 수 있다. 다만, 고의 또는 중대한 과실로 경미한 항공안전장애를 발생시킨 경우에는, 동 법 제33조(자격증명 · 항공신체검사증명의 취소 등) 제1항에 따른 처분을 하여야 한다(항공법 제49조의 4 제3항).

5.20.4 항공안전 자율보고에 관한 사항 · 보고방법 및 절차

항공안전 자율보고에 포함되어야 할 사항 · 보고방법 및 절차 등은 국토교통부령으로 정한다(항공법 제49조의 4 제4항).

5.21 기장의 권한 등

5.21.1 기장의 항공기 승무원에 대한 지휘 · 감독

항공기의 비행 안전에 대하여 책임을 지는 사람(이하에서는 "기장"이라고 한다)은 그 항공기의 승무원을 지휘 · 감독한다(항공법 제50조 제1항).

5.21.2 기장의 항공기 출발

기장은 국토교통부령으로 정하는 바에 따라, 항공기의 운항에 필요한 준비가 끝난 것을 확인한 후가 아니면 항공기를 출발시켜서는 아니 된다(항공법 제50조 제2항).

5.21.3 기장의 항공기나 여객에 대한 위난의 발생 및 발생우려 시 여객에 대한 피난방법 및 안전에 관한 사항의 명령

기장은 항공기나 여객에 위난(危難)이 발생하였거나, 발생할 우려가 있다고 인정될 때에는, 항공기에 있는 여객에게 피난방법과 그 밖에 안전에 관하여 필요한 사항을 명할 수 있다(항공법 제50조 제3항).

5.21.4 기장의 항공기 위난 발생 시 여객의 구조 및 지상 또는 수상에 있는 사람이나 물건에 대한 위난 방지의 수단 마련과 항공기에의 체류

기장은 항행 중 그 항공기에 위난이 발생하였을 때에는, 여객을 구조하고, 지상 또는 수상(水上)에 있는 사람이나, 물건에 대한 위난 방지에 필요한 수단을 마련하여야 하며, 여객과 그 밖에 항공기에 있는 사람을 그 항공기에서 나가게 한 후가 아니면 항공기를 떠나서는 아니 된다(항공법 제50조 제4항).

5.21.5 기장의 항공기사고 · 항공기 준사고 또는 항공안전장애 발생 시의 보고 및 예외

기장은 항공기사고 · 항공기 준사고 또는 항공안전장애가 발생하였을 때에는, 국토교통부령으로 정하는 바에 따라, 국토교통부장관에게 그 사실을 보고하여야 한다. 다만, 기장이 보고할 수 없는 경우에는, 그 항공기의 소유자 등이 보고를 하여야 한다(항공법 제50조 제5항).

5.21.6 기장이 다른 항공기사고의 발생을 안 때의 국토교통부장관에의 보고

기장은 다른 항공기에서 항공기사고·항공기 준사고 또는 항공안전장애가 발생한 것을 알았을 때에는, 국토교통부령으로 정하는 바에 따라, 국토교통부장관에게 그 사실을 보고하여야 한다. 다만, 무선설비를 통하여 그 사실을 안 경우에는 그 사실을 보고하지 않아도 된다(항공법 제50조 제6항).

5.22 조종사의 운항자격

5.22.1 기장 및 조종사의 지식 및 기량에 관한 국토교통부장관의 자격인정

항공운송사업에 사용되는 항공기의 기장 또는 국외비행에 사용되는 항공기 중 항공기 중량, 승객 좌석 수 등 국토교통부령으로 정하는 기준에 해당하는 항공기의 기장은 지식 및 기량에 관하여, 기장 외의 조종사는 기량에 관하여 국토교통부장관의 자격인정을 받아야 한다(항공법 제51조 제1항).

5.22.2 국토교통부장관의 기장 및 조종사의 지식 및 기량의 유무에 대한 정기·수시적 심사

국토교통부장관은 위 5.22.1(항공법 제51조 제1항)에 따른 자격인정을 받은 사람에 대하여 그 지식 및 기량의 유무를 정기적으로 심사하여야 하며, 특히 필요하다고 인정하는 경우에는 수시로 지식 및 기량의 유무를 심사할 수 있다(항공법 제51조 제2항).

5.22.3 국토교통부장관의 심사 미응시자 및 불합격 기장 및 조종사에 대한 자격인정의 취소

국토교통부장관은 위 5.22.1(항공법 제51조 제1항)에 따른 자격인정을 받은 사람이 위 5.22.2(항공법 제51조 제2항)에 따른 심사를 받지 아니하거나, 그 심사에 합격하지 못한 경우에는 그 자격인정을 취소하여야 한다(항공법 제51조 제3항).

5.22.4 국토교통부장관의 지정항공운송사업자를 통한 소속 조종사에 대한 자격인정 및 심사의 위탁

국토교통부장관은 필요하다고 인정할 때에는, 그가 지정한 항공운송사업자의 면허를 받은 자(이하에서는 "지정항공운송사업자"라고 한다)로 하여금 소속 조종사에 대하여 위 5.22.1(항공법 제51조 제1항)에 따른 자격인정 또는 위 5.22.2(항공법 제51조 제2항)에 따른 심사를 하게 할 수 있다(항공법 제51조 제4항).

5.22.5 지정항공운송사업자로부터 자격인정을 취득하거나 심사에 합격한 조종사에 대한 국토교통부장관으로부터 자격인정 및 심사 합격의 간주

위 5.22.4(항공법 제51조 제4항)에 따라 자격인정을 받거나, 그 심사에 합격한 조종사는 위 5.22.1(항공법 제51조 제1항)에 따른 자격인정 및 위 5.22.2(항공법 제51조 제2항)에 따른 심사를 받은 것으로 본다. 이 경우, 심사 미필자 또는 불합격자에 대하여는 자격인정의 취소에 관한 위 5.22.3(항공법 제51조 제3항)의 내용과 같다(항공법 제51조 제5항).

5.22.6 국토교통부장관의 필요시 조종사에 대한 지식 및 기량의 유무에 대한 심사

국토교통부장관은 위 5.22.4(항공법 제51조 제4항)에도 불구하고 필요하다고 인정할 때에는, 국토교통부령으로 정하는 조종사에 대하여 위 5.22.2(항공법 제51조 제2항)에 따른 지식 및 기량의 유무에 대한 심사를 할 수 있다(항공법 제51조 제6항).

5.22.7 기장의 운항하려는 지역 · 노선 및 공항에 대한 경험요건의 겸비

항공운송사업에 종사하는 항공기의 기장은 운항하려는 지역 · 노선 및 공항(국토교통부령으로 정하는 지역 · 노선 및 공항에 관한 것만 해당)에 대한 경험 요건을 갖추어야 한다(항공법 제51조 제7항).

5.22.8 기장 및 조종사에 대한 자격인정 · 심사 또는 경험요건 등에 관한 사항

위 5.22.1(항공법 제51조 제1항) 내지 5.22.7(항공법 제51조 제7항)의 규정에 따른 자격인정 · 심사 또는 경험요건 등에 관하여 필요한 사항은 국토교통부령으로 정한다(항공

법 제51조 제8항).

5.23 모의비행장치에 따른 조종사의 운항자격 심사 등의 실시

국토교통부장관은 비상시의 조치 등 실제의 항공기로 위 5.22(항공법 제51조)에 따른 인정 및 심사를 하기 곤란한 사항에 대하여는, 「항공법」 제29조의 2(모의비행장치를 이용한 자격증명 실기시험의 실시 등) 제3항[82]에 따라 국토교통부장관이 지정한 모의비행장치를 이용하여 위 5.22(항공법 제51조)에 따른 조종사의 자격인정 및 심사를 할 수 있다(항공법 제51조의 2).

5.24 운항관리사

5.24.1 항공운송사업자와 국외로 항공기를 운항하려는 자의 운항관리사 배치

항공운송사업자와 항공기 중량, 승객 좌석 수 등 국토교통부령으로 정하는 기준에 해당하는 항공기로 국외를 운항하려는 자는 국토교통부령으로 정하는 바에 따라, 운항관리사를 두어야 한다(항공법 제52조 제1항).

5.24.2 운항관리사가 배치된 항공기를 운항하려는 기장의 항공기 출발 전과 비행계획변경 시의 운항관리사로부터의 승인

위 5.24.1(항공법 제52조 제1항)에 따라 운항관리사를 두어야 하는 자가 운항하는 항공기의 기장은 항공기를 출발시키거나, 비행계획을 변경하려는 경우에는, 운항관리사의 승인을 받아야 한다(항공법 제52조 제2항).

5.24.3 운항관리사에 대한 교육훈련

위 5.24.1(항공법 제52조 제1항)에 따라 운항관리사를 두어야 하는 자는 국토교통부령으로 정하는 바에 따라 운항관리사가 해당 업무를 원활하게 수행하는 데에 필요한 지식 및 경험을 갖출 수 있도록 필요한 교육훈련을 하여야 한다(항공법 제52조 제3항).

---

82) 모의비행장치의 지정기준과 탑승경력의 인정 등에 필요한 사항은 국토교통부령으로 정한다.

5.25 이착륙의 장소

항공기(활공기는 제외)는 육상에서는 비행장이 아닌 곳에서, 수상에서는 국토교통부령으로 정하는 장소가 아닌 곳에서 이륙하거나 착륙하여서는 아니 된다. 다만, 불가피한 사유가 있는 경우로서, 국토교통부장관의 허가를 받은 경우에는 이착륙이 가능하다(항공법 제53조).

5.26 비행규칙 등

5.26.1 항공기를 운항하려는 사람의 비행규칙에 따른 비행

항공기를 운항하려는 사람은 「국제민간항공조약」 및 같은 조약 부속서에 따라 국토교통부령으로 정하는 비행에 관한 기준 · 절차 · 방식 등(이하에서는 "비행규칙"이라고 한다)에 따라 비행하여야 한다(항공법 제54조 제1항).

5.26.2 비행규칙의 구분

비행규칙은 다음과 같이 구분한다(항공법 제54조 제2항).

1. 재산 및 인명을 보호하기 위한 비행절차 등 일반적인 사항에 관한 규칙
2. 시계비행에 관한 규칙
3. 계기비행에 관한 규칙
4. 비행계획의 작성 · 제출 · 접수 및 통보 등에 관한 규칙
5. 그 밖에 비행안전을 위하여 필요한 사항에 관한 규칙

5.27 비행 중 금지행위 등

항공기를 운항하려는 사람은 사람과 재산을 보호하기 위하여 다음과 같은 비행 또는 행위를 하여서는 아니 된다. 그러나 국토교통부령에 의하여 국토교통부장관의 허가를 받은 경우에는 비행 또는 행위를 할 수 있다(항공법 제55조).

1. 국토교통부령으로 정하는 최저비행고도(最低飛行高度) 아래에서의 비행
2. 물건의 투하(投下) 또는 살포
3. 낙하산 강하(降下)

4. 국토교통부령으로 정하는 구역에서 뒤집어서 비행하거나, 옆으로 세워서 비행하는 등의 곡예비행
5. 무인항공기의 비행
6. 무인자유기구(無人自由器具)의 비행
7. 그 밖에 사람과 재산에 위해(危害)를 끼치거나, 위해를 끼칠 우려가 있는 비행 또는 행위로서 국토교통부령으로 정하는 비행 또는 행위

5.28 긴급항공기의 지정 등

5.28.1 긴급항공기에 대한 국토교통부장관의 지정

응급환자의 수송 등 국토교통부령으로 정하는 긴급한 업무에 항공기를 사용하려는 소유자 등은 그 항공기에 대하여 국토교통부장관의 지정을 받아야 한다(항공법 제56조 제1항).

5.28.2 긴급항공기의 긴급업무 수행을 위한 운항

위 5.28.1(항공법 제56조 제1항)에 따라 국토교통부장관의 지정을 받은 항공기(이하에서는 "긴급항공기"라고 한다)를 위 5.28.1(항공법 제56조 제1항)에 따른 긴급한 업무의 수행을 위하여 운항하는 경우에는, 「항공법」 제53조(이착륙의 장소)에 따른 이착륙 장소 제한 규정 및 동 법 제55조(비행 중 금지행위 등) 제1호의 최저비행고도 아래에서의 비행 금지 규정을 적용하지 아니한다(항공법 제56조 제2항).

5.28.3 긴급항공기의 지정 및 운항절차 등에 관한 사항

긴급항공기의 지정 및 운항절차 등에 관하여 필요한 사항은 국토교통부령으로 정한다(항공법 제56조 제3항).

5.28.4 긴급항공기의 지정 취소

국토교통부장관은 긴급항공기를 운항하는 사람이 위 5.28.3(항공법 제56조 제3항)에 따른 운항절차를 준수하지 아니하는 경우에는, 긴급항공기의 지정을 취소할 수 있다(항

공법 제56조 제4항).

5.28.5 긴급항공기의 지정취소처분자에 대한 재지정의 기간

위 5.28.4(항공법 제56조 제4항)에 따른 지정취소처분을 받은 자는 취소처분을 받은 날부터 2년 이내에는 긴급항공기의 지정을 받을 수 없다(항공법 제56조 제5항).

5.29 위험물 운송 등

5.29.1 항공기를 이용한 위험물 운송자에 대한 허가

항공기를 이용하여 폭발성이나 연소성이 높은 물건 등 국토교통부령으로 정하는 위험물(이하에서는 "위험물"이라고 한다)을 운송하려는 자는 국토교통부령으로 정하는 바에 따라, 국토교통부장관의 허가를 받아야 한다(항공법 제59조 제1항).

5.29.2 항공기를 이용한 위험물취급자에 대한 위험물취급의 절차 및 방법

항공기를 이용하여 운송되는 위험물을 포장 · 적재(積載) · 저장 · 운송 또는 처리(이하에서는 "위험물취급"이라고 한다)하는 자(이하에서는 "위험물취급자"라고 한다)는 항공상의 위험 방지 및 인명의 안전을 위하여 국토교통부장관이 정하여 고시하는 위험물취급의 절차 및 방법에 따라야 한다(항공법 제59조 제2항).

5.30 위험물 포장 및 용기의 검사 등

5.30.1 위험물의 포장 및 용기 판매자의 안정성 검사

위험물의 운송에 사용되는 포장 및 용기를 제조 · 수입하여 판매하려는 자는 그 포장 및 용기의 안전성에 대하여 국토교통부장관이 실시하는 검사를 받아야 한다(항공법 제60조 제1항).

5.30.2 위험물 포장 및 용기의 검사방법 및 합격기준 등에 관한 사항

위 5.30.1(항공법 제60조 제1항)에 따른 포장 및 용기의 검사방법 · 합격기준 등에 관하여 필요한 사항은 국토교통부장관이 정하여 고시한다(항공법 제60조 제2항).

5.30.3 포장 · 용기검사기관의 지정 및 검사

국토교통부장관은 위험물의 용기 및 포장에 관한 검사업무를 전문적으로 수행하는 기관(이하에서는 "포장 · 용기검사기관"이라고 한다)을 지정하여 위 5.30.1(항공법 제60조 제1항)에 따른 검사를 하게 할 수 있다(항공법 제60조 제3항).

5.30.4 포장 · 용기검사기관의 지정기준 및 운영 등에 관한 사항

포장 · 용기검사기관의 지정기준 및 운영 등에 관하여 필요한 사항은 국토교통부령으로 정한다(항공법 제60조 제4항).

5.30.5 포장 · 용기검사기관에 대한 지정의 취소 및 정지

국토교통부장관은 포장 · 용기검사기관이 다음에 해당하면 그 지정을 취소하거나, 6개월 이내의 기간을 정하여 그 업무의 전부 또는 일부를 정지시킬 수 있다. 다만, 다음 1.에 해당하는 경우에는, 그 포장 · 용기검사기관의 지정을 취소하여야 한다(항공법 제60조 제5항).

1. 거짓이나 그 밖의 부정한 방법으로 포장 · 용기검사기관의 지정을 받은 경우
2. 위 5.30.4(항공법 제60조 제4항)에 따른 지정기준에 맞지 아니하게 된 경우

5.30.6 포장 · 용기검사기관에 대한 지정의 취소 및 정지에 관한 세부기준 및 절차 등에 필요한 사항

위 5.30.5(항공법 제60조 제5항)에 따른 처분의 세부기준 및 절차와 그 밖에 필요한 사항은 국토교통부령으로 정한다(항공법 제60조 제6항).

5.31 위험물취급에 관한 교육 등

5.31.1 위험물취급자의 위험물취급에 관한 교육 및 예외

위험물취급자는 위험물취급에 관하여 국토교통부장관이 실시하는 교육을 받아야 한다. 다만, 국제민간항공기구, 국제항공운송협회 등의 국제기구가 인정한 교육기관에서 위험물취급에 관한 교육을 이수한 경우에는 교육을 받지 않아도 된다(항공법 제61조 제1항).

5.31.2 위험물취급자의 범위와 교육내용 등에 관한 사항

위 5.31.1(항공법 제61조 제1항)에 따라 교육을 받아야 하는 위험물취급자의 구체적인 범위와 교육 내용 등에 관하여 필요한 사항은 국토교통부장관이 정하여 고시한다(항공법 제61조 제2항).

5.31.3 위험물취급 전문교육기관을 통한 위험물취급자에 대한 교육의 실시

국토교통부장관은 위 5.31.1(항공법 제61조 제1항)에 따른 교육을 효율적으로 하기 위하여, 위험물취급에 관한 교육을 전문적으로 하는 전문교육기관을 지정하여 위험물취급자에 대한 교육을 하게할 수 있다(항공법 제61조 제3항).

5.31.4 위험물취급 전문교육기관의 지정기준 및 운영 등에 관한 사항

위 5.31.3(항공법 제61조 제3항)에 따른 전문교육기관의 지정기준 및 운영 등에 관하여 필요한 사항은 국토교통부령으로 정한다(항공법 제61조 제4항).

5.31.5 위험물취급 전문교육기관에 대한 지정의 취소 및 정지

국토교통부장관은 위 5.31.3(항공법 제61조 제3항)에 따른 전문교육기관이 다음에 해당하면 그 지정을 취소하거나, 6개월 이내의 기간을 정하여 그 업무의 전부 또는 일부를 정지시킬 수 있다. 다만, 다음 1.에 해당하는 경우에는, 그 전문교육기관의 지정을 취소하여야 한다(항공법 제61조 제5항).

1. 거짓이나 그 밖의 부정한 방법으로 전문교육기관의 지정을 받은 경우
2. 위 5.31.4(항공법 제61조 제4항)에 따른 지정기준에 맞지 아니하게 된 경우

5.31.6 위험물취급 전문교육기관의 처분에 관한 세부기준 및 절차 등에 관한 사항

위 5.31.5(항공법 제61조 제5항)에 따른 처분의 세부기준 및 절차와 그 밖에 필요한 사항은 국토교통부령으로 정한다(항공법 제61조 제6항).

5.32 전자기기의 사용제한

국토교통부장관은 운항 중인 항공기의 항행 및 통신장비에 대한 전자파 간섭 등의 영향을 방지하기 위하여, 국토교통부령으로 정하는 바에 따라, 여객이 지닌 전자기기의 사용을 제한할 수 있다(항공법 제61조의 2).

5.33 쌍발비행기의 운항승인

5.33.1 쌍발비행기의 발동기 중 1개 발동기의 미작동 시 착륙지점에 대한 시간초과의 운항노선에 대한 승인

항공운송사업자가 2개의 발동기를 가진 비행기(이하에서는 "쌍발비행기"라고 한다)로서 국토교통부령으로 정하는 비행기를 1개의 발동기가 작동하지 아니할 때의 순항속도(巡航速度)로 가장 가까운 공항까지 비행하여 착륙할 수 있는 시간이 국토교통부령으로 정하는 시간을 초과하는 지점이 있는 노선을 운항하려면, 국토교통부령으로 정하는 바에 따라, 국토교통부장관의 승인을 받아야 한다(항공법 제69조의 2 제1항).

5.33.2 쌍발비행기의 발동기 중 1개 발동기의 미작동 시 착륙지점에 대한 시간초과의 운항노선에 대한 승인 시에 운항기술기준의 적합성 여부에 관한 확인

국토교통부장관이 위 5.33.1(항공법 제69조의 2 제1항)에 따른 승인을 하려는 경우에는, 「항공법」 제74조의 2[83](항공기 안전운항을 위한 운항기술기준)에 따라 고시하는 운항기술기준에 적합한지를 확인하여야 한다(항공법 제69조의 2 제2항).

---

83) 제74조의 2(항공기 안전운항을 위한 운항기술기준)
국토교통부장관은 항공기 안전운항을 확보하기 위하여 「항공법」과 「국제민간항공조약」 및 같은 조약 부속서에서 정한 범위에서 다음의 사항이 포함된 운항기술기준을 정하여 고시할 수 있다.
1. 항공기 계기 및 장비
2. 항공기 운항
3. 항공운송사업의 운항증명
4. 항공종사자의 자격증명
5. 항공기 정비
6. 그 밖에 안전운항을 위하여 필요한 사항으로서 국토교통부령으로 정하는 사항

5.34 수직분리축소공역 등에서의 항공기 운항

5.34.1 수직분리축소공역 또는 성능기반항행요구공역 등에서의 항공기 운항에 대한 승인

공역을 효율적으로 운영하기 위하여 수직분리고도를 축소하여 운영하는 공역(이하에서는 "수직분리축소공역"이라고 한다) 또는 특정한 항행성능을 갖춘 항공기만 운항이 허용되는 공역(이하에서는 "성능기반항행요구공역"이라고 한다) 등 국토교통부령으로 정하는 공역에서 항공기를 운항하려는 소유자 등은 국토교통부령으로 정하는 바에 따라, 국토교통부장관의 승인을 받아야 한다. 다만, 수색·구조를 위하여 수직분리축소공역에서 운항하려는 경우 등 국토교통부령으로 정하는 경우에는 국토교통부장관으로부터 승인을 받지 않고 운항할 수 있다(항공법 제69조의 3 제1항).

5.34.2 수직분리축소공역 또는 성능기반항행요구공역 등에서의 항공기 운항에 대한 승인 시의 운항기술기준에의 적합성 여부에 대한 확인

국토교통부장관이 위 5.34.1(항공법 제69조의 3 제1항)에 따른 승인을 하려는 경우에는, 「항공법」 제74조의 2(항공기 안전운항을 위한 운항기술기준)에 따라 고시하는 운항기술기준에 적합한지를 확인하여야 한다(항공법 제69조의 3 제2항).

5.35 항공교통업무 등

5.35.1 비행장, 관제권 또는 관제구에서 항공기를 이동·이륙·착륙 및 비행하려는 자의 국토교통부장관의 지시에 대한 이행

비행장, 관제권 또는 관제구에서 항공기를 이동·이륙·착륙시키거나 항공기로 비행을 하려는 사람은 국토교통부장관이 지시하는 이동·이륙·착륙의 순서 및 시기와 비행의 방법에 따라야 한다(항공법 제70조 제1항).

5.35.2 국토교통부장관의 항공기 운항과 관련된 조언 및 정보의 제공

국토교통부장관은 비행정보구역에서 비행하는 항공기의 안전하고 효율적인 운항을 위하여, 공항 및 항행안전시설의 운용 상태 등 항공기의 운항과 관련된 조언 및 정보를 조종사 또는 관련 기관 등에 제공할 수 있다(항공법 제70조 제2항).

5.35.3 국토교통부장관의 수색 및 구조를 필요로 하는 항공기에 관한 정보의 제공

국토교통부장관은 비행정보구역 안에서 수색·구조를 필요로 하는 항공기에 관한 정보를 조종사 또는 관련 기관 등에게 제공할 수 있다(항공법 제70조 제3항).

5.35.4 항공교통업무의 대상, 내용 및 절차 등에 관한 사항

위 5.35.1(항공법 제70조 제1항) 내지 5.35.3(항공법 제70조 제3항)의 규정에 따라, 국토교통부장관이 하는 업무(이하에서는 "항공교통업무"라고 한다)의 대상, 내용 및 절차 등에 관하여 필요한 사항은 국토교통부령으로 정한다(항공법 제70조 제4항).

5.35.5 비행장 내의 이동지역에서 업무를 수행하는 자에 대한 국토교통부장관의 지시

비행장 안의 이동지역에서 차량의 운행, 비행장의 유지·보수, 그 밖의 업무를 수행하는 자는 항공교통의 안전을 위하여 국토교통부장관의 지시에 따라야 한다(항공법 제70조 제5항).

5.36 수색·구조 지원계획의 수립 및 시행

국토교통부장관은 항공기가 조난되는 경우, 항공기 수색이나 인명구조를 위하여 대통령령으로 정하는 바에 따라, 관계 행정기관의 역할 등을 정한 항공기 수색·구조 지원에 관한 계획을 수립 및 시행하여야 한다(항공법 제72조).

5.37 항공정보의 제공 등

5.37.1 국토교통부장관의 비행정보구역 비행자 등에 대한 항공정보의 제공

국토교통부장관은 항공기 운항의 안전성·정규성 및 효율성을 확보하기 위하여 필요한 정보(이하에서는 "항공정보"라고 한다)를 비행정보구역에서 비행하는 사람 등에게 제공하여야 한다(항공법 제73조 제1항).

5.37.2 국토교통부장관의 항공지도의 발간

국토교통부장관은 항공로, 항행안전시설, 비행장, 관제권 등 항공기의 운항에 필요한 정보가 표시된 지도(이하에서는 "항공지도"라고 한다)를 발간(發刊)하여야 한다(항공법 제73조 제2항).

5.37.3 항공정보 또는 항공지도의 내용 · 제공방법 · 측정단위 등에 관한 사항

항공정보 또는 항공지도의 내용, 제공방법, 측정단위 등에 관하여 필요한 사항은 국토교통부령으로 정한다(항공법 제73조 제3항).

5.38 승무원 등의 탑승 등

5.38.1 항공기에 항행의 안전에 필요한 승무원의 탑승

항공기를 항공에 사용하려는 자는 그 항공기에 국토교통부령으로 정하는 바에 따라, 항행의 안전에 필요한 승무원을 태워야 한다(항공법 제74조 제1항).

5.38.2 항공업무종사자의 자격증명서 및 항공신체검사증명서

운항승무원 또는 항공교통관제사가 항공업무에 종사하는 경우에는, 국토교통부령으로 정하는 바에 따라, 자격증명서 및 항공신체검사증명서를 지녀야 하며, 운항승무원 또는 항공교통관제사가 아닌 항공종사자가 항공업무에 종사하는 경우에는, 국토교통부령으로 정하는 바에 따라, 자격증명서를 지녀야 한다(항공법 제74조 제2항).

5.38.3 항공운송사업자 및 항공기사용사업자의 승무원에 대한 교육훈련

항공운송사업자 및 항공기사용사업자는 국토교통부령으로 정하는 바에 따라, 항공기에 태우는 승무원에게 해당 업무 수행에 필요한 교육훈련을 하여야 한다(항공법 제74조 제3항).

5.39 항공기 안전운항을 위한 운항기술기준

국토교통부장관은 항공기 안전운항을 확보하기 위하여, 「항공법」과 「국제민간항공조약」 및 동 조약 부속서에서 정한 범위에서 다음의 사항이 포함된 운항기술기준을 정하여 고시할 수 있다(항공법 제74조의 2).

1. 항공기 계기 및 장비
2. 항공기 운항
3. 항공운송사업의 운항증명
4. 항공종사자의 자격증명
5. 항공기 정비
6. 그 밖에 안전운항을 위하여 필요한 사항으로서 국토교통부령으로 정하는 사항

5.40 운항기술기준의 준수

소유자 등 및 항공종사자는 위 5.39(항공법 제74조의 2)에 따른 운항기술기준을 준수하여야 한다(항공법 제74조의 3).

6. 항공시설

6.1 비행장과 항행안전시설

6.1.1 비행장 및 항행안전시설의 설치

6.1.1.1 국토교통부장관의 비행장 및 항행안전시설의 설치

국토교통부장관은 비행장 또는 항행안전시설[84)]을 설치한다(항공법 제75조 제1항).

6.1.1.2 국토교통부장관 이외의 자의 비행장 및 항행안전시설의 설치

국토교통부장관 외에 비행장 또는 항행안전시설을 설치하려는 자는 국토교통부령으로 정하는 바에 따라, 국토교통부장관의 허가를 받아야 한다. 이 경우, 국토교통부장관은 허가할 때 시설의 설치에 필요한 조건을 붙일 수 있다(항공법 제75조 제2항).

---

84) 항행안전시설은 제89조부터 제91조까지, 제94조부터 제105조까지, 제105조의 2부터 제105조의 5까지, 제106조, 제106조의 2, 제108조의 2, 제110조 및 제111조에 따라 설치하는 비행장시설 또는 항행안전시설 외의 것을 말하며, 이하에서도 동일하다.

6.1.1.3 비행장 및 항행안전시설의 설치기준 등에 관한 사항

비행장 및 항행안전시설[85]의 설치기준 등 그 설치에 필요한 사항은 대통령령으로 정한다(항공법 제75조 제3항).

6.1.2 고시 등

6.1.2.1 비행장 및 항행안전시설의 설치 시 국토교통부장관의 고시

국토교통부장관은 비행장 또는 항행안전시설을 설치[86]하거나, 그 설치를 허가하려는 경우에는, 그 비행장 또는 항행안전시설의 명칭, 위치, 착륙대(着陸帶), 장애물 제한표면, 사용 개시 예정일과 그 밖에 국토교통부령으로 정하는 사항을 고시하여야 한다(항공법 제76조 제1항).

6.1.2.2 국토교통부장관의 비행장 및 항행안전시설에 관한 고시사항의 공고

국토교통부장관은 고시한 사항[87]을 해당 비행장 및 항행안전시설의 설치예정지역에서 일반인이 잘 볼 수 있는 곳에 일정 기간 이상 공고하여야 한다(항공법 제76조 제2항).

6.1.3 비행장 및 항행안전시설의 완성검사

6.1.3.1 비행장설치자 및 항행안전시설설치자의 시설공사 완공 후의 완성검사

비행장 설치[88]의 허가를 받은 자(이하에서는 "비행장설치자"라고 한다) 또는 항행안전시설 설치의 허가를 받은 자(이하에서는 "항행안전시설설치자"라고 한다)는 해당 시설의 공사가 끝난 경우에는, 지체 없이 국토교통부장관의 완성검사를 받아야 한다(항공법 제77조 제1항).

6.1.3.2 비행장 및 항행안전시설의 완성검사 후 국토교통부장관의 고시

국토교통부장관은 비행장 또는 항행안전시설의 완성검사[89]를 한 경우에는, 그 비행장

85) 여기서의 비행장 및 항행안전시설이라 함은, 「항공법」 제75조 제1항 및 제2항에 따른 것을 말한다.
86) 「항공법」 제75조에 따른 비행장 또는 항행안전시설의 설치
87) 「항공법」 제76조 제1항에 따른 고시사항
88) 「항공법」 제75조 제2항에 따른 비행장의 설치
89) 「항공법」 제77조 제1항에 따른 비행장 및 항행안전시설의 완성검사

또는 항행안전시설의 명칭, 종류, 위치 및 사용 개시 예정일 등을 지정·고시하여야 한다(항공법 제77조 제2항).

6.1.4 비행장 및 항행안전시설의 변경

6.1.4.1 비행장설치자 및 항행안전시설설치자의 시설변경사항의 통보

비행장설치자 또는 항행안전시설설치자는 해당 시설 중 국토교통부령으로 정하는 사항을 변경하려는 경우에는, 국토교통부령으로 정하는 바에 따라, 국토교통부장관에게 변경 사항을 통보하여야 한다(항공법 제78조 제1항).

6.1.4.2 국토교통부장관의 비행장 및 항행안전시설의 변경통보에 대한 고시

국토교통부장관은 비행장 또는 항행안전시설의 변경통보[90]를 받은 경우에는, 이를 고시하여야 한다. 다만, 비행장 변경의 고시는 장애물 제한표면이 변경된 경우에만 한다(항공법 제78조 제2항).

6.1.4.3 비행장 및 항행안전시설의 변경통보에 대한 고시에 관한 준용

국토교통부장관의 비행장 및 항행안전시설의 변경통보에 대한 고시[91]는 일반인이 잘 볼 수 있는 곳에 일정 기간 이상 공고[92]하여야 한다(항공법 제78조 제3항).

6.1.5 비행장 및 항행안전시설 사용의 휴지·폐지·재개

6.1.5.1 비행장설치자 및 항행안전시설설치자의 비행장 및 항행안전시설의 사용에 관한 휴지 또는 폐지 및 재개의 통보

비행장설치자 또는 항행안전시설설치자는 해당 비행장 또는 항행안전시설의 사용을 휴지 또는 폐지하거나, 휴지한 비행장 또는 항행안전시설의 사용을 재개(再開)하려는 경우에는, 국토교통부장관에게 통보하여야 한다(항공법 제79조 제1항).

---

90) 「항공법」 제78조 제1항에 따른 비행장 및 항행안전시설의 변경통보
91) 「항공법」 제78조 제1항에 따른 국토교통부장관의 비행장 및 항행안전시설의 변경통보에 대한 고시
92) 「항공법」 제76조 제2항에 의한 공고

6.1.5.2 국토교통부장관의 비행장설치자 및 항행안전시설설치자의 통보에 대한 고시

국토교통부장관은 통보[93]받은 경우에는, 이를 고시하여야 한다(항공법 제79조 제2항).

6.1.6 비행장 및 항행안전시설의 관리

6.1.6.1 국토교통부장관 또는 비행장 · 항행안전시설 관리자의 시설관리

국토교통부장관이나 비행장 또는 항행안전시설을 관리하는 자는 국토교통부령으로 정하는 시설의 관리기준(이하에서는 "시설관리기준"이라고 한다)에 따라 그 시설을 관리하여야 한다(항공법 제80조 제1항).

6.1.6.2 국토교통부장관의 비행장 및 항행안전시설의 관리에 관한 검사

국토교통부장관은 대통령령으로 정하는 바에 따라 비행장 또는 항행안전시설이 시설관리기준에 적합하게 관리되는지를 확인하기 위하여 필요한 검사를 하여야 한다(항공법 제80조 제2항).

6.1.6.3 항행안전시설설치자 및 항행안전시설관리자의 비행검사

항행안전시설설치자 또는 항행안전시설을 관리하는 자는 국토교통부장관이 항행안전시설의 성능을 분석할 수 있는 장비를 탑재한 항공기를 이용하여 실시하는 항행안전시설의 성능 등에 관한 검사(이하에서는 "비행검사"라고 한다)를 받아야 한다(항공법 제80조 제3항).

6.1.6.4 비행검사의 종류, 대상시설, 절차 및 방법 등에 관한 사항의 고시

비행검사의 종류, 대상시설, 절차 및 방법 등에 관하여 필요한 사항은 국토교통부장관이 정하여 고시한다(항공법 제80조 제4항).

6.1.7 항행안전시설의 성능적합증명

항행안전무선시설 또는 항공정보통신시설을 제작하는 자는 그 제작된 시설[94]이 국토

---

93) 비행장설치자 및 항행안전시설설치자의 비행장 및 항행안전시설 사용의 휴지 · 폐지 · 재개에 관한 통보(항공법 제79조 제1항)

교통부장관이 정하여 고시하는 항행안전시설에 관한 기술기준에 적합하게 제작되었다는 증명을 받을 수 있다(항공법 제80조의 2).

6.1.8 항공통신업무 등

6.1.8.1 국토교통부장관의 항공통신업무의 수행

국토교통부장관은 「국제민간항공조약」 및 동 조약의 부속서에 의하여 항공교통업무가 효율적으로 수행되고, 항공안전에 필요한 정보·자료가 항공통신망을 통하여 편리하고 신속하게 제공·교환·관리될 수 있도록 항공통신에 관한 업무(이하에서는 "항공통신업무"라고 한다)를 수행하여야 한다(항공법 제80조의 3 제1항).

6.1.8.2 항공통신업무의 종류, 내용 및 운영절차 등에 관한 사항

항공통신업무의 종류, 내용 및 운영절차 등에 관하여 필요한 사항은 국토교통부령으로 정한다(항공법 제80조의 3 제2항).

6.1.9 허가의 취소

국토교통부장관은 다음에 해당하는 경우에는, 비행장 또는 항행안전시설의 설치허가를 취소할 수 있다. 다만, 다음의 2. 또는 3.에 해당하는 경우에는, 비행장설치자 또는 항행안전시설설치자에 대하여 상당한 기간을 정하여 해당 시설의 허가신청서에 적힌 설치계획에 적합한 조치를 하도록 명하거나, 해당 시설을 시설관리기준에 따라 관리할 것을 명한 후, 그 명령에 따르지 아니한 경우에만 허가를 취소할 수 있다(항공법 제81조).

1. 정당한 사유 없이 허가신청서에 적힌 공사 착수 예정일부터 1년 이내에 착공하지 아니하거나, 공사 완료 예정일까지 공사를 끝내지 아니한 경우
2. 비행장설치자 및 항행안전시설설치자의 시설공사 완공 후의 완성검사[95] 결과 해당 시설이 허가신청서에 적힌 설치계획에 적합하지 아니한 경우
3. 비행장 또는 항행안전시설이 시설관리기준에 따라 관리되지 아니한 경우
4. 비행장 또는 항행안전시설의 위치·구조 등이 허가신청서에 적힌 사실과 다른 경우
5. 허가에 붙인 조건을 위반한 경우

---

94) 국토교통부령에 의하여 제작된 시설
95) 「항공법」 제77조 제1항에 따른 완성검사

6.1.10 장애물의 제한 등

6.1.10.1 비행장의 설치 및 변경에 관한 고시 후의 장애물 제한

누구든지 비행장의 설치 또는 변경이 고시[96]된 후에는, 그 고시에 표시된 장애물 제한표면의 높이 이상인 건축물·구조물(고시 당시에 건설 중인 건축물 또는 구조물은 제외)·식물 및 그 밖의 장애물을 설치·재배하거나, 방치하여서는 아니 된다. 다만, 가설물이나 그 밖에 국토교통부령으로 정하는 장애물로서 관계 행정기관의 장이 국토교통부령으로 정하는 바에 따라, 비행장설치자와 협의하여 설치 또는 방치를 허가하거나, 그 비행장의 사용 개시 예정일 전에 제거할 예정인 장애물에는 제한이 없다(항공법 제82조 제1항).

6.1.10.2 비행장설치자의 장애물 제한규정 위반자에 대한 장애물 제거요구권

비행장설치자는 비행장의 설치 및 변경에 관한 고시 후의 장애물 제한에 관한 규정[97]을 위반하여 설치·재배 또는 방치한 장애물(식물이 성장하여 장애물 제한표면 위로 나오는 경우를 포함)에 대한 소유권 및 그 밖의 권리를 가진 자에게 그 장애물의 제거를 요구할 수 있다(항공법 제82조 제2항).

6.1.10.3 비행장설치자의 장애물 제거요구권과 손실의 보상

비행장설치자는 비행장의 설치 또는 변경의 고시[98] 당시 장애물 제한표면의 높이 이상인 장애물에 대한 소유권 및 그 밖의 권리를 가진 자에게 그 장애물의 제거를 요구할 수 있다. 이 경우, 비행장설치자는 대통령령으로 정하는 바에 따라, 그 장애물에 대한 소유권 및 그 밖의 권리를 가진 자에게 장애물의 제거로 인한 손실을 보상하여야 한다(항공법 제82조 제3항).

6.1.10.4 장애물 및 장애물이 설치되어 있는 토지소유자의 비행장설치자에 대한 장애물 및 토지에 대한 매수요구권

장애물 또는 장애물이 설치되어 있는 토지의 소유자[99]는 그 장애물의 제거로 인하여

---

96) 「항공법」 제76조 또는 제78조에 따른 비행장의 설치 및 변경의 고시
97) 「항공법」 제82조 제1항
98) 「항공법」 제82조 제1항에 따른 고시
99) 「항공법」 제82조 제3항에 따른 장애물 및 장애물이 설치되어 있는 토지의 소유자

그 장애물 또는 토지의 사용·수익이 곤란하게 된 경우에는, 대통령령으로 정하는 바에 따라, 해당 비행장설치자에게 그 장애물 또는 토지의 매수를 요구할 수 있다(항공법 제82조 제4항).

6.1.10.5 국토교통부장관의 비행장설치자에 대한 장애물의 제거명령

비행장설치자의 장애물에 대한 소유권자 및 그 밖의 권리자에 대한 손실보상[100]에 대하여, 국토교통부장관은 당사자 간의 협의가 이루어지지 아니하여 그 장애물을 제거할 수 없는 경우로서 해당 비행장의 원활한 관리·운영을 위하여 특히 필요하다고 인정될 때에는, 비행장설치자에게 그 장애물의 제거를 명할 수 있다(항공법 제82조 제5항).

6.1.10.6 국토교통부장관 및 비행장설치자의 장애물에 대한 소유권자 및 그 밖의 권리자에 대한 손실보상 및 손실보상금

비행장설치자가 장애물을 제거한 경우[101], 국토교통부장관 또는 비행장설치자는 장애물에 대한 소유권 및 그 밖의 권리를 가진 자에게 그 장애물의 제거로 인한 손실을 보상하여야 한다. 이 경우, 손실보상 금액은 당사자 간의 협의로 결정하되, 협의가 이루어지지 아니하거나, 협의를 할 수 없는 경우에는, 국토교통부장관이 결정한다(항공법 제82조 제6항).

6.1.10.7 비행장설치자의 장애물 관리

비행장설치자는 항공기 안전운항에 지장이 없도록 국토교통부령으로 정하는 바에 따라, 장애물을 관리하여야 한다(항공법 제82조 제7항).

6.1.11 항공장애 표시등의 설치 등

6.1.11.1 비행장설치자와 구조물 소유자의 표시등 및 표지의 설치

비행장설치자는 국토교통부령으로 정하는 바에 따라, 장애물 제한표면에서 수직으로 지상까지 투영한 구역에 있는 구조물로서 국토교통부령으로 정하는 구조물에는 항공장애 표시등(이하에서는 "표시등"이라고 한다) 및 항공장애 주간(晝間)표지(이하에서는

100) 「항공법」 제82조 제3항 후단에 따른 손실보상
101) 「항공법」 제82조 제5항

"표지"라고 한다)를 설치하여야 한다. 다만, 고시[102]를 한 후에 설치하는 구조물의 경우에는, 그 구조물의 소유자가 국토교통부령으로 정하는 바에 따라, 표시등 및 표지를 설치하여야 한다(항공법 제83조 제1항).

6.1.11.2 장애물 제한표면에서 수직으로 지상까지 투영한 구역에 있는 구조물 또는 지표면이나 수면으로부터 높이가 60미터 이상 되는 구조물 외의 구조물에 대한 표시등 및 표지의 설치

국토교통부장관은 대통령령으로 정하는 바에 따라, 장애물 제한표면에서 수직으로 지상까지 투영한 구역에 있는 구조물 또는 지표면이나 수면으로부터 높이가 60미터 이상 되는 구조물[103] 외의 구조물이 항공기의 항행 안전을 현저히 해칠 우려가 있으면 구조물에 표시등 및 표지를 설치하여야 한다(항공법 제83조 제2항).

6.1.11.3 장애물 제한표면에서 수직으로 지상까지 투영한 구역에 있는 구조물 또는 지표면이나 수면으로부터 높이가 60미터 이상 되는 구조물 및 그 이외의 구조물의 소유자 또는 점유자의 표시등 및 표지 설치의 거부와 손실보상

장애물 제한표면에서 수직으로 지상까지 투영한 구역에 있는 구조물 또는 지표면이나 수면으로부터 높이가 60미터 이상 되는 구조물 및 그 이외의 구조물[104]의 소유자 또는 점유자는 비행장설치자 또는 국토교통부장관이 하는 표시등 및 표지의 설치를 거부할 수 없다. 이 경우, 비행장설치자 또는 국토교통부장관은 표시등 및 표지의 설치로 인하여 해당 구조물의 소유자 또는 점유자에게 손실이 발생하였으면, 국토교통부령으로 정하는 바에 따라, 그 손실을 보상하여야 한다(항공법 제83조 제3항).

6.1.11.4 지표면이나 수면으로부터 높이가 60미터 이상 되는 구조물 설치자의 표시등 및 표지의 설치

지표면이나 수면으로부터 높이가 60미터 이상 되는 구조물을 설치하는 자는, 국토교통부령으로 정하는 바에 따라, 표시등 및 표지를 설치하여야 한다. 다만, 국토교통부령으로 정하는 구조물은 표시등 및 표지를 설치하지 않아도 된다(항공법 제83조 제4항).

---

102) 「항공법」 제76조 또는 제78조 제2항에 따른 고시
103) 「항공법」 제83조 제1항 및 제4항에 따른 구조물
104) 「항공법」 제83조 제1항 및 제2항에 따른 구조물

6.1.11.5 장애물 제한표면에서 수직으로 지상까지 투영한 구역에 있는 구조물 또는 지표면 이나 수면으로부터 높이가 60미터 이상 되는 구조물 및 그 이외의 구조물에 표시 등 및 표지가 설치된 구조물의 소유자의 표시등 및 표지의 관리

장애물 제한표면에서 수직으로 지상까지 투영한 구역에 있는 구조물 또는 지표면이나 수면으로부터 높이가 60미터 이상 되는 구조물 및 그 이외의 구조물에 표시등 및 표지가 설치된 구조물[105]의 소유자는 국토교통부령으로 정하는 바에 따라, 그 표시등 및 표지를 관리하여야 한다(항공법 제83조 제5항).

6.1.12 유사등화의 제한

6.1.12.1 유사등화의 설치금지

누구든지 항공등화(航空燈火)의 인식에 방해되거나, 항공등화로 잘못 인식될 우려가 있는 등화(이하에서는 "유사등화"라고 한다)를 설치하여서는 아니 된다(항공법 제84조 제1항).

6.1.12.2 국토교통부장관의 유사등화에 대한 조치 및 소요비용

국토교통부장관은 항공등화를 설치할 때, 유사등화(類似燈火)가 이미 설치되어 있는 경우에는, 그 유사등화의 소유자 또는 관리자에게 그 유사등화를 가리는 등의 방법으로 항공등화의 인식을 방해하거나, 항공등화로 잘못 인식되지 아니하도록 필요한 조치를 할 것을 명할 수 있다. 이 경우, 그 조치에 필요한 비용은 그 항공등화의 설치자가 부담한다(항공법 제84조 제2항).

6.1.13 금지행위

6.1.13.1 활주로, 유도로, 그 밖에 비행장의 중요시설 및 항행안전시설의 파손행위 금지

누구든지 활주로, 유도로(誘導路), 그 밖에 국토교통부령으로 정하는 비행장의 중요한 시설 또는 항행안전시설을 파손하거나, 이들의 기능을 해칠 우려가 있는 행위를 하여서는 아니 된다(항공법 제85조 제1항).

---

105) 「항공법」 제83조 제1항 · 제2항 · 제4항에 따른 표시등 및 표지가 설치된 구조물

6.1.13.2 항공기에 대한 물건 투척금지 및 항행위험 행위의 금지

누구든지 항공기를 향하여 물건을 던지거나, 그 밖에 항행에 위험을 일으킬 우려가 있는 행위를 하여서는 아니 된다(항공법 제85조 제2항).

6.1.13.3 착륙대, 유도로, 계류장, 격납고 및 항행안전시설의 설치지역 출입금지

누구든지 특별한 사유 없이 착륙대, 유도로, 계류장(繫留場), 격납고(格納庫) 또는 항행안전시설이 설치된 지역에 출입하여서는 아니 된다(항공법 제85조 제3항).

6.1.14 사용료

6.1.14.1 국토교통부장관의 비행장 및 항행안전시설 사용 및 이용자에 대한 사용료 징수

국토교통부장관은 비행장 및 항행안전시설을 사용하거나 이용하는 자[106]로부터 사용료를 징수할 수 있다(항공법 제86조 제1항).

6.1.14.2 공공용의 비행장 및 항행안전시설의 설치자 및 관리자의 비행장 및 항행안전시설 사용 및 이용자에 대한 사용료 징수

공공용으로 사용하는 비행장 및 항행안전시설의 설치자 또는 관리자는 그가 설치하거나 관리하는 비행장 또는 항행안전시설을 사용하거나 이용하는 자로부터 사용료를 징수할 수 있다(항공법 제86조 제2항).

6.1.14.3 공공용의 비행장 및 항행안전시설 설치 및 관리자의 사용료 징수에 대한 신고

공공용으로 사용하는 비행장 및 항행안전시설을 설치하거나 관리하는 자가 그것을 사용 또는 이용하려는 자에게 사용료를 징수하려는 경우에는,[107] 그 사용료를 정하여 국토교통부장관에게 신고하여야 한다. 사용료를 변경하려는 경우에도 또한 같다(항공법 제86조 제3항).

6.1.15 비행장설치자 등의 지위승계

비행장설치자 또는 항행안전시설설치자의 지위를 승계하려는 자는 국토교통부장관에

106) 국토교통부령에 따른 비행장 및 항행안전시설의 사용 및 이용자
107) 「항공법」 제86조 제2항에 따른 경우

게 지위승계를 통보하여야 한다(항공법 제87조).

6.1.16 명령에의 위임

6.1.16.1 비행장 및 항행안전시설의 설치 및 완성검사 등에 관한 사항의 위임

비행장 및 항행안전시설의 설치,[108] 그것의 명칭 · 위치 · 착륙대(着陸帶) · 장애물 제한표면 · 사용 개시 예정일 및 국토교통부령에 규정되어 있는 사항에 관한 고시,[109] 비행장 및 항행안전시설의 완성검사,[110] 비행장 및 항행안전시설의 변경,[111] 비행장 및 항행안전시설 사용의 휴지 · 폐지 · 재개,[112] 비행장 및 항행안전시설의 관리,[113] 항행안전시설의 성능적합증명,[114] 항공통신업무 등,[115] 비행장 및 항행안전시설의 설치허가의 취소,[116] 비행장의 설치 및 변경의 고시에 표시된 장애물의 제한 등,[117] 항공장애 표시등의 설치 등,[118] 유사등화의 제한,[119] 비행장의 중요시설 및 항행안전시설에 대한 금지행위,[120] 비행장 및 항행안전시설의 이용자에 대한 사용료[121] 및 비행장설치자 등의 지위승계[122]에 관한 규정 이외에 비행장 및 항행안전시설의 설치 또는 완성검사 등에 필요한 사항은 대통령령으로 정한다(항공법 제88조 제1항).

6.1.16.2 비행장 및 항행안전시설의 관리 · 운용 및 사용 등에 관한 사항

비행장 또는 항행안전시설의 관리 · 운용 및 사용 등에 필요한 사항은 국토교통부령으로 정한다(항공법 제88조 제2항).

---

108) 「항공법」 제75조
109) 「항공법」 제76조
110) 「항공법」 제77조
111) 「항공법」 제78조
112) 「항공법」 제79조
113) 「항공법」 제80조
114) 「항공법」 제80조의 2
115) 「항공법」 제80조의 3
116) 「항공법」 제81조
117) 「항공법」 제82조
118) 「항공법」 제83조
119) 「항공법」 제84조
120) 「항공법」 제85조
121) 「항공법」 제86조
122) 「항공법」 제87조

6.2 공항

6.2.1 공항개발 중장기 종합계획의 수립 등

6.2.1.1 국토교통부장관의 공항개발 중장기 종합계획의 수립

국토교통부장관은 공항개발사업을 체계적이고 효율적으로 추진하기 위하여 5년마다 다음의 사항이 포함된 공항개발 중장기 종합계획(이하에서는 "종합계획"이라고 한다)을 수립하여야 한다(항공법 제89조 제1항).

1. 항공 수요의 전망
2. 권역별 공항개발에 관한 중장기 기본계획
3. 투자 소요 및 재원조달방안
4. 그 밖에 중장기 공항개발에 관한 사항

6.2.1.2 국토교통부장관의 공항개발사업의 시행에 따른 기본계획의 수립 및 시행

국토교통부장관이 공항개발사업을 시행하려는 경우에는, 종합계획에 따라 개발하려는 공항의 공항개발기본계획(이하에서는 "기본계획"이라고 한다)을 다음의 사항을 포함하여 수립・시행하여야 한다(항공법 제89조 제2항).

1. 공항개발예정지역
2. 공항의 규모 및 배치
3. 운영계획
4. 재원조달방안
5. 환경관리계획
6. 그 밖에 공항개발에 필요한 사항

6.2.1.3 국토교통부장관의 종합계획 및 기본계획의 수립에 따른 관할 지방자치단체장의 의견 청취 및 관계 중앙행정기관장과의 협의

국토교통부장관이 종합계획 또는 기본계획을 수립하려는 경우에는, 관할 지방자치단체의 장의 의견을 들은 후, 관계 중앙행정기관의 장과 협의하여야 한다(항공법 제89조 제3항).

6.2.1.4 국토교통부장관의 종합계획 및 기본계획의 수립 또는 변경에 따른 관계 행정기관 장에 대한 자료의 요구와 당해 기관장의 협조

국토교통부장관은 관계 행정기관의 장에게 종합계획 또는 기본계획의 수립 또는 변경에 필요한 자료를 요구할 수 있다. 이 경우, 요구를 받은 관계 행정기관의 장은 특별한 사유가 없으면 이에 협조하여야 한다(항공법 제89조 제4항).

6.2.2 종합계획 등의 변경 등

6.2.2.1 국토교통부장관의 종합계획의 변경

국토교통부장관은 필요한 경우에는, 수립・공고한 종합계획을 변경할 수 있다(항공법 제90조 제1항).

6.2.2.2 국토교통부장관의 중요사항에 관한 변경

국토교통부장관은 기본계획을 수립・공고한 후 활주로의 길이 등 대통령령으로 정하는 중요사항을 변경하려면 기본계획을 변경하여야 한다(항공법 제90조 제2항).

6.2.2.3 종합계획 및 기본계획의 변경

종합계획 또는 기본계획의 변경[123]에 관하여는, 관할 지방자치단체장의 의견을 청취한 후, 관계 중앙행정기관장과 협의[124]하여야 한다. 다만, 대통령령으로 정하는 경미한 사항을 변경할 때에는, 관할 지방자치단체장의 의견을 청취한 후 관계 행정기관장과 협의할 필요가 없다(항공법 제90조 제3항).

6.2.3 종합계획 등의 고시

국토교통부장관은 종합계획 또는 기본계획을 수립하거나 변경하였을 때에는, 이를 고시[125]하여야 한다(항공법 제91조).

---

123) 「항공법」 제90조 제1항 및 제2항에 따른 종합계획 및 기본계획의 변경
124) 「항공법」 제89조 제3항 준용
125) 대통령령에 따른 고시

6.2.4 행위제한 등

6.2.4.1 공항개발예정지역으로 지정 · 고시된 지역에서의 행위제한

공항개발예정지역으로 지정 · 고시된 지역[126]에서 건축물의 건축, 인공구조물의 설치, 토지의 형질변경, 토석의 채취, 토지분할, 물건을 쌓아 놓는 행위 등의 행위[127]를 하려는 자는 국토교통부장관(「공유수면 관리 및 매립에 관한 법률」에 따라, 국토교통부장관이 관리하는 공유수면에서의 행위만 해당. 이하 이 조에서는 동일)이나 특별자치도지사 · 시장 · 군수 · 구청장의 허가를 받아야 한다. 허가받은 사항을 변경하려는 경우에도 동일하다(항공법 제92조 제1항).

6.2.4.2 공항개발예정지역으로 지정 · 고시된 지역에서의 행위제한에 대한 예외

다음에 해당하는 행위는 국토교통부장관 · 특별자치도지사 · 시장 · 군수 및 구청장으로부터 허가[128]를 받지 아니하고 할 수 있다(항공법 제92조 제2항).

1. 재해복구 또는 재난수습에 필요한 응급조치를 위하여 하는 행위
2. 경작을 위한 토지의 형질변경 등 대통령령으로 정하는 행위

6.2.4.3 원상회복명령과 대집행

국토교통부장관 또는 특별자치도지사 · 시장 · 군수 · 구청장은 공항개발예정지역으로 지정 · 고시된 지역에서 자신들로부터 허가를 받지 아니하고 건축물의 건축, 인공구조물의 설치, 토지의 형질변경, 토석의 채취, 토지분할 및 물건을 쌓아 놓는 행위 등의 행위를 한 자[129]에게 원상회복을 명할 수 있다. 이 경우, 명령을 받은 자가 그 의무를 이행하지 아니하는 때에는, 국토교통부장관 또는 특별자치도지사 · 시장 · 군수 · 구청장은 이를 대집행[130]할 수 있다(항공법 제92조 제3항).

6.2.4.4 허가사항에 관한 예외

허가[131]에 관하여 이 법에서 규정한 사항 외에는 「국토의 계획 및 이용에 관한 법률」

---

126) 「항공법」 제89조 제2항 및 제91조에 의하여 공항개발예정지역으로 지정 · 고시된 지역
127) 대통령령으로 정하는 행위
128) 「항공법」 제90조 제1항에 의한 허가
129) 「항공법」 제92조 제1항을 위반한 자
130) 「행정대집행법」에 따른 대집행
131) 「항공법」 제92조 제1항에 의한 허가

제57조 내지 제60조[132] 및 제62조[133]를 준용한다(항공법 제92조 제4항).

---

132)「국토의 계획 및 이용에 관한 법률」

제57조(개발행위허가의 절차)

제1항 : 개발행위를 하려는 자는 그 개발행위에 따른 기반시설의 설치나 그에 필요한 용지의 확보, 위해(危害) 방지, 환경오염 방지, 경관, 조경 등에 관한 계획서를 첨부한 신청서를 개발행위허가권자에게 제출하여야 한다. 이 경우, 개발밀도관리구역 안에서는 기반시설의 설치나 그에 필요한 용지의 확보에 관한 계획서를 제출하지 아니한다. 다만, 제56조 제1항 제1호의 행위 중「건축법」의 적용을 받는 건축물의 건축 또는 공작물의 설치를 하려는 자는,「건축법」에서 정하는 절차에 따라, 신청서류를 제출하여야 한다.

제2항 : 특별시장·광역시장·특별자치시장·특별자치도지사·시장 또는 군수는 제1항에 따른 개발행위허가의 신청에 대하여, 특별한 사유가 없으면, 대통령령으로 정하는 기간 이내에 허가 또는 불허가의 처분을 하여야 한다.

제3항 : 특별시장·광역시장·특별자치시장·특별자치도지사·시장 또는 군수는 제2항에 따라 허가 또는 불허가의 처분을 할 때에는, 지체 없이 그 신청인에게 허가내용이나 불허가처분의 사유를 서면으로 알려야 한다.

제4항 : 특별시장·광역시장·특별자치시장·특별자치도지사·시장 또는 군수는 개발행위허가를 하는 경우에는, 대통령령으로 정하는 바에 따라, 그 개발행위에 따른 기반시설의 설치 또는 그에 필요한 용지의 확보, 위해 방지, 환경오염 방지, 경관, 조경 등에 관한 조치를 할 것을 조건으로 개발행위허가를 할 수 있다.

제58조(개발행위허가의 기준 등)

제1항 : 특별시장·광역시장·특별자치시장·특별자치도지사·시장 또는 군수는 개발행위허가의 신청 내용이 다음의 기준에 맞는 경우에만 개발행위허가 또는 변경허가를 하여야 한다.

1. 용도지역별 특성을 고려하여 대통령령으로 정하는 개발행위의 규모에 적합할 것. 다만, 개발행위가「농어촌정비법」제2조 제4호에 따른 농어촌정비사업으로 이루어지는 경우 등 대통령령으로 정하는 경우에는, 개발행위 규모의 제한을 받지 아니한다.
2. 도시·군관리계획 및 제4항에 따른 성장관리방안의 내용에 어긋나지 아니할 것
3. 도시·군계획사업의 시행에 지장이 없을 것
4. 주변지역의 토지이용실태 또는 토지이용계획, 건축물의 높이, 토지의 경사도, 수목의 상태, 물의 배수, 하천·호소·습지의 배수 등 주변환경이나 경관과 조화를 이룰 것
5. 해당 개발행위에 따른 기반시설의 설치나 그에 필요한 용지의 확보계획이 적절할 것

제2항 : 특별시장·광역시장·특별자치시장·특별자치도지사·시장 또는 군수는 개발행위허가 또는 변경허가를 하려면, 그 개발행위가 도시·군계획사업의 시행에 지장을 주는지에 관하여 해당 지역에서 시행되는 도시·군계획사업의 시행자의 의견을 들어야 한다.

제3항 : 제1항에 따라 허가할 수 있는 경우, 그 허가의 기준은 지역의 특성, 지역의 개발상황, 기반시설의 현황 등을 고려하여, 다음과 같은 구분에 따라 대통령령으로 정한다.

1. 시가화 용도 : 토지의 이용 및 건축물의 용도·건폐율·용적률·높이 등에 대한 용도지역의 제한에 따라 개발행위허가의 기준을 적용하는 주거지역·상업지역 및 공업지역
2. 유보 용도 : 제59조에 따른 도시계획위원회의 심의를 통하여 개발행위허가의 기준을 강화 또는 완화하여 적용할 수 있는 계획관리지역·생산관리지역 및 녹지지역 중 대통령령으로 정하는 지역
3. 보전 용도 : 제59조에 따른 도시계획위원회의 심의를 통하여 개발행위허가의 기준을 강화하여 적용할 수 있는 보전관리지역·농림지역·자연환경보전지역 및 녹지지역 중 대통령령으로 정하는 지역

제4항 : 특별시장 · 광역시장 · 특별자치시장 · 특별자치도지사 · 시장 또는 군수는 난개발 방지와 지역특성을 고려한 계획적 개발을 유도하기 위하여 필요한 경우, 대통령령으로 정하는 바에 따라, 개발행위의 발생 가능성이 높은 지역을 대상지역으로 하여 기반시설의 설치 · 변경, 건축물의 용도 등에 관한 관리방안(이하에서는 "성장관리방안"이라고 한다)을 수립할 수 있다.

제5항 : 특별시장 · 광역시장 · 특별자치시장 · 특별자치도지사 · 시장 또는 군수는 성장관리방안을 수립하거나 변경하려면, 대통령령으로 정하는 바에 따라, 주민과 해당 지방의회의 의견을 들어야 하며, 관계 행정기관과의 협의 및 지방도시계획위원회의 심의를 거쳐야 한다.

제6항 : 특별시장 · 광역시장 · 특별자치시장 · 특별자치도지사 · 시장 또는 군수는 성장관리방안을 수립하거나 변경한 경우에는, 관계 행정기관의 장에게 관계 서류를 송부하여야 하며, 대통령령으로 정하는 바에 따라, 이를 고시하고 일반인이 열람할 수 있도록 하여야 한다.

제59조(개발행위에 대한 도시계획위원회의 심의)

제1항 : 관계 행정기관의 장은 제56조 제1항 제1호 내지 제3호의 행위 중 어느 하나에 해당하는 행위로서 대통령령으로 정하는 행위를 이 법에 따라 허가 또는 변경허가를 하거나, 다른 법률에 따라 인가 · 허가 · 승인 또는 협의를 하려면, 대통령령으로 정하는 바에 따라, 중앙도시계획위원회나 지방도시계획위원회의 심의를 거쳐야 한다.

제2항 : 제1항에도 불구하고 다음에 해당하는 개발행위는 중앙도시계획위원회와 지방도시계획위원회의 심의를 거치지 아니한다.

1. 제8조, 제9조 또는 다른 법률에 따라 도시계획위원회의 심의를 받는 구역에서 하는 개발행위
2. 지구단위계획 또는 성장관리방안을 수립한 지역에서 하는 개발행위
3. 주거지역 · 상업지역 · 공업지역에서 시행하는 개발행위 중 특별시 · 광역시 · 특별자치시 · 특별자치도 · 시 또는 군의 조례로 정하는 규모 · 위치 등에 해당하지 아니하는 개발행위
4. 「환경영향평가법」에 따라 환경영향평가를 받은 개발행위
5. 「도시교통정비 촉진법」에 따라 교통영향분석 · 개선대책에 대한 검토를 받은 개발행위
6. 「농어촌정비법」 제2조 제4호에 따른 농어촌정비사업 중 대통령령으로 정하는 사업을 위한 개발행위
7. 「산림자원의 조성 및 관리에 관한 법률」에 따른 산림사업 및 「사방사업법」에 따른 사방사업을 위한 개발행위

제3항 : 국토교통부장관이나 지방자치단체의 장은 제2항에도 불구하고, 동 항 제4호 및 제5호에 해당하는 개발행위가 도시 · 군계획에 포함되지 아니한 경우에는, 관계 행정기관의 장에게 대통령령으로 정하는 바에 따라, 중앙도시계획위원회나 지방도시계획위원회의 심의를 받도록 요청할 수 있다. 이 경우, 관계 행정기관의 장은 특별한 사유가 없으면 요청에 따라야 한다.

제60조(개발행위허가의 이행 보증 등)

제1항 : 특별시장 · 광역시장 · 특별자치시장 · 특별자치도지사 · 시장 또는 군수는 기반시설의 설치나 그에 필요한 용지의 확보, 위해 방지, 환경오염 방지, 경관, 조경 등을 위하여 필요하다고 인정되는 경우로서, 대통령령으로 정하는 경우에는, 이의 이행을 보증하기 위하여, 개발행위허가(다른 법률에 따라 개발행위허가가 의제되는 협의를 거친 인가 · 허가 · 승인 등을 포함. 이하 이 조에서는 동일)를 받는 자로 하여금 이행보증금을 예치하게 할 수 있다. 다만, 다음에 해당하는 경우에는, 그러하지 아니하다.

1. 국가나 지방자치단체가 시행하는 개발행위
2. 「공공기관의 운영에 관한 법률」에 따른 공공기관(이하에서는 "공공기관"이라고 한다) 중 대통령령으로 정하는 기관이 시행하는 개발행위
3. 그 밖에 해당 지방자치단체의 조례로 정하는 공공단체가 시행하는 개발행위

제2항 : 제1항에 따른 이행보증금의 산정 및 예치방법 등에 관하여 필요한 사항은 대통령령으로 정한다.

6.2.4.5 국토교통부장관 · 특별자치도지사 · 시장 · 군수 및 구청장으로부터 허가를 받은 경우의 간주

허가[134])를 받은 경우에는, 「국토의 계획 및 이용에 관한 법률」 제56조[135])에 따라 허

제3항 : 특별시장 · 광역시장 · 특별자치시장 · 특별자치도지사 · 시장 또는 군수는 개발행위허가를 받지 아니하고, 개발행위를 하거나, 허가내용과 다르게 개발행위를 하는 자에게는, 그 토지의 원상회복을 명할 수 있다.

제4항 : 특별시장 · 광역시장 · 특별자치시장 · 특별자치도지사 · 시장 또는 군수는 제3항에 따른 원상회복의 명령을 받은 자가 원상회복을 하지 아니하면, 「행정대집행법」에 따른 행정대집행에 따라 원상회복을 할 수 있다. 이 경우, 행정대집행에 필요한 비용은 제1항에 따라 개발행위허가를 받은 자가 예치한 이행보증금을 사용할 수 있다.

133) 제62조(준공검사)

제1항 : 제56조 제1항 제1호 내지 제3호의 행위에 대한 개발행위허가를 받은 자는, 그 개발행위를 마치면 국토교통부령으로 정하는 바에 따라, 특별시장 · 광역시장 · 특별자치시장 · 특별자치도지사 · 시장 또는 군수의 준공검사를 받아야 한다. 다만, 동 항 제1호의 행위에 대하여, 「건축법」 제22조에 따른 건축물의 사용승인을 받은 경우에는, 그러하지 아니하다.

제2항 : 제1항에 따른 준공검사를 받은 경우에는, 특별시장 · 광역시장 · 특별자치시장 · 특별자치도지사 · 시장 또는 군수가 제61조에 따라 의제되는 인 · 허가 등에 따른 준공검사 · 준공인가 등에 관하여 제4항에 따라 관계 행정기관의 장과 협의한 사항에 대하여는 그 준공검사 · 준공인가 등을 받은 것으로 본다.

제3항 : 제2항에 따른 준공검사 · 준공인가 등의 의제를 받으려는 자는 제1항에 따른 준공검사를 신청할 때에 해당 법률에서 정하는 관련 서류를 함께 제출하여야 한다.

제4항 : 특별시장 · 광역시장 · 특별자치시장 · 특별자치도지사 · 시장 또는 군수는 제1항에 따른 준공검사를 할 때에 그 내용에 제61조에 따라 의제되는 인 · 허가 등에 따른 준공검사 · 준공인가 등에 해당하는 사항이 있으면 미리 관계 행정기관의 장과 협의하여야 한다.

제5항 : 국토교통부장관은 제2항에 따라 의제되는 준공검사 · 준공인가 등의 처리기준을 관계 중앙행정기관으로부터 제출받아 통합하여 고시하여야 한다.

134) 「항공법」 제92조 제1항에 따른 허가

135) 「국토의 계획 및 이용에 관한 법률」 제56조(개발행위의 허가)

제1항 : 다음에 해당하는 행위로서, 대통령령으로 정하는 행위(이하에서는 "개발행위"라고 한다)를 하려는 자는 특별시장 · 광역시장 · 특별자치시장 · 특별자치도지사 · 시장 또는 군수의 허가(이하에서는 "개발행위허가"라고 한다)를 받아야 한다. 다만, 도시 · 군계획사업에 의한 행위는 그러하지 아니하다.

1. 건축물의 건축 또는 공작물의 설치
2. 토지의 형질 변경(경작을 위한 경우로서 대통령령으로 정하는 토지의 형질 변경은 제외)
3. 토석의 채취
4. 토지 분할(건축물이 있는 대지의 분할은 제외)
5. 녹지지역 · 관리지역 또는 자연환경보전지역에 물건을 1개월 이상 쌓아놓는 행위

제2항 : 개발행위허가를 받은 사항을 변경하는 경우에는, 제1항을 준용한다. 다만, 대통령령으로 정하는 경미한 사항을 변경하는 경우에는, 그러하지 아니하다.

제3항 : 제1항에도 불구하고 제1항 제2호 및 제3호의 개발행위 중 도시지역과 계획관리지역의 산림에서의 임도(林道) 설치와 사방사업에 관하여는 「산림자원의 조성 및 관리에 관한 법률」과 「사방사업법」에 따르고, 보전관리지역 · 생산관리지역 · 농림지역 및 자연환경보전지역의 산림에서의 제1항 제2호(농업 · 임업 · 어업을 목적으로 하는 토지의 형질 변경만 해당) 및 제3호의 개발행위에 관하여는

가를 받은 것으로 본다(항공법 제92조 제5항).

6.2.5 공항개발사업의 시행자

6.2.5.1 공항개발사업의 시행자와 예외

공항개발사업은 국토교통부장관이 시행한다. 다만, 이 법 또는 다른 법령에 국토교통부장관 이외의 자가 시행하도록 규정된 경우에는, 그 규정에 따른다(항공법 제94조 제1항).

6.2.5.2 공항개발사업의 시행에 따른 허가와 예외

국토교통부장관 이외의 자가 공항개발사업을 시행하려면, 국토교통부장관의 허가[136]를 받아야 한다. 다만, 공항시설의 개량에 관한 사업 중 경미한 사업[137]은 국토교통부장관의 허가 없이 시행할 수 있다(항공법 제94조 제2항).

6.2.5.3 공항개발사업의 시행에 따른 허가기준

공항개발사업의 시행에 따른 허가기준[138]은 다음과 같다(항공법 제94조 제3항).

1. 시행하려는 공항개발사업의 목적 및 내용이 종합계획 및 기본계획에 들어맞을 것
2. 공항개발사업을 적절하게 수행하는 데 필요한 재무능력 및 기술능력이 있을 것

6.2.5.4 국토교통부장관의 공항개발사업의 시행자에 대한 허가 시 조건의 부여

국토교통부장관은 허가[139]를 할 때, 해당 공항개발사업과 관계된 토지 및 공항시설

「산지관리법」에 따른다.

제4항 : 다음에 해당하는 행위는 제1항에도 불구하고 개발행위허가를 받지 아니하고 할 수 있다. 다만, 제1호의 응급조치를 한 경우에는, 1개월 이내에 특별시장 · 광역시장 · 특별자치시장 · 특별자치도지사 · 시장 또는 군수에게 신고하여야 한다.

1. 재해복구나 재난수습을 위한 응급조치
2. 「건축법」에 따라 신고하고 설치할 수 있는 건축물의 개축 · 증축 또는 재축과 이에 필요한 범위에서의 토지의 형질 변경(도시 · 군계획시설사업이 시행되지 아니하고 있는 도시 · 군계획시설의 부지인 경우만 가능)
3. 그 밖에 대통령령으로 정하는 경미한 행위

136) 대통령령에 의한 국토교통부장관의 허가
137) 국토교통부령에 규정된 경미한 사업
138) 「항공법」 제94조 제2항에 따른 허가기준
139) 「항공법」 제94조 제2항에 따른 허가

(대통령령으로 정하는 공항시설은 제외)을 국가에 귀속시킬 것을 조건으로 하거나, 그 공항개발사업을 함에 따라 부수적으로 필요하게 되는 도로 및 상하수도 등의 기반시설 설치에 드는 비용을 그 공항개발사업의 시행자가 부담할 것을 조건으로 허가할 수 있다(항공법 제94조 제4항).

6.2.6 실시계획의 수립 · 승인 등

6.2.6.1 공항개발사업 시행자의 실시계획의 수립

공항개발사업의 시행자[140](이하에서는 "사업시행자"라고 한다)는 사업을 시작하기 전에 실시계획을 수립[141]하여야 한다(항공법 제95조 제1항).

6.2.6.2 실시계획에의 첨부사항 및 명시

실시계획[142]에는 사업시행에 필요한 설계도서(設計圖書), 자금조달계획 및 시행기간과 국토교통부령으로 정하는 사항을 첨부하거나 명시하여야 한다(항공법 제95조 제2항).

6.2.6.3 국토교통부장관 이외의 사업시행자가 실시계획을 수립하는 경우에 있어서의 승인

국토교통부장관 이외의 사업시행자가 실시계획을 수립한 경우에는, 국토교통부장관의 승인을 받아야 한다. 승인받은 사항을 변경하려는 경우에도 국토교통부장관으로부터 승인을 받아야 한다(항공법 제95조 제3항).

6.2.6.4 국토교통부장관 이외의 사업시행자가 실시계획 중 경미한 사항을 변경하고자 하는 경우의 예외

국토교통부장관 이외의 사업시행자는 경미한 사항[143]을 변경하고자 하는 경우[144]에는, 준공확인[145]을 신청할 때 한꺼번에 신고할 수 있다(항공법 제95조 제4항).

---

140) 「항공법」 제94조에 의한 공항개발사업의 시행자
141) 대통령령에 의하여 사업을 개시하기 전에 실시계획을 수립하여야 한다.
142) 「항공법」 제95조 제1항에 의한 실시계획
143) 국토교통부령에 의한 경미한 사항
144) 국토교통부장관 이외의 사업시행자가 국토교통부장관으로부터 승인을 받은 실시계획의 사항을 변경하고자 하는 경우에는 국토교통부장관의 승인을 받아야 함에도 불구하고(항공법 제95조 제3항 후단), 경미한 사항을 변경하는 경우에는 예외적으로 준공확인을 신청할 때 한꺼번에 신고할 수 있다.

6.2.6.5 국토교통부장관의 실시계획의 수립 · 승인에 대한 고시와 시장 · 군수 · 구청장에게로의 관계서류 사본의 송부

국토교통부장관은 실시계획을 수립[146]하거나, 실시계획을 승인[147]한 경우에는, 이를 고시[148]하고, 관계서류의 사본을 관할 특별자치도지사 · 시장 · 군수 또는 자치구의 구청장(이하에서는 "시장 · 군수 · 구청장"이라고 한다)에게 보내야 한다(항공법 제95조 제5항).

6.2.6.6 관계서류의 사본을 받은 시장 · 군수 · 구청장의 조치와 사업시행자의 서류 제출

관계서류의 사본을 받은 시장 · 군수 · 구청장[149]은 관계서류에 도시관리계획의 결정사항이 포함되어 있는 경우에는, 지형도면의 승인신청[150] 등 필요한 조치를 하여야 한다. 이 경우, 사업시행자는 지형도면의 고시 등에 필요한 서류를 시장 · 군수 · 구청장에게 제출하여야 한다(항공법 제95조 제6항).

6.2.6.7 국토교통부장관의 토지 등에 대한 수용이 필요한 실시계획의 수립 및 승인

국토교통부장관은 토지 등의 수용[151]이 필요한 실시계획을 수립하거나, 승인한 경우에는, 사업시행자의 명칭 및 사업의 종류와 수용할 토지 등의 세목(細目)을 고시하고, 그 토지 등의 소유자 및 권리자에게 알려야 한다. 다만, 사업시행자가 실시계획의 수립 또는 승인신청 시까지 토지 등의 소유자 및 권리자와 미리 협의한 경우에는, 사업시행자의 명칭 및 사업의 종류와 수용할 토지 등의 세목(細目)을 고시하고, 그 토지 등의 소유자 및 권리자에게 알릴 필요가 없다(항공법 제95조 제7항).

6.2.7 다른 법률과의 관계

6.2.7.1 국토교통부장관의 실시계획의 수립 및 승인에 대한 간주

국토교통부장관이 실시계획을 수립[152]하거나 승인[153]한 경우에는, 다음의 승인 · 허

---

145) 「항공법」 제104조에 의한 준공확인
146) 「항공법」 제95조 제1항에 의한 실시계획의 수립
147) 「항공법」 제95조 제3항에 의한 실시계획의 승인
148) 대통령령에 의한 고시
149) 「항공법」 제95조 제5항의 규정에 의하여 관계서류의 사본을 송부받은 시장 · 군수 · 구청장
150) 「국토의 계획 및 이용에 관한 법률」 제32조에 따른 지형도면의 승인신청
151) 「항공법」 제98조 제1항에 의한 토지 등의 수용
152) 「항공법」 제95조 제1항에 의한 실시계획의 수립
153) 「항공법」 제95조 제3항에 의한 실시계획의 승인

가·인가·결정·지정·면허·협의·동의 또는 심의 등을 받은 것으로 본다(항공법 제96조 제1항).

1. 도시관리계획의 결정,[154] 개발행위의 허가,[155] 도시계획시설사업 시행자의 지정,[156] 실시계획의 인가[157]
2. 공유수면의 점용·사용허가,[158] 점용·사용 실시계획의 승인 또는 신고,[159] 공유수면의 매립면허,[160] 국가 등이 시행하는 매립의 협의 또는 승인[161] 및 공유수면 매립실시계획의 승인[162]
3. 하천관리청과의 협의 또는 승인[163]
4. 도로관리청과의 협의 또는 승인[164]
5. 도시철도사업의 면허[165] 및 도시철도사업계획의 승인[166]
6. 공원관리청과의 협의[167]
7. 농지전용의 허가 또는 협의[168]
8. 사방지(砂防地) 안에서 벌채 등의 허가[169]
9. 산지전용허가,[170] 산지전용신고,[171] 산지일시사용허가·신고,[172] 입목벌채 등의

---

154) 「국토의 계획 및 이용에 관한 법률」 제30조에 따른 도시관리계획의 결정. 이는 동 법 제2조 제6호의 기반시설에 관한 것만 해당된다.
155) 「국토의 계획 및 이용에 관한 법률」 제56조에 의한 개발행위의 허가
156) 「국토의 계획 및 이용에 관한 법률」 제86조에 의한 도시계획시설사업 시행자의 지정
157) 「국토의 계획 및 이용에 관한 법률」 제88조에 의한 실시계획의 인가
158) 「공유수면 관리 및 매립에 관한 법률」 제8조에 의한 공유수면의 점용·사용허가
159) 「공유수면 관리 및 매립에 관한 법률」 제17조에 의한 점용·사용 실시계획의 승인 또는 신고
160) 「공유수면 관리 및 매립에 관한 법률」 제28조에 의한 공유수면의 매립면허
161) 「공유수면 관리 및 매립에 관한 법률」 제35조에 의한 국가 등이 시행하는 매립의 협의 또는 승인
162) 「공유수면 관리 및 매립에 관한 법률」 제38조에 의한 공유수면매립실시계획의 승인
163) 「하천법」 제6조에 의한 하천관리청과의 협의 또는 승인. 이는 동 법 제30조에 따른 하천공사 시행의 허가, 동 법 제33조에 따른 하천의 점용허가 및 동 법 제50조에 따른 하천수의 사용허가에 관한 것만 해당된다.
164) 「도로법」 제5조에 의한 도로관리청과의 협의 또는 승인. 이는 동 법 제34조에 따른 관리청이 아닌 자에 대한 도로공사의 시행허가 및 동 법 제38조에 따른 도로의 점용허가에 관한 것만 해당된다.
165) 「도시철도법」 제4조 제1항에 의한 도시철도사업의 면허
166) 「도시철도법」 제4조의 3 제1항에 의한 도시철도사업계획의 승인
167) 「자연공원법」 제71조 제1항에 의한 공원관리청과의 협의. 이는 동 법 제23조에 따른 공원구역에서의 행위의 허가에 관한 것만 해당된다.
168) 「농지법」 제34조에 의한 농지전용의 허가 또는 협의
169) 「사방사업법」 제14조에 의한 사방지(砂防地) 내에서 벌채 등의 허가
170) 「산지관리법」 제14조에 의한 산지전용허가
171) 「산지관리법」 제15조에 의한 산지전용신고
172) 「산지관리법」 제15조의 2에 의한 산지일시사용허가·신고

허가·신고[173] 및 보안림 안에서의 행위의 허가·신고[174]

10. 전용수도 설치의 인가[175]
11. 공공하수도 공사·유지의 허가[176]
12. 항만공사 시행의 허가[177]
13. 행정기관의 허가 등에 관한 협의[178]
14. 교통영향분석·개선대책의 검토[179]
15. 초지전용(草地轉用)의 허가 또는 협의[180]

6.2.7.2 국토교통부장관이 실시계획을 수립 또는 승인하고 고시한 경우의 간주

국토교통부장관이 실시계획의 수립 또는 승인을 고시[181]한 경우에는, 다음과 같은 고시 또는 공고가 있는 것으로 본다(항공법 제96조 제2항).

1. 실시계획의 고시[182]
2. 점용·사용허가의 고시[183] 및 매립면허의 고시[184]
3. 점용허가의 고시[185]

6.2.7.3 국토교통부장관의 실시계획의 수립 및 승인에 따른 소관 행정기관장과의 사전협의

국토교통부장관은 실시계획을 수립하거나 승인[186]하려는 경우에는, 그 실시계획이 관계 법률[187]에 적합한지에 관하여 소관 행정기관의 장과 미리 협의하여야 한다. 이 경우, 소관 행정기관의 장은 협의요청을 받은 날부터 일정한 기간[188] 내에 의견을 제출하

173) 「산림자원의 조성 및 관리에 관한 법률」 제36조 제1항·제4항에 의한 입목벌채 등의 허가·신고
174) 「산림자원의 조성 및 관리에 관한 법률」 제45조 제1항·제2항에 의한 보안림 안에서의 행위의 허가·신고
175) 「수도법」 제52조 및 제54조에 의한 전용수도 설치의 인가
176) 「하수도법」 제16조에 의한 공공하수도 공사·유지의 허가
177) 「항만법」 제9조 제2항에 의한 항만공사 시행의 허가
178) 「군사기지 및 군사시설 보호법」 제13조에 의한 행정기관의 허가 등에 관한 협의
179) 「도시교통정비 촉진법」 제16조에 의한 교통영향분석·개선대책의 검토
180) 「초지법」 제23조에 의한 초지전용(草地轉用)의 허가 또는 협의
181) 「항공법」 제95조 제5항에 의하여 국토교통부장관이 실시계획을 수립 및 승인하고, 이를 고시한 것
182) 「국토의 계획 및 이용에 관한 법률」 제91조에 의한 실시계획의 고시
183) 「공유수면 관리 및 매립에 관한 법률」 제8조에 의한 점용·사용허가의 고시
184) 「공유수면 관리 및 매립에 관한 법률」 제33조에 의한 매립면허의 고시
185) 「하천법」 제33조 제6항에 의한 점용허가의 고시
186) 「항공법」 제95조 제1항 및 제3항에 의한 실시계획의 수립 및 승인
187) 「항공법」 제96조 제1항의 각 호에 의한 관계 법률
188) 대통령령에 규정되어 있는 기간

여야 한다(항공법 제96조 제3항).

6.2.8 토지에 출입 및 사용 등

6.2.8.1 사업시행자의 사업시행을 위한 행위

사업시행자는 사업을 시행하기 위하여 필요한 경우에는, 다음 각 호의 행위를 할 수 있다(항공법 제97조 제1항).

1. 타인의 토지에 출입하는 행위
2. 타인의 토지를 재료적치장(材料積置場), 통로 또는 임시도로로 일시 사용하는 행위
3. 특히 필요한 경우 나무, 흙, 돌 또는 그 밖의 장애물을 변경하거나 제거하는 행위

6.2.8.2 사업시행자의 사업시행을 위한 행위에 대한 준용

타인의 토지에 출입하는 행위나 타인의 토지를 재료적치장(材料積置場), 통로 또는 임시도로로 일시 사용하는 행위 또는 특히 필요한 경우 나무, 흙, 돌 또는 그 밖의 장애물을 변경하거나 제거하는 행위[189]를 하는 경우에는, 「국토의 계획 및 이용에 관한 법률」 제130조 제2항 내지 제9항[190] 및 동 법 제131조[191]를 준용한다. 이 경우, "도시계획시

---

189) 「항공법」 제97조 제1항에 의한 행위

190) 「국토의 계획 및 이용에 관한 법률」 제130조(토지에의 출입 등)

제1항 : 국토교통부장관, 시 · 도지사, 시장 또는 군수나 도시 · 군계획시설사업의 시행자는 다음 각 호의 행위를 하기 위하여 필요하면 타인의 토지에 출입하거나 타인의 토지를 재료 적치장 또는 임시통로로 일시 사용할 수 있으며, 특히 필요한 경우에는 나무, 흙, 돌, 그 밖의 장애물을 변경하거나 제거할 수 있다.

1. 도시 · 군계획 · 광역도시 · 군계획에 관한 기초조사
2. 개발밀도관리구역, 기반시설부담구역 및 제67조 제4항에 따른 기반시설설치계획에 관한 기초조사
3. 지가의 동향 및 토지거래의 상황에 관한 조사
4. 도시 · 군계획시설사업에 관한 조사 · 측량 또는 시행

제2항 : 제1항에 따라 타인의 토지에 출입하려는 자는 특별시장 · 광역시장 · 특별자치시장 · 특별자치도지사 · 시장 또는 군수의 허가를 받아야 하며, 출입하려는 날의 7일 전까지 그 토지의 소유자 · 점유자 또는 관리인에게 그 일시와 장소를 알려야 한다. 다만, 행정청인 도시 · 군계획시설사업의 시행자는 허가를 받지 아니하고 타인의 토지에 출입할 수 있다.

제3항 : 제1항에 따라 타인의 토지를 재료 적치장 또는 임시통로로 일시사용하거나 나무, 흙, 돌, 그 밖의 장애물을 변경 또는 제거하려는 자는 토지의 소유자 · 점유자 또는 관리인의 동의를 받아야 한다.

제4항 : 제3항의 경우 토지나 장애물의 소유자 · 점유자 또는 관리인이 현장에 없거나 주소 또는 거소가 불분명하여 그 동의를 받을 수 없는 경우에는 행정청인 도시 · 군계획시설사업의 시행자는 관할 특별시장 · 광역시장 · 특별자치시장 · 특별자치도지사 · 시장 또는 군수에게 그 사실을 통지하여

설사업의 시행자"는 이 법에 따른 "사업시행자"로 본다(항공법 제97조 제2항).

6.2.9 토지 등의 수용

6.2.9.1 사업시행자의 공항개발사업의 시행을 위한 토지 · 물건 또는 권리의 수용 및 사용

사업시행자는 공항개발사업을 시행하기 위하여 필요한 경우에는, 토지 · 물건 또는 권리[192](이하에서는 "토지 등"이라고 한다)를 수용하거나 사용할 수 있다(항공법 제98조 제1항).

6.2.9.2 실시계획의 수립과 승인 및 고시에 의한 사업인정과 사업인정의 고시

실시계획의 수립 또는 수립의 승인과 이에 관한 고시[193]가 있는 때에는, 사업인정[194] 및 사업인정의 고시[195]가 있는 것으로 보며, 재결(裁決)의 신청은 실시계획에서 정하는 공항개발사업의 시행기간에 할 수 있다[196](항공법 제98조 제2항).

야 하며, 행정청이 아닌 도시 · 군계획시설사업의 시행자는 미리 관할 특별시장 · 광역시장 · 특별자치시장 · 특별자치도지사 · 시장 또는 군수의 허가를 받아야 한다.

제5항 : 제3항과 제4항에 따라 토지를 일시 사용하거나 장애물을 변경 또는 제거하려는 자는 토지를 사용하려는 날이나 장애물을 변경 또는 제거하려는 날의 3일 전까지 그 토지나 장애물의 소유자 · 점유자 또는 관리인에게 알려야 한다.

제6항 : 일출 전이나 일몰 후에는 그 토지 점유자의 승낙 없이 택지나 담장 또는 울타리로 둘러싸인 타인의 토지에 출입할 수 없다.

제7항 : 토지의 점유자는 정당한 사유 없이 제1항에 따른 행위를 방해하거나 거부하지 못한다.

제8항 : 제1항에 따른 행위를 하려는 자는 그 권한을 표시하는 증표와 허가증을 지니고 이를 관계인에게 내보여야 한다.

제9항 : 제8항에 따른 증표와 허가증에 관하여 필요한 사항은 국토교통부령으로 정한다.

191) 「국토의 계획 및 이용에 관한 법률」 제131조(토지에의 출입 등에 따른 손실 보상)

제1항 : 제130조 제1항에 따른 행위로 인하여 손실을 입은 자가 있으면 그 행위자가 속한 행정청이나 도시 · 군계획시설사업의 시행자가 그 손실을 보상하여야 한다.

제2항 : 제1항에 따른 손실 보상에 관하여는 그 손실을 보상할 자와 손실을 입은 자가 협의하여야 한다.

제3항 : 손실을 보상할 자나 손실을 입은 자는 제2항에 따른 협의가 성립되지 아니하거나 협의를 할 수 없는 경우에는 관할 토지수용위원회에 재결을 신청할 수 있다.

제4항 : 관할 토지수용위원회의 재결에 관하여는 「공익사업을 위한 토지 등의 취득 및 보상에 관한 법률」 제83조 내지 제87조의 규정을 준용한다.

192) 「공익사업을 위한 토지 등의 취득 및 보상에 관한 법률」 제3조에서 규정하고 있는 토지 · 물건 또는 권리

193) 「항공법」 제95조에 의한 실시계획의 수립 또는 수립의 승인과 이에 관한 고시

194) 「공익사업을 위한 토지 등의 취득 및 보상에 관한 법률」 제20조 제1항에 의한 사업인정

195) 「공익사업을 위한 토지 등의 취득 및 보상에 관한 법률」 제22조에 의한 사업인정의 고시

196) 「공익사업을 위한 토지 등의 취득 및 보상에 관한 법률」 제23조 제1항 및 제28조 제1항에도 불구하고 실시계획에서 정하는 공항개발사업의 시행기간에 할 수 있다는 것이다.

6.2.9.3 토지 등의 수용 및 사용에 관한 재결의 관할 토지수용위원회

토지 등의 수용 또는 사용[197]에 관한 재결의 관할 토지수용위원회는 중앙토지수용위원회로 한다(항공법 제98조 제3항).

6.2.9.4 토지 등의 수용 및 사용에 관한 「공익사업을 위한 토지 등의 취득 및 보상에 관한 법률」의 준용

토지 등의 수용 또는 사용[198]에 관하여 이 법에 특별한 규정이 있는 것을 제외하고는 「공익사업을 위한 토지 등의 취득 및 보상에 관한 법률」을 준용한다(항공법 제98조 제4항).

6.2.10 국유지의 처분제한 등

6.2.10.1 공항개발예정지역에 소재한 국유토지의 매각 및 양도제한

공항개발예정지역에 있는 국가 소유의 토지로서, 공항개발사업에 필요한 토지는, 그 공항개발사업 이외의 목적으로 매각하거나, 양도할 수 없다(항공법 제99조 제1항).

6.2.10.2 공항개발예정지역에 소재한 국유재산의 매각 및 양도

공항개발예정지역에 있는 국가 소유의 재산은 사업시행자에게 수의계약(隨意契約)으로 매각・양도할 수 있다.[199] 이 경우, 그 재산의 용도폐지(행정재산의 경우만 해당) 및 매각・양도에 관하여는 국토교통부장관이 미리 관계 행정기관의 장과 협의하여야 한다(항공법 제99조 제2항).

6.2.11 토지매수업무 등의 위탁

6.2.11.1 지방자치단체가 아닌 사업시행자의 공항개발사업에 따른 업무 등의 관할 지방자치단체장으로의 위탁

지방자치단체가 아닌 사업시행자는 공항개발사업을 위한 토지매수업무, 손실보상업무 및 이주대책사업 등을 관할 지방자치단체의 장에게 위탁[200]할 수 있다(항공법 제100

---

197) 「항공법」 제98조 제1항에 의한 토지 등의 수용 또는 사용
198) 「항공법」 제98조 제1항에 의한 토지 등의 수용 또는 사용
199) 「국유재산법」에도 불구하고 사업시행자에게 수의계약(隨意契約)으로 매각・양도할 수 있다는 것이다.
200) 대통령령의 규정에 의하여 관할 지방자치단체의 장에게 위탁

조 제1항).

6.2.11.2 위탁수수료 등

토지매수업무, 손실보상업무 및 이주대책사업 등을 위탁[201]하는 경우의 위탁수수료 등에 관하여는 「공익사업을 위한 토지 등의 취득 및 보상에 관한 법률」에서 정하는 바에 따른다(항공법 제100조 제2항).

6.2.11.3 손실보상

손실보상[202]을 하는 경우, 국토교통부장관이 한 처분이나 제한으로 인한 손실은 국가가 보상하여야 하고, 국토교통부장관 이외의 자의 사업시행으로 인한 손실은 그 사업시행자가 보상하거나, 그 손실을 방지하기 위한 시설을 하여야 한다(항공법 제100조 제3항).

6.2.12 부대공사의 시행

6.2.12.1 사업시행자의 공항개발사업의 시행에 따른 부대공사

사업시행자는 공항개발사업을 시행할 때 그 공항개발사업과 직접 관련되는 부대공사를 공항개발사업으로 보고, 공항개발사업과 함께 시행할 수 있다(항공법 제101조 제1항).

6.2.12.2 부대공사의 범위

부대공사[203]의 범위는 대통령령으로 정한다(항공법 제101조 제2항).

6.2.13 공항개발사업의 대행

국토교통부장관은 공항개발사업을 효율적으로 수행하기 위하여 필요한 경우에는, 사업시행자와 협의하여 허가한 공항개발사업[204]을 그 사업시행자의 비용부담으로 대행하게 할 수 있다(항공법 제102조).

---

201) 「항공법」 제100조 제1항에 의한 토지매수업무, 손실보상업무 및 이주대책사업 등의 위탁
202) 「항공법」 제100조 제2항에 의한 손실보상
203) 「항공법」 제101조 제1항에 의한 부대공사
204) 「항공법」 제94조 제2항에 의하여 사업시행자와 협의하여 허가한 공항개발사업

6.2.14 파손자 부담금

6.2.14.1 국토교통부장관의 공항시설파손자에 대한 비용부담

국토교통부장관은 그가 관리하는 공항시설을 파손할 공사 또는 행위를 하는 자가 있는 경우에는, 그로 인하여 필요하게 된 공항시설의 보수 또는 유지에 필요한 비용이나, 파손의 예방을 위하여 필요한 비용의 전부 또는 일부를 그 공사자 또는 행위자로 하여금 부담하게 할 수 있다(항공법 제103조 제1항).

6.2.14.2 부담금의 부과액 및 징수

부담금[205]의 부과액 및 징수에 관하여 필요한 사항은 국토교통부령으로 정한다(항공법 제103조 제2항).

6.2.15 준공확인

6.2.15.1 사업시행자의 공사에 따른 준공확인

사업시행자[206]가 공사를 끝낸 경우에는, 지체 없이 국토교통부장관에게 공사준공 보고서를 제출하고 준공확인을 받아야 한다. 다만, 특별시장・광역시장 또는 시장・군수・구청장의 사용승인을 받은 건축물[207]에 대하여는 준공확인을 받은 것으로 본다(항공법 제104조 제1항).

6.2.15.2 사업시행자가 건축물의 사용승인을 받은 경우의 보고

사업시행자[208]는 제1항 단서에 따른 건축물의 사용승인[209]을 받은 경우에는, 국토교통부장관에게 그 사실을 보고하여야 한다(항공법 제104조 제2항).

6.2.15.3 국토교통부장관의 준공확인증명서의 발급

국토교통부장관은 준공확인[210] 신청을 받으면 준공확인을 한 후, 그 공사가 허가의

205) 「항공법」 제103조 제1항에 따른 부담금
206) 「항공법」 제94조 제2항에 따른 사업시행자
207) 「건축법」 제22조에 따라 특별시장・광역시장 또는 시장・군수・구청장으로부터 사용승인을 받은 건축물
208) 「항공법」 제94조 제2항에 따른 사업시행자
209) 「항공법」 제104조 제1항 단서에 따른 건축물의 사용승인
210) 「항공법」 제104조 제1항에 따른 준공확인

내용대로 시행되었다고 인정되는 경우에는, 그 신청인에게 준공확인증명서를 발급하여야 한다(항공법 제104조 제3항).

6.2.15.4 준공확인 및 준공인가

준공확인증명서[211]를 발급한 경우에는, 승인・허가・면허 등[212]에 따른 해당 사업의 준공확인 또는 준공인가 등을 받은 것으로 본다(항공법 제104조 제4항).

6.2.15.5 준공확인증명서의 발급 전 토지 및 공항시설의 사용금지

준공확인증명서[213]를 발급받기 전에는 공항개발사업으로 조성되거나, 설치된 토지 및 공항시설을 사용하여서는 아니 된다. 다만, 국토교통부장관으로부터 준공확인 전에 사용의 허가를 받은 경우에는, 공항개발사업으로 조성되거나 설치된 토지 및 공항시설을 사용할 수 있다(항공법 제104조 제5항).

6.2.16 공항시설의 귀속 및 사용료의 면제

6.2.16.1 공항개발사업투자자의 국토교통부장관으로부터의 허가

국토교통부장관이 시행하는 공항개발사업[214]에 투자하려는 자는 국토교통부장관의 허가를 받아야 한다. 이 경우, 국토교통부장관은 그 공항개발사업과 관련된 토지 및 공항시설(대통령령으로 정하는 공항시설은 제외)을 국가에 귀속시킬 것을 조건으로 허가할 수 있다(항공법 제105조 제1항).

6.2.16.2 조건의 유무에 의한 토지 및 공항시설의 귀속

조건[215]이 붙은 허가를 받아 조성되거나, 설치된 토지 및 공항시설은 해당 공사의 준공과 동시에 국가에 귀속된다. 다만, 조건이 붙지 아니한 허가를 받은 경우에는, 그 토지 및 공항시설은 해당 사업시행자의 소유로 한다(항공법 제105조 제2항).

---

211) 「항공법」 제104조 제3항에 따른 준공확인증명서
212) 「항공법」 제96조 제1항 각 호의 승인・허가・면허 등
213) 「항공법」 제104조 제3항에 따른 준공확인증명서
214) 「항공법」 제94조 제1항에 의하여 국토교통부장관이 시행하는 공항개발사업
215) 「항공법」 제105조 제1항 후단 및 제94조 제4항에 따른 조건

6.2.16.3 국가 귀속시설의 투자자 및 사업시행자의 공항시설에 대한 사용 · 수익

국토교통부장관은 국가에 귀속된 시설[216]의 투자자 및 사업시행자에게는 그 공항시설 및 국토교통부장관이 관리하는 다른 공항시설을 그가 투자한 총사업비의 범위에서 무상[217]으로 사용 · 수익하게 할 수 있다(항공법 제105조 제3항).

6.2.16.4 총사업비의 산정방법과 사용 및 수익의 기간

총사업비[218]의 산정방법과 무상으로 사용 · 수익할 수 있는 기간은 대통령령으로 정한다(항공법 제105조 제4항).

6.2.17 공항시설관리권

6.2.17.1 국토교통부장관의 공항시설 사용 및 이용자에 대한 공항시설관리권

국토교통부장관은 공항시설을 유지 · 관리하고, 그 공항시설을 사용하거나 이용하는 자로부터 사용료를 징수할 수 있는 권리(이하에서는 "공항시설관리권"이라고 한다)를 설정할 수 있다(항공법 제105조의 2 제1항).

6.2.17.2 공항시설관리권을 설정받은 자의 등록

공항시설관리권을 설정[219]받은 자는 국토교통부장관에게 등록[220]하여야 한다. 등록한 사항을 변경할 때에도 국토교통부장관에게 등록하여야 한다(항공법 제105조의 2 제2항).

6.2.18 공항시설관리권의 성질

공항시설관리권은 물권(物權)으로 보며, 「항공법」에 특별한 규정이 없으면 「민법」 중 부동산에 관한 규정을 준용한다(항공법 제105조의 3).

---

216) 「항공법」 제105조 제2항에 따라 국가에 귀속된 시설.
217) 대통령령에 의한 무상.
218) 「항공법」 제105조 제3항에 따른 총사업비.
219) 「항공법」 제105조의 2 제1항에 의한 공항시설관리권의 설정.
220) 대통령령으로 정하는 바에 따라 국토교통부장관에게 등록.

6.2.19 저당권 설정의 특례

6.2.19.1 저당권이 설정된 공항시설관리권의 처분

저당권이 설정된 공항시설관리권은 그 저당권자의 동의가 없으면 처분할 수 없다(항공법 제105조의 4 제1항).

6.2.19.2 중요 공항시설에 설정된 공항시설관리권에 대한 저당권의 설정

공항시설관리권이 설정[221]된 공항시설 중 활주로 등 중요 공항시설[222]에 설정된 공항시설관리권에 대하여는 저당권을 설정할 수 없다(항공법 제105조의 4 제2항).

6.2.20 권리의 변동

6.2.20.1 공항시설관리권 등에 대한 권리변동의 효력발생

공항시설관리권 또는 공항시설관리권을 목적으로 하는 저당권의 설정·변경·소멸 또는 처분의 제한은 국토교통부에 갖추어 두는 공항시설관리권 등록부에 공항시설관리권 또는 저당권의 설정·변경·소멸 또는 처분의 제한 사실을 등록함으로써 그 효력이 발생한다(항공법 제105조의 5 제1항).

6.2.20.2 공항시설관리권 등의 등록에 필요한 사항

공항시설관리권 등의 등록[223]에 필요한 사항은 대통령령으로 정한다(항공법 제105조의 5 제2항).

6.2.21 공항시설 관리대장

6.2.21.1 공항시설관리자의 공항시설 관리대장의 작성 및 비치

공항시설을 관리하는 자는 그가 관리하는 공항시설의 관리대장을 작성·비치하여야 한다(항공법 제106조 제1항).

---

221) 「항공법」 제105조의 2에 의한 공항시설관리권의 설정.
222) 대통령령에 의한 중요 공항시설.
223) 「항공법」 제105조의 5 제1항에 따른 공항시설관리권 등의 등록.

6.2.21.2 공항시설관리대장의 작성 · 비치 및 기록 등에 관한 사항

공항시설관리대장의 작성·비치 및 기록 사항 등에 관하여 필요한 사항은 국토교통부령으로 정한다(항공법 제106조 제2항).

6.2.22 공항시설에서의 금지행위

6.2.22.1 공항시설관리자의 승인 없는 공항시설에서의 금지행위

누구든지 공항시설을 관리하는 자의 승인 없이 공항시설에서 다음에 해당하는 행위를 하여서는 아니 된다(항공법 제106조의 2 제1항).

1. 영업행위
2. 공항시설을 무단으로 점유하는 행위
3. 상품 및 서비스의 구매를 강요하거나 영업을 목적으로 손님을 부르는 행위
4. 그 밖의 행위[224]로서 공항이용객의 공항시설 이용이나 공항시설의 운영에 현저하게 지장을 주는 행위로 인정되어 대통령령으로 정하는 행위

6.2.22.2 공항시설관리자의 권한

공항시설을 관리하는 자는 공항시설에서의 금지행위[225]를 제지(制止)하거나, 퇴거(退去)를 명할 수 있다(항공법 제106조의 2 제2항).

6.2.23 공항시설사용료

6.2.23.1 공항운영자의 공항시설사용 및 이용자에 대한 사용료의 징수

공항운영자는 그가 운영하는 공항의 공항시설을 사용하거나 이용하는 자로부터 사용료를 징수할 수 있다(항공법 제107조 제1항).

6.2.23.2 사용료를 징수하려는 공항운영자의 사용료에 대한 신고

사용료를 징수하려는 공항운영자[226]는 그 사용료를 정하여 국토교통부장관에게 신고하여야 한다. 사용료를 변경하려는 경우에도, 국토교통부장관에게 신고하여야 한다. 다

224) 「항공법」 제106조의 2 제1항 제1호 내지 제3호에 준하는 행위
225) 「항공법」 제106조의 2 제1항을 위반하는 자의 행위
226) 「항공법」 제107조 제1항에 따라 사용료를 징수하려는 공항운영자

만, 공공기관[227] 이외의 공항운영자가 공항시설사용료를 정하거나 변경하려는 경우, 국토교통부장관의 승인을 받아야 한다(항공법 제107조 제2항).

6.2.24 저소음운항절차 등

6.2.24.1 소음대책지역공항을 이용하는 항공기의 저소음운항절차에 따른 운항

소음대책지역[228]의 공항에서 이륙·착륙하는 항공기는 항공기 소음을 줄이기 위하여 국토교통부장관이 정하여 고시하는 운항절차(이하에서는 "저소음운항절차"라고 한다)에 따라 운항하여야 한다(항공법 제108조의 2 제1항).

6.2.24.2 국토교통부장관의 소음피해발생우려가 있는 항공기에 대한 운항의 제한

국토교통부장관은 항공기가 국제민간항공기구에서 정하는 기준 이상의 소음을 발생시켜 소음피해를 일으킬 우려가 있다고 판단되는 경우에는, 그 항공기의 운항을 제한할 수 있다(항공법 제108조의 2 제2항).

6.2.25 감독

6.2.25.1 국토교통부장관의 공항개발사업의 시행 및 공항시설관리 시의 처분

국토교통부장관은 공항개발사업을 시행하거나, 공항시설을 관리할 때, 다음에 해당하는 경우에는, 그 사업의 시행 및 관리에 관한 허가·승인 또는 지정을 취소하거나, 그 효력의 정지, 공사의 중지, 공작물 또는 물건의 개축·변경·이전·제거 또는 원상회복 등의 필요한 처분을 할 수 있다. 다만, 다음의 1.-4.에 해당하는 경우[229]에는, 그 사업의 시행 및 관리에 관한 허가 또는 승인을 취소하여야 한다(항공법 제110조 제1항).

1. 속임수나 그 밖의 부정한 방법으로 허가를 받은 경우
2. 국토교통부장관 이외의 사업시행자가 승인을 받지 아니하고, 실시계획을 수립하거나, 승인받은 사항을 변경한 경우[230]
3. 승인 또는 변경승인을 받은 실시계획[231]을 위반한 경우

---

227) 「공공기관의 운영에 관한 법률」 제4조에 따른 공공기관

228) 「공항소음 방지 및 소음대책지역 지원에 관한 법률」에 따른 소음대책지역

229) 「항공법」 제110조 제1항 제1호 내지 제4호에 해당하는 경우

230) 「항공법」 제95조 제3항을 위반하여 국토교통부장관 이외의 사업시행자가 승인을 받지 아니하고 실시계획을 수립하거나, 승인받은 사항을 변경한 경우

4. 사정 변경으로 공항개발사업을 계속 시행하는 것이 불가능하다고 인정되는 경우
5. 공항개발사업으로 조성되거나 설치된 토지 및 공항시설을 사용하는 경우[232)]

6.2.25.2 처분의 세부기준 및 절차 등에 관한 사항

처분[233)]의 세부기준 및 절차와 그 밖에 필요한 사항은 국토교통부령으로 정한다(항공법 제110조 제2항).

6.2.26 준용규정

6.2.26.1 비행장설치자를 공항시설관리권을 설정받은 자로 보는 경우

국토교통부장관이 설치·관리하는 공항(제105조의 2에 따라 국토교통부장관에게서 공항시설관리권을 설정받은 자가 관리하는 공항을 포함)에 관하여는 비행장 및 항행안전시설의 설치기준 등 그 설치에 필요한 사항을 대통령으로 정하도록 한 규정인「항공법」제75조 제3항, 국토교통부장관은 비행장 또는 항행안전시설을 설치하거나 그 설치를 허가하려는 경우에 고시 등을 하도록 한 규정인 동 법 제76조,[234)] 국토교통부장관은 비행장 또는 항행안전시설의 완성검사를 한 경우, 그 비행장 또는 항행안전시설의 명칭, 종류, 위치 및 사용 개시 예정일 등을 지정 및 고시하도록 한 규정인 동 법 제77조 제2항, 비행장 및 항행안전시설의 관리에 관한 규정인 동 법 제80조,[235)] 장애물의 제한 등

---

231)「항공법」제95조 제3항에 따른 승인 또는 변경승인을 받은 실시계획

232)「항공법」제104조 제5항을 위반하여 공항개발사업으로 조성되거나 설치된 토지 및 공항시설을 사용하는 경우

233)「항공법」제110조 제1항에 따른 처분

234)「항공법」제76조(고시 등)

① 국토교통부장관은 제75조에 따라 비행장 또는 항행안전시설을 설치하거나 그 설치를 허가하려는 경우에는 그 비행장 또는 항행안전시설의 명칭, 위치, 착륙대(着陸帶), 장애물 제한표면, 사용 개시 예정일과 그 밖에 국토교통부령으로 정하는 사항을 고시하여야 한다.

② 국토교통부장관은 제1항에 따라 고시한 사항을 해당 비행장 및 항행안전시설의 설치예정지역에서 일반인이 잘 볼 수 있는 곳에 일정 기간 이상 공고하여야 한다.

235)「항공법」제80조(비행장 및 항행안전시설의 관리)

① 국토교통부장관이나 비행장 또는 항행안전시설을 관리하는 자는 국토교통부령으로 정하는 시설의 관리기준(이하에서는 "시설관리기준"이라고 한다)에 따라, 그 시설을 관리하여야 한다.

② 국토교통부장관은 대통령령으로 정하는 바에 따라, 비행장 또는 항행안전시설이 시설관리기준에 적합하게 관리되는지를 확인하기 위하여 필요한 검사를 하여야 한다.

③ 항행안전시설설치자 또는 항행안전시설을 관리하는 자는 국토교통부장관이 항행안전시설의 성능을 분석할 수 있는 장비를 탑재한 항공기를 이용하여 실시하는 항행안전시설의 성능 등에 관한 검사(이하에서는 "비행검사"라고 한다)를 받아야 한다.

·항공장애 표시등의 설치 등·유사등화의 제한·비행장의 중요한 시설 또는 항행안전시설을 파손하거나 기능을 해칠 우려가 있는 행위의 금지 규정인 동 법 제82조 내지 제85조 및 명령에의 위임에 관한 규정인 동 법 제88조[236]를 준용한다. 이 경우, 동 법 제82조 및 제83조 중 "비행장설치자"는 "국토교통부장관 또는 공항시설관리권을 설정받은 자"로 본다(항공법 제111조 제1항).

6.2.26.2 국토교통부장관 이외의 자가 설치·관리하는 공항에 대한 준용

국토교통부장관 이외의 자가 설치·관리하는 공항에 관하여는, 비행장 및 항행안전시설의 설치기준 등 그 설치에 필요한 사항을 대통령으로 정하도록 한 규정인 「항공법」 제75조 제3항, 국토교통부장관은 비행장 또는 항행안전시설을 설치하거나 그 설치를 허가하려는 경우에 고시 등을 하도록 한 규정인 동 법 제76조,[237] 국토교통부장관은 비행장 또는 항행안전시설의 완성검사를 한 경우, 그 비행장 또는 항행안전시설의 명칭, 종류, 위치 및 사용 개시 예정일 등을 지정 및 고시하도록 한 규정인 동 법 제77조 제2항, 비행장 및 항행안전시설의 변경에 관한 규정인 동 법 제78조·비행장 및 항행안전시설 사용의 휴지와 폐지 및 재개에 관한 규정인 동 법 제79조·비행장 및 항행안전시설의 관리에 관한 규정인 동 법 제80조, 항행안전시설의 성능적합증명에 관한 규정인 동 법 제80조의 2, 항공통신업무 등에 관한 규정인 동 법 제80조의 3, 허가의 취소·장애물의 제한 등·항공장애 표시등의 설치 등·유사등화의 제한·비행장의 중요한 시설 또는 항행안전시설을 파손하거나 기능을 해칠 우려가 있는 행위의 금지 규정인 동 법 제81조 내지 제85조, 비행장설치자 등의 지위승계에 관한 규정인 동 법 제87조, 명령에의 위임 규정인 동 법 제88조를 준용한다(항공법 제111조 제2항).

---

④ 비행검사의 종류, 대상시설, 절차 및 방법 등에 관하여 필요한 사항은, 국토교통부장관이 정하여 고시한다.

236) 「항공법」 제88조(명령에의 위임)

① 제75조 내지 제80조, 제80조의 2, 제80조의 3 및 제81조 내지 제87조의 규정 이외에 비행장 및 항행안전시설의 설치 또는 완성검사 등에 필요한 사항은 대통령령으로 정한다.

② 비행장 또는 항행안전시설의 관리·운용 및 사용 등에 필요한 사항은 국토교통부령으로 정한다.

237) 「항공법」 제76조(고시 등)

① 국토교통부장관은 제75조에 따라 비행장 또는 항행안전시설을 설치하거나 그 설치를 허가하려는 경우에는 그 비행장 또는 항행안전시설의 명칭, 위치, 착륙대(着陸帶), 장애물 제한표면, 사용 개시 예정일과 그 밖에 국토교통부령으로 정하는 사항을 고시하여야 한다.

② 국토교통부장관은 제1항에 따라 고시한 사항을 해당 비행장 및 항행안전시설의 설치예정지역에서 일반인이 잘 볼 수 있는 곳에 일정 기간 이상 공고하여야 한다.

6.3 공항운영증명

6.3.1 공항운영증명 등

6.3.1.1 공항운영자의 공항운영증명

국제항공노선이 있는 공항 등 대통령령으로 정하는 공항을 운영하려는 공항운영자는, 국토교통부장관으로부터 공항을 안전하게 운영할 수 있는 체계를 갖추고 있다는 증명[238] (이하에서는 "공항운영증명"이라고 한다)을 받아야 한다(항공법 제111조의 2 제1항).

6.3.1.2 국토교통부장관의 공항안전운영기준의 고시

국토교통부장관은 공항의 안전운영체계를 위하여 필요한 인력, 시설, 장비 및 운영절차 등에 관한 기술기준(이하에서는 "공항안전운영기준"이라고 한다)을 정하여 고시하여야 한다(항공법 제111조의 2 제2항).

6.3.2 공항운영규정

6.3.2.1 공항운영증명을 받으려는 공항운영자의 공항운영규정 수립 후의 인가

공항운영증명을 받으려는 공항운영자[239]는 공항안전운영기준에 따라 그가 운영하려는 공항의 운영규정(이하에서는 "공항운영규정"이라고 한다)을 수립하여 국토교통부장관의 인가를 받아야 하며, 이를 변경하려는 경우에도 국토교통부장관으로부터 인가를 받아야 한다. 다만, 공항운영자의 자체적인 세부 운영규정 등 경미한 사항[240]을 변경하려는 경우에는, 국토교통부장관에게 신고하여야 한다(항공법 제111조의 3 제1항).

6.3.2.2 공항운영증명을 받은 공항운영자의 공항운영규정의 변경

공항운영증명을 받은 공항운영자는 공항안전운영기준이 변경되거나, 국토교통부장관이 공항의 안전 또는 위험 방지를 위하여 변경을 명하는 경우에는, 공항운영규정을 변경[241]하여야 한다(항공법 제111조의 3 제2항).

---

238) 국토교통부령으로 정하는 바에 따라, 국토교통부장관으로부터 공항을 안전하게 운영할 수 있는 체계를 갖추고 있다는 증명

239) 「항공법」 제111조의 2 제1항에 따라 공항운영증명을 받으려는 공항운영자

240) 국토교통부령으로 정하는 경미한 사항

241) 국토교통부령이 정하는 바에 따른 공항운영규정의 변경

6.3.3 공항운영의 검사 등

6.3.3.1 공항운영증명을 받은 공항운영자의 공항안전운영체계에 대한 검사

공항운영증명을 받은 공항운영자는 공항안전운영기준 및 공항운영규정에 따라 공항의 안전운영체계를 지속적으로 유지하여야 하며, 국토교통부장관은 이에 대한 준수 여부를 정기 또는 수시로 검사하여야 한다(항공법 제111조의 4 제1항).

6.3.3.2 국토교통부장관의 공항운영자에 대한 시정조치

국토교통부장관은 검사 결과[242] 공항운영자가 공항안전운영기준 또는 공항운영규정을 위반하여 공항을 운영한 경우에는, 시정조치[243]를 명할 수 있다(항공법 제111조의 4 제2항).

6.3.4 공항운영증명 취소 등

6.3.4.1 국토교통부장관의 공항운영자에 대한 공항운영증명의 취소 및 공항운영의 정지

국토교통부장관은 공항운영증명을 받은 공항운영자가 다음에 해당하면 공항운영증명을 취소하거나, 6개월 이내의 기간을 정하여 공항운영의 정지를 명할 수 있다. 다만, 거짓이나 그 밖의 부정한 방법으로 공항운영증명을 받은 경우[244]에는, 공항운영증명을 취소하여야 한다(항공법 제111조의 5 제1항).

1. 거짓이나 그 밖의 부정한 방법으로 공항운영증명을 받은 경우
2. 「항공법」제49조(항공안전프로그램 등) 제2항을 위반하여, 다음에 해당하는 경우
   가. 사업을 시작하기 전까지 항공안전관리시스템을 마련하지 아니한 경우
   나. 승인을 받지 아니하고, 항공안전관리시스템을 운용한 경우
   다. 항공안전관리시스템을 승인받은 내용과 다르게 운용한 경우
   라. 승인을 받지 아니하고, 국토교통부령으로 정하는 중요 사항을 변경한 경우
3. 「항공법」 제111조의 4(공항운영의 검사 등) 제2항에 따른 시정조치[245]를 이행하지 아니한 경우

---

242) 「항공법」 제111조의 4 제1항에 따른 검사 결과
243) 국토교통부령에 의한 시정조치
244) 「항공법」 제111조의 5 제1항 제1호의 경우
245) 국토교통부장관이 공항안전운영기준 또는 공항운영규정을 위반하여 공항을 운영한 공항운영자에게 시정하도록 명한 조치

4. 천재지변 등 정당한 사유 없이 공항안전운영기준을 위반하여 공항안전에 위험을 초래한 경우
5. 고의 또는 중대한 과실로 항공기사고가 발생하거나 공항종사자를 관리・감독하는 상당한 주의의무를 게을리함으로써 항공기사고가 발생한 경우

6.3.4.2 처분의 기준 · 절차 등에 관한 사항

처분[246]의 기준・절차 등에 관하여 필요한 사항은 국토교통부령으로 정한다(항공법 제111조의 5 제2항).

6.3.5 과징금의 부과

6.3.5.1 국토교통부장관의 공항운영증명을 받은 자에 대한 과징금의 부과

국토교통부장관은 공항운영증명을 받은 자가 「항공법」 제111조의 5 제1항 제2호 내지 제5호 중 어느 하나에 해당하여 공항운영 정지를 명하여야 하나, 그 공항운영을 정지하면, 공항 이용자 등에게 심한 불편을 주거나, 공익을 해칠 우려가 있는 경우에는, 공항운영의 정지처분을 갈음하여 10억원 이하의 과징금을 부과할 수 있다(항공법 제111조의 6 제1항).

6.3.5.2 과징금에 관한 사항

과징금[247]을 부과하는 위반행위의 종류와 위반 정도 등에 따른 과징금의 금액과 그 밖에 필요한 사항은 대통령령으로 정한다(항공법 제111조의 6 제2항).

6.3.5.3 국토교통부장관의 과징금 납부대상자에 대한 과징금의 징수

국토교통부장관은 과징금[248]을 내야 할 자가 납부기한까지 과징금을 내지 아니하면, 국세 체납처분의 예[249]에 따라 징수한다(항공법 제111조의 6 제3항).

---

246) 「항공법」 제111조의 5 제1항에 따른 처분
247) 「항공법」 제111조의 6 제1항에 따른 과징금
248) 「항공법」 제111조의 6 제1항에 따른 과징금
249) 대통령령에 의한 국세 체납처분의 예

7. 항공운송사업 등

7.1 국내항공운송사업 및 국제항공운송사업

7.1.1 국내 · 외항공운송사업을 경영하려는 자의 면허취득

국내항공운송사업 또는 국제항공운송사업을 경영하려는 자는 국토교통부장관의 면허를 받아야 한다. 다만, 국제항공운송사업의 면허를 받은 경우에는, 국내항공운송사업의 면허를 받은 것으로 본다(항공법 제112조 제1항).

7.1.2 면허를 받고 노선별로 정기운항을 하려는 자에 대한 허가

면허[250]를 받은 자가 정기편 운항을 하려는 경우에는, 노선별로 국토교통부장관의 허가를 받아야 한다(항공법 제112조 제2항).

7.1.3 면허 또는 허가를 받으려는 자의 사업계획서 제출

면허[251] 또는 허가[252]를 받으려는 자는 신청서에 사업계획서를 첨부하여 국토교통부장관에게 제출하여야 한다(항공법 제112조 제3항).

7.1.4 면허 취득자의 부정기편 운항

면허[253]를 받은 자가 부정기편 운항을 하려는 경우에는, 국토교통부장관의 허가를 받아야 한다(항공법 제112조 제4항).

7.1.5 면허 또는 허가 취득자의 내용변경

면허[254]나 허가[255]를 받은 자는 그 면허 또는 허가의 내용을 변경하려면, 변경면허 또는 변경허가를 받아야 한다(항공법 제112조 제5항).

---

250) 「항공법」 제112조 제1항에 따른 면허
251) 「항공법」 제112조 제1항에 따른 면허
252) 「항공법」 제112조 제2항에 따른 허가
253) 「항공법」 제112조 제1항에 따른 면허
254) 「항공법」 제112조 제1항에 따른 면허
255) 「항공법」 제112조 제2항 또는 제4항에 따른 허가

7.1.6 면허 · 허가 · 변경면허 및 변경허가의 절차 등에 관한 사항

면허 · 허가 · 변경면허 및 변경허가[256]의 절차 등에 관한 사항은 국토교통부령으로 정한다(항공법 제112조 제6항).

7.2 항공운송사업자에 관한 안전도 정보의 공개

국토교통부장관은 국민의 항공기 이용 안전을 도모하기 위하여, 국토교통부령으로 정하는 바에 따라, 다음 사항이 포함된 항공운송사업자(외국인 국제항공운송사업자[257]를 포함)에 관한 안전도 정보를 공개하여야 한다(항공법 제112조의 2).

1. 국토교통부령으로 정하는 항공사고에 관한 정보
2. 항공운송사업자가 속한 국가에 대한 국제민간항공기구의 안전평가결과(국제민간항공기구에서 안전기준에 미달하여 항공사고의 위험도가 높은 것으로 공개한 국가에 해당)
3. 그 밖에 항공운송사업자의 안전과 관련하여 국토교통부령으로 정하는 사항

7.3 면허기준

7.3.1 국내 및 국제항공운송사업의 면허기준

국내항공운송사업 또는 국제항공운송사업의 면허기준은 다음과 같다(항공법 제113조 제1항).

1. 해당 사업의 시작으로 항공교통의 안전에 지장을 줄 염려가 없을 것
2. 사업계획서상의 운항계획이 이용자의 편의에 적합할 것
3. 해당 사업에 사용할 항공기의 대수(臺數), 항공기당 좌석 수 및 자본금 등이 국토교통부령으로 정하는 기준에 적합할 것

7.3.2 국내 및 국제항공운송사업자의 사업면허 취득 이후의 면허기준

국내항공운송사업자 또는 국제항공운송사업자는 사업면허를 취득한 후, 최초 운항 전

256) 「항공법」 제112조 제1항 내지 제5항에 따른 면허 · 허가 · 변경면허 및 변경허가
257) 「항공법」 제144조에 따른 외국인 국제항공운송사업자

까지 면허기준[258]을 충족하여야 한다(항공법 제113조 제2항).

7.4 면허의 결격사유 등

국토교통부장관은 다음에 해당하는 자에게는 국내항공운송사업 또는 국제항공운송사업의 면허를 하여서는 아니 된다(항공법 제114조).

1. 대한민국 국민이 아닌 사람ㆍ외국정부 또는 외국의 공공단체ㆍ외국의 법인 또는 단체와 이[259] 중에서 어느 하나에 해당하는 자가 주식이나 지분의 2분의 1 이상을 소유하거나 그 사업을 사실상 지배하는 법인 및 외국인이 법인등기부상의 대표자이거나 외국인이 법인등기부상의 임원 수의 2분의 1 이상을 차지하는 법인[260] 중 어느 하나에 해당하는 자
2. 금치산자, 한정치산자 또는 파산선고를 받고 복권되지 아니한 사람
3. 「항공법」을 위반하여, 금고 이상의 실형을 선고받고, 그 집행이 끝난 날 또는 집행을 받지 아니하기로 확정된 날부터 2년이 지나지 아니한 사람 또는 그 집행유예기간 중에 있는 사람
4. 국내항공운송사업, 국제항공운송사업, 소형항공운송사업 또는 항공기사용사업의 면허 또는 등록의 취소처분을 받은 후 2년이 지나지 아니한 자
5. 임원 중에 위 1. 내지 4. 중에서 어느 하나에 해당하는 사람이 있는 법인

7.5 운항 개시의 의무

7.5.1 국내 및 국제항공운송사업 면허취득자의 운항 및 예외

국내항공운송사업 또는 국제항공운송사업의 면허를 받은 자[261]는 면허신청서에 적은 날짜에 운항을 시작하여야 한다. 다만, 천재지변이나 그 밖의 불가피한 사유로 국토교통부장관의 승인을 받아 운항 개시날짜를 연기하는 경우에는, 면허신청서에 적은 날짜에 운항하지 않아도 된다(항공법 제115조 제1항).

258) 「항공법」 제113조 제1항에 따른 면허기준
259) 「항공법」 제6조 제1항 제1호 내지 제3호
260) 「항공법」 제6조 제1항 제1호 내지 제5호
261) 「항공법」 제112조 제1항에 따라 국내항공운송사업 또는 국제항공운송사업의 면허를 받은 자

7.5.2 국내 및 국제항공운송사업자의 정기편 노선의 운항 및 예외

국내항공운송사업자 또는 국제항공운송사업자가 정기편 노선의 허가[262]를 받은 경우에는, 노선허가 신청서에 적은 날짜에 운항을 시작하여야 한다. 다만, 천재지변이나 그 밖의 불가피한 사유로 국토교통부장관의 승인을 받아 운항 개시날짜를 연기하는 경우에는, 노선 허가 신청서에 적은 날짜에 운항하지 않아도 된다(항공법 제115조 제2항).

7.6 항공운송사업의 운항증명

7.6.1 국내 및 국제항공운송사업자의 운항증명발급 후의 운항

국내항공운송사업자 또는 국제항공운송사업자는 국토교통부령으로 정하는 기준에 따라, 인력 · 장비 · 시설 · 운항관리지원 및 정비관리지원 등 안전운항체계에 대하여 국토교통부장관의 검사를 받아 운항증명을 받은 후 운항을 시작하여야 한다(항공법 제115조의 2 제1항).

7.6.2 국토교통부장관의 운영기준에 따른 운항증명의 발급

국토교통부장관은 운항증명[263]을 하는 경우에는, 운항하려는 항로 · 공항 및 항공기 정비방법 등에 관하여, 운항조건과 제한 사항[264]이 명시된 운영기준을 정하여 함께 발급하여야 한다(항공법 제115조의 2 제2항).

7.6.3 국토교통부장관의 운영기준의 변경

국토교통부장관은 항공기 안전운항을 확보하기 위하여 필요하다고 판단되면, 직권으로 또는 국내항공운송사업자 또는 국제항공운송사업자의 신청을 받아 운영기준[265]을 변경할 수 있다(항공법 제115조의 2 제3항).

---

262) 「항공법」 제112조 제2항에 따른 정기편 노선의 허가
263) 「항공법」 제115조의 2 제1항에 따른 운항증명
264) 국토교통부령으로 정하는 운항조건과 제한 사항
265) 「항공법」 제115조의 2 제2항에 따른 운영기준

7.6.4 국내 및 국제항공운송사업자 또는 항공종사자의 운영기준 준수

국내항공운송사업자, 국제항공운송사업자 또는 항공종사자는 운영기준[266]을 준수하여야 한다(항공법 제115조의 2 제4항).

7.6.5 국내 및 국제항공운송사업자의 안전운항체계 유지와 변경 시의 검사

운항증명[267]을 받은 국내항공운송사업자 또는 국제항공운송사업자는 최초로 운항증명을 받았을 때의 안전운항체계를 계속적으로 유지하여야 하며, 새로운 노선의 개설 등으로 안전운항체계가 변경된 경우에는, 국토교통부장관으로부터 검사를 받아야 한다(항공법 제115조의 2 제5항).

7.6.6 국토교통부장관의 안전운항체계의 유지여부에 대한 정기 또는 수시 검사

국토교통부장관은 항공기 안전운항을 확보하기 위하여 운항증명[268]을 받은 국내항공운송사업자 또는 국제항공운송사업자가 안전운항체계를 계속적으로 유지하고 있는지 여부를 정기 또는 수시로 검사하여야 한다(항공법 제115조의 2 제6항).

7.6.7 국토교통부장관의 항공기 운항정지 및 항공종사자의 업무정지

국토교통부장관은 정기검사 또는 수시검사[269]를 하는 중에 긴급히 조치하지 아니할 경우 항공기의 안전운항에 중대한 위험을 초래할 수 있는 사항이 발견되었을 때에는, 항공기의 운항을 정지하게 하거나 항공종사자의 업무를 정지[270]하게 할 수 있다(항공법 제115조의 2 제7항).

7.6.8 국토교통부장관의 정지처분의 취소 및 변경

국토교통부장관은 정지처분[271]의 사유가 없어진 경우에는, 지체 없이 그 처분을 취소하거나 변경하여야 한다(항공법 제115조의 2 제8항).

266) 「항공법」 제115조의 2 제2항에 따른 운영기준
267) 「항공법」 제115조의 2 제1항에 따른 운항증명
268) 「항공법」 제115조의 2 제1항에 따른 운항증명
269) 「항공법」 제115조의 2 제6항에 따른 정기검사 또는 수시검사
270) 국토교통부령에 따른 항공기의 운항정지 또는 항공종사자의 업무정지
271) 「항공법」 제115조의 2 제7항에 따른 정지처분

7.7 항공운송사업 운항증명의 취소 등

7.7.1 국토교통부장관의 운항증명취소 및 항공기의 운항정지

국토교통부장관은 운항증명을 받은 항공운송사업자[272]가 다음에 해당하면 운항증명을 취소하거나, 6개월 이내의 기간을 정하여 항공기 운항의 정지를 명할 수 있다. 다만, 다음의 1.·37.·46. 중 어느 하나에 해당하는 경우에는, 운항증명을 취소하여야 한다(항공법 제115조의 3 제1항).

1. 거짓이나 그 밖의 부정한 방법으로 운항증명을 받은 경우
2. 감항증명을 받지 아니한 항공기[273]를 항공에 사용한 경우
3. 항공기의 감항성 유지를 위한 항공기 등·장비품 또는 부품에 대한 정비 등에 관한 감항성개선지시 또는 그 밖에 검사, 정비 등 명령[274]을 이행하지 아니하고 이를 항공에 사용한 경우
4. 소음기준적합증명을 받지 아니하거나, 소음기준적합증명의 기준에 적합하지 아니한 항공기[275]를 운항한 경우
5. 기술기준이 변경되어 형식증명을 받은 항공기가 변경된 기술기준에 적합하지 아니하게 되었는데도 불구하고 감항성에 관한 승인을 받지 아니하고 항공기[276]를 항공에 사용한 경우
6. 수리·개조승인을 받지 아니한 항공기[277] 등을 운항하거나, 장비품·부품을 항공기 등에 사용한 경우
7. 형식승인을 받지 아니한 기술표준품[278]을 항공기 등에 사용한 경우
8. 부품 등 제작자증명을 받지 아니한 장비품 또는 부품[279]을 항공기 등 또는 장비

---

272) 「항공법」 제115조의 2에 의하여 운항증명을 받은 항공운송사업자(항공법 제132조 제3항에서 준용하는 경우를 포함)
273) 「항공법」 제15조 제3항을 위반하여 감항증명을 받지 아니한 항공기
274) 「항공법」 제15조 제8항에 따른 항공기의 감항성 유지를 위한 항공기 등·장비품 또는 부품에 대한 정비 등에 관한 감항성개선지시 또는 그 밖에 검사, 정비 등 명령
275) 「항공법」 제16조 제2항을 위반하여 소음기준적합증명을 받지 아니하거나, 소음기준적합증명의 기준에 적합하지 아니한 항공기
276) 「항공법」 제18조를 위반하여 기술기준이 변경되어 형식증명을 받은 항공기가 변경된 기술기준에 적합하지 아니하게 되었는데도 불구하고 감항성에 관한 승인을 받지 않은 항공기
277) 「항공법」 제19조 제2항을 위반하여 수리·개조승인을 받지 아니한 항공기
278) 「항공법」 제20조 제3항을 위반하여 형식승인을 받지 아니한 기술표준품
279) 「항공법」 제20조의 2 제2항을 위반하여 부품 등 제작자증명을 받지 아니한 장비품 또는 부품

품에 사용한 경우

9. 정비 등을 한 항공기 등·장비품 또는 부품을 기술기준에 적합하다는 확인을 받지 아니하고[280] 운항하거나, 항공기 등에 사용한 경우
10. 국적·등록기호 및 소유자 등의 성명 또는 명칭을 표시하지 아니한 항공기[281]를 항공에 사용한 경우
11. 무선설비[282]를 설치하지 않거나, 설치한 무선설비가 운용되지 않는 항공기[283]를 항공에 사용한 경우
12. 항공기에 항공계기 등을 설치하거나 탑재하지 아니하고[284] 항공에 사용하거나, 그 운용방법 등을 따르지 아니한 경우
13. 항공기에 국토교통부령으로 정하는 양의 연료 및 오일을 싣지 아니하고 운항한 경우[285]
14. 항공기를 야간에 비행시키거나 비행장에 정류 또는 정박시키는 경우에 국토교통부령으로 정하는 바에 따라 등불로 항공기의 위치를 나타내지 아니한 경우[286]
15. 비행경험[287]이 없는 운항승무원에게 항공운송사업 또는 항공기사용사업에 사용되는 항공기를 항공에 사용하게 하거나 계기비행·야간비행 또는 조종교육의 업무에 종사하게 한 경우[288]
16. 승무원을 승무시간, 비행 근무시간 등의 기준[289]을 초과하여 종사하게 한 경우[290]

---

280) 「항공법」 제22조를 위반하여 정비 등을 한 항공기 등·장비품 또는 부품을 기술기준에 적합하다는 확인을 받지 않음
281) 「항공법」 제39조 제1항을 위반하여 국적·등록기호 및 소유자 등의 성명 또는 명칭을 표시하지 않은 항공기
282) 여기서의 무선설비라 함은 국토교통부령으로 정하는 것을 말한다.
283) 「항공법」 제40조를 위반하여 국토교통부령으로 정하는 무선설비를 설치하지 않거나, 설치한 무선설비가 운용되지 않는 항공기
284) 「항공법」 제41조를 위반하여 항공기에 항공계기 등을 설치 및 탑재하지 않음
285) 「항공법」 제43조를 위반하여 항공기에 국토교통부령으로 정하는 양의 연료 및 오일을 싣지 않고 운항한 경우
286) 「항공법」 제44조를 위반하여 항공기를 야간에 비행시키거나 비행장에 정류 또는 정박시키는 경우에 국토교통부령으로 정하는 바에 따라 등불로 항공기의 위치를 나타내지 아니한 경우
287) 국토교통부령으로 정하는 비행경험
288) 「항공법」 제45조를 위반하여 국토교통부령으로 정하는 비행경험이 없는 운항승무원에게 항공운송사업 또는 항공기사용사업에 사용되는 항공기를 항공에 사용하게 하거나 계기비행·야간비행 또는 조종교육의 업무에 종사하게 한 경우
289) 국토교통부령으로 정하는 승무시간 및 비행 근무시간 등의 기준
290) 「항공법」 제46조를 위반하여 승무원을 국토교통부령으로 정하는 승무시간 및 비행 근무시간 등의 기준을

17. 항공종사자 또는 객실승무원이 주류 등의 영향으로 항공업무 또는 객실승무원의 업무를 정상적으로 수행할 수 없는 상태[291]에서 항공업무 또는 객실승무원의 업무에 종사하게 한 경우
18. 항공신체검사증명기준[292]에 적합하지 아니한 운항승무원을 항공 업무에 종사하게 한 경우[293]
19. 다음에 해당하는 경우[294]
    가. 사업을 시작하기 전까지 항공안전관리시스템을 마련하지 아니한 경우
    나. 승인을 받지 아니하고 항공안전관리시스템을 운용한 경우
    다. 항공안전관리시스템을 승인받은 내용과 다르게 운용한 경우
    라. 승인을 받지 아니하고 국토교통부령으로 정하는 중요 사항을 변경한 경우
20. 항공기사고, 항공기 준사고 또는 항공안전장애가 발생한 경우에 그 사고 사실을 보고[295]하지 아니한 경우[296]
21. 자격인정 또는 심사[297]를 할 때 소속 조종사에 대하여 부당하게 자격인정 또는 심사를 하거나, 운항하려는 지역, 노선 및 공항에 대한 경험 요건을 갖추지 아니한 기장에게 운항업무를 하게 한 경우[298]
22. 운항관리사를 두지 아니한 경우[299]
23. 운항관리사가 해당 업무를 수행하는 데에 필요한 교육훈련[300]을 하지 아니하고 해당 업무에 종사하게 한 경우[301]

초과하여 종사하게 한 경우

291) 「항공법」 제47조 제1항을 위반하여 항공종사자 또는 객실승무원이 주류 등의 영향으로 항공업무 또는 객실승무원의 업무를 정상적으로 수행할 수 없는 상태

292) 「항공법」 제31조 제2항에서 규정하고 있는 항공신체검사증명기준

293) 「항공법」 제48조를 위반하여 동 법 제31조 제2항의 항공신체검사증명기준에 적합하지 아니한 운항승무원을 항공업무에 종사하게 한 경우

294) 「항공법」 제49조 제2항을 위반하여 다음에 해당하는 경우

295) 국토교통부령에 따른 사고 사실의 보고

296) 「항공법」 제50조 제5항 단서를 위반하여 항공기사고, 항공기 준사고 또는 항공안전장애가 발생한 경우에 국토교통부령으로 정하는 바에 따라 사고 사실을 보고하지 아니한 경우

297) 「항공법」 제51조 제4항에 따른 자격인정 또는 심사

298) 「항공법」 제51조 제7항을 위반하여 운항하려는 지역, 노선 및 공항에 대한 경험 요건을 갖추지 아니한 기장에게 운항업무를 하게 한 경우

299) 「항공법」 제52조 제1항을 위반하여 운항관리사를 두지 아니한 경우

300) 국토교통부령에 따른 운항관리사가 해당 업무를 수행하는 데에 필요한 교육훈련

301) 「항공법」 제52조 제3항을 위반하여 국토교통부령에 따른 운항관리사가 해당 업무를 수행하는 데에 필요한 교육훈련을 하지 아니하고 해당 업무에 종사하게 한 경우

24. 항공기를 이착륙 장소가 아닌 곳에서 이륙하거나 착륙하게 한 경우[302)]
25. 비행 중 금지행위 등을 하게 한 경우[303)]
26. 허가를 받지 아니하고 항공기를 이용하여 위험물을 운송한 경우[304)]
27. 위험물취급의 절차 및 방법[305)]에 따르지 아니하고 위험물을 취급한 경우[306)]
28. 위험물취급에 관한 교육을 받지 아니한 자에게 위험물취급을 하게 한 경우[307)]
29. 승인을 받지 아니하고 쌍발비행기를 운항한 경우[308)]
30. 승인을 받지 아니하고 수직분리축소공역 또는 성능기반항행요구공역 등 공역[309)]에서 항공기를 운항한 경우[310)]
31. 항행의 안전에 필요한 승무원[311)]을 태우지 아니하고 항공기를 항공에 사용한 경우[312)]
32. 항공기에 태우는 승무원에 대하여 해당 업무를 수행하는 데에 필요한 교육훈련을 하지 아니한 경우[313)]
33. 운항기술기준[314)]을 지키지 아니하고 비행하거나 업무를 한 경우[315)]
34. 운항증명을 받지 아니하고 운항을 시작한 경우[316)]
35. 운영기준을 지키지 아니한 경우[317)]

---

302) 「항공법」 제53조를 위반하여 이착륙 장소가 아닌 곳에서 항공기를 이륙하거나 착륙하게 한 경우
303) 「항공법」 제55조를 위반하여 비행 중 금지행위 등을 하게 한 경우
304) 「항공법」 제59조 제1항을 위반하여 허가를 받지 아니하고 항공기를 이용하여 위험물을 운송한 경우
305) 국토교통부장관이 고시하는 위험물취급의 절차 및 방법
306) 「항공법」 제59조 제2항을 위반하여 국토교통부장관이 고시하는 위험물취급의 절차 및 방법에 따르지 아니하고 위험물을 취급한 경우
307) 「항공법」 제61조 제1항을 위반하여 위험물취급에 관한 교육을 받지 아니한 자에게 위험물취급을 하게 한 경우
308) 「항공법」 제69조의 2를 위반하여 승인을 받지 아니하고 쌍발비행기를 운항한 경우
309) 국토교통부령으로 정하는 공역
310) 「항공법」 제69조의 3 제1항을 위반하여 승인을 받지 아니하고, 수직분리축소공역 또는 성능기반항행요구공역 등 국토교통부령으로 정하는 공역에서 항공기를 운항한 경우
311) 국토교통부령에 의한 항행의 안전에 필요한 승무원
312) 「항공법」 제74조 제1항을 위반하여 국토교통부령에 의한 항행의 안전에 필요한 승무원을 태우지 아니하고 항공기를 항공에 사용한 경우
313) 「항공법」 제74조 제3항을 위반하여 항공기에 태우는 승무원에 대하여 해당 업무를 수행하는 데에 필요한 교육훈련을 하지 아니한 경우
314) 「항공법」 제74조의 2에 따른 운항기술기준
315) 「항공법」 제74조의 3을 위반하여 제74조의 2에 따른 운항기술기준을 지키지 아니하고 비행하거나 업무를 한 경우
316) 「항공법」 제115조의 2 제1항을 위반하여 운항증명을 받지 아니하고 운항을 시작한 경우
317) 「항공법」 제115조의 2 제4항을 위반하여 운영기준을 지키지 아니한 경우

36. 안전운항체계를 계속적으로 유지하지 아니하거나, 변경된 안전운항체계를 검사받지 아니하고 항공기를 운항한 경우[318]
37. 항공기 운항의 정지처분에 따르지 아니하고 항공기를 운항한 경우[319]
38. 국토교통부장관에게 신고를 하지 아니하거나, 인가를 받지 아니하고 운항규정 또는 정비규정을 제정하거나 변경한 경우[320]
39. 국토교통부장관에게 신고하거나 인가[321]받은 운항규정 또는 정비규정을 해당 종사자에게 배포하지 아니한 경우[322]
40. 국토교통부장관에게 신고하거나 인가[323]받은 운항규정 또는 정비규정을 지키지 아니하고 항공기를 운항하거나 정비한 경우[324]
41. 항공운송의 안전을 위한 사업개선명령을 따르지 아니한 경우[325]
42. 항공안전 활동업무[326](항공안전 활동을 수행하기 위한 것만 해당)에 관한 보고 또는 서류를 제출하지 아니하거나 거짓 보고 또는 서류를 제출한 경우
43. 항공기 등에의 출입이나 장부 · 서류 등의 검사[327](항공안전 활동을 수행하기 위한 것만 해당)를 거부 · 방해 또는 기피한 경우
44. 제153조 제2항에 따른 관계인에 대한 질문[328](항공안전 활동을 수행하기 위한 것만 해당)에 답변하지 아니하거나 거짓 답변을 한 경우
45. 고의 또는 중대한 과실에 의하거나, 항공종사자의 선임 · 감독에 관하여 상당한 주의의무를 게을리함으로써, 항공기사고 또는 항공기 준사고를 발생시킨 경우

---

318) 「항공법」 제115조의 2 제5항을 위반하여 안전운항체계를 계속적으로 유지하지 아니하거나 변경된 안전운항체계를 검사받지 아니하고 항공기를 운항한 경우
319) 「항공법」 제115조의 2 제7항을 위반하여 항공기 운항의 정지처분에 따르지 아니하고 항공기를 운항한 경우
320) 「항공법」 제116조 제1항을 위반하여 신고를 하지 아니하거나, 인가를 받지 아니하고 운항규정 또는 정비규정을 제정하거나 변경한 경우
321) 「항공법」 제116조 제1항에 따른 국토교통부장관에게의 신고나 인가
322) 「항공법」 제116조 제3항을 위반하여 국토교통부장관에게 신고하거나 인가받은 운항규정 또는 정비규정을 해당 종사자에게 배포하지 아니한 경우
323) 「항공법」 제116조 제1항에 따른 국토교통부장관에게의 신고나 인가
324) 「항공법」 제116조 제3항을 위반하여 국토교통부장관에게 신고하거나 인가받은 운항규정 또는 정비규정을 지키지 아니하고 항공기를 운항하거나 정비한 경우
325) 「항공법」 제122조 제3호 · 제5호 및 제7호에 따른 항공운송의 안전을 위한 사업개선명령을 따르지 아니한 경우
326) 「항공법」 제153조 제1항에 따른 항공안전 활동업무
327) 「항공법」 제153조 제2항에 따른 항공기 등에의 출입이나 장부 · 서류 등의 검사
328) 「항공법」 제153조 제2항에 따른 관계인에 대한 질문

46. 이 조에 따른 항공기 운항의 정지명령[329]을 위반하여 운항정지기간에 운항한 경우

7.7.2 국토교통부장관의 항공기 운항정지명령과 항공기사용사업의 등록취소

국토교통부장관은 항공기사용사업의 등록을 한 자[330](이하에서는 "항공기사용사업자"라고 한다)가 위 7.7.1의 2. 내지 18.(항공법 제115조의 3 제1항 제2호 내지 제18호), 20.(동 법 동 항 제20호), 21.(동 법 동 항 제21호), 24. 내지 28.(동 법 동 항 제24호 내지 제28호), 30. 내지 33.(동 법 동 항 제30호 내지 제33호) 및 38. 내지 45.(동 법 동 항 제38호 내지 제45호)의 어느 하나에 해당하면 6개월 이내의 기간을 정하여 항공기 운항의 정지를 명할 수 있고, 위 46.(동 법 동 항 제46호)에 해당하는 경우에는, 항공기사용사업의 등록을 취소[331]하여야 한다(항공법 제115조의 3 제2항).

7.7.3 처분의 세부기준 · 절차 및 필요사항

처분의 세부기준 및 절차[332]와 그 밖에 필요한 사항은 국토교통부령으로 정한다(항공법 제115조의 3 제3항).

7.8 과징금의 부과

7.8.1 국토교통부장관의 항공운송사업자에 대한 항공기의 운항정지처분에 갈음한 과징금의 부과

국토교통부장관은 운항증명을 받은 항공운송사업자[333]에게 항공기 운항의 정지를 명[334]하여야 하나, 그 운항을 정지하면 항공기 이용자 등에게 심한 불편을 주거나 공익을 해칠 우려가 있는 경우에는, 항공기의 운항정지처분에 갈음하여 50억원 이하의 과징금을 부과할 수 있다(항공법 제115조의 4 제1항).

---

329) 「항공법」 제115조의 3에 따른 항공기 운항의 정지명령
330) 「항공법」 제134조에 의하여 항공기사용사업의 등록을 한 자
331) 「항공법」 제134조 제1항에 의한 항공기사용사업의 등록취소
332) 「항공법」 제115조의 3 제1항 및 제2항에 의한 처분의 세부기준 및 절차
333) 「항공법」 제115조의 2 제1항(동 법 제132조 제3항에서 준용하는 경우도 포함)에 따라 운항증명을 받은 항공운송사업자
334) 「항공법」 제115조의 3 제1항 제2호 내지 제36호 또는 제38호 내지 제45호 중 어느 하나에 의한 항공기의 운항정지명령

7.8.2 국토교통부장관의 항공기사용사업자에 대한 운항정지처분에 갈음한 과징금의 부과

국토교통부장관은 항공기사용사업자에게 항공기 운항의 정지를 명[335]하여야 하나, 그 운항을 정지하면 항공기 이용자 등에게 심한 불편을 주거나 공익을 해칠 우려가 있는 경우에는 항공기의 운항정지 처분을 갈음하여 3억원 이하의 과징금을 부과할 수 있다(항공법 제115조의 4 제2항).

7.8.3 과징금의 금액과 필요사항

과징금[336]을 부과하는 위반행위의 종류와 위반 정도에 따른 과징금의 금액과 그 밖에 필요한 사항은 대통령령으로 정한다(항공법 제115조의 4 제3항).

7.8.4 과징금 미납부 시의 국세체납처분의 예에 의한 징수

국토교통부장관은 과징금[337]을 내야 할 자가 납부기한까지 과징금을 내지 아니하면, 국세체납처분의 예[338]에 따라 징수한다(항공법 제115조의 4 제4항).

7.9 운항규정 및 정비규정

7.9.1 국내 및 국제항공운송사업자의 운항규정 및 정비규정의 제정 및 변경

국내항공운송사업자 또는 국제항공운송사업자는 항공기의 운항에 관한 운항규정 및 정비에 관한 정비규정을 제정하거나 변경하려는 경우[339]에는, 국토교통부장관에게 신고하여야 한다. 다만, 최소 장비목록 및 승무원 훈련프로그램 등[340]에 대하여는 국토교통부장관의 인가를 받아야 한다(항공법 제116조 제1항).

---

335) 「항공법」 제115조의 3 제2항에 따른 항공기사용사업자에 대한 항공기 운항의 정지명령
336) 「항공법」 제115조의 4 제1항 및 제2항에 따른 과징금
337) 「항공법」 제115조의 4 제1항 및 제2항에 따른 과징금
338) 대통령령에 의한 국세체납처분의 예
339) 국토교통부령으로 정하는 범위에서 항공기의 운항에 관한 운항규정 및 정비에 관한 정비규정을 제정하거나 변경하려는 경우
340) 최소 장비목록 및 승무원 훈련프로그램 등 국토교통부령으로 정하는 사항

7.9.2 국토교통부장관의 운항기술기준에의 적합성 확인

국토교통부장관은 최소 장비 목록 및 승무원 훈련프로그램 등[341]을 인가하려는 경우에는, 운항기술기준[342]에 적합한지를 확인하여야 한다(항공법 제116조 제2항).

7.9.3 국내 및 국제항공운송사업자의 운항규정 및 정비규정의 배포 및 관련 업무종사자의 준수

국내항공운송사업자 또는 국제항공운송사업자는 국토교통부장관에게 신고하거나 국토교통부장관의 인가를 받은 운항규정 및 정비규정[343]을 항공기의 운항 및 정비에 관한 업무를 수행하는 종사자에게 배포하여야 하며, 국내항공운송사업자, 국제항공운송사업자, 운항 및 정비에 관한 업무를 수행하는 종사자는 운항규정 또는 정비규정을 준수하여야 한다(항공법 제116조 제3항).

7.10 운임 및 요금의 인가 등

7.10.1 국제항공운송사업자의 여객 또는 화물의 운임 및 요금에 대한 인가 및 신고

국제항공운송사업자는 해당 국제항공노선에 관련된 항공협정에서 정하는 바에 따라 국제항공노선의 여객 또는 화물(우편물은 제외. 이하 동일)의 운임 및 요금을 정하여 국토교통부장관의 인가를 받거나, 국토교통부장관에게 신고하여야 한다. 이를 변경하려는 경우에도 또한 같다(항공법 제117조 제1항).

7.10.2 국내항공운송사업자의 국내항공노선의 여객, 화물의 운임 및 요금에 대한 예고

국내항공운송사업자는 20일 이상의 예고를 거쳐 국내항공노선의 여객 또는 화물의 운임 및 요금을 정하거나 변경하여야 한다(항공법 제117조 제2항).

---

341) 「항공법」 제116조 제1항 단서에 의한 최소 장비 목록 및 승무원 훈련프로그램 등

342) 「항공법」 제74조의 2에 따른 운항기술기준

343) 「항공법」 제116조 제1항에 따라 국토교통부장관에게 신고하거나, 국토교통부장관의 인가를 받은 운항규정 및 정비규정

7.10.3 운임과 요금의 인가기준

운임과 요금의 인가기준[344]은 대통령령으로 정한다(항공법 제117조 제3항).

7.11 운수권의 배분 등

7.11.1 국토교통부장관의 국제항공운송사업자에 대한 운수권의 배분

국토교통부장관은 외국정부와의 항공회담을 통하여 항공기 운항횟수를 정한 후, 국제항공운송사업자에게 항공기를 운항할 수 있는 권리(이하에서는 "운수권"이라고 한다)를 신청을 받아 배분할 수 있다(항공법 제118조 제1항).

7.11.2 국토교통부장관의 운수권 배분 시의 고려사항

국토교통부장관은 운수권[345]을 배분할 때에는, 면허기준[346] 및 외국정부와의 항공회담에 따른 합의사항 등을 고려하여야 한다(항공법 제118조 제2항).

7.11.3 국토교통부장관의 운수권 회수

국토교통부장관은 운수권의 활용도를 높이기 위하여 다음에 해당하는 경우에는 배분된 운수권의 전부 또는 일부를 회수할 수 있다(항공법 제118조 제3항).

1. 폐업하거나 해당 노선을 폐지[347]한 경우
2. 운수권을 배분받은 후, 1년 이내에 해당 노선을 취항하지 아니한 경우
3. 해당 노선을 취항한 후, 운수권의 전부 또는 일부를 사용하지 아니한 경우

7.11.4 운수권에 대한 배분, 회수의 기준과 방법 및 그 밖의 사항

운수권[348]에 대한 배분 및 회수의 기준, 방법, 그 밖에 필요한 사항은 항공운송사업자의 운항 가능 여부, 이용자의 편의성 등을 고려하여 국토교통부령으로 정한다(항공법 제118조 제4항).

---

344) 「항공법」 제117조 제1항에 의한 운임과 요금의 인가기준
345) 「항공법」 제118조 제1항에 의한 운수권
346) 「항공법」 제113조 제1항 각 호의 면허기준
347) 「항공법」 제128조에 의한 폐업이나 해당 노선의 폐지
348) 「항공법」 제118조 제1항 및 제3항에 따른 운수권

7.12 영공통과 이용권의 배분 등

7.12.1 국토교통부장관의 외국의 영공통과에 대한 영공통과 이용권의 배분

국토교통부장관은 외국정부와의 항공회담을 통하여 외국의 영공통과 이용 횟수를 정하고, 그 횟수 내에서 항공기를 운항할 수 있는 권리(이하에서는 "영공통과 이용권"이라고 한다)를 국제항공운송사업자의 신청을 받아 배분할 수 있다(항공법 제118조의 2 제1항).

7.12.2 국토교통부장관의 영공통과 이용권의 배분 시 고려할 사항

국토교통부장관은 영공통과 이용권을 배분[349]할 때에는, 면허기준 및 외국정부와의 항공회담에 따른 합의사항[350] 등을 고려하여야 한다(항공법 제118조의 2 제2항).

7.12.3 국토교통부장관의 영공통과 이용권의 회수

국토교통부장관은 배분된 영공통과 이용권[351]이 사용되지 아니하는 경우에는, 배분된 영공통과 이용권의 전부 또는 일부를 회수할 수 있다(항공법 제118조의 2 제3항).

7.12.4 영공통과 이용권에 대한 배분, 회수의 기준과 방법 및 그 밖의 사항

영공통과 이용권[352]에 대한 배분 및 회수의 기준, 방법, 그 밖에 필요한 사항은 항공운송사업자의 운항 가능 여부, 이용자의 편의성 등을 고려하여 국토교통부령으로 정한다(항공법 제118조의 2 제4항).

7.13 항공교통이용자를 위한 운송약관 등의 비치

항공교통사업자는 다음의 서류를 그 사업자의 영업소 또는 항공교통이용자가 잘 볼 수 있는 곳에 국토교통부령으로 정하는 바에 따라 갖추어 두고, 항공교통이용자가 열람할 수 있게 하여야 한다. 다만, 다음의 운임표와 요금표 및 운송약관[353]은 항공교통사업

349) 「항공법」 제118조의 2 제1항에 의한 영공통과 이용권의 배분
350) 「항공법」 제113조 제1항 각 호의 면허기준 및 외국정부와의 항공회담에 따른 합의사항
351) 「항공법」 제118조의 2 제1항에 따라 배분된 영공통과 이용권
352) 「항공법」 제118조의 2 제1항 및 제3항에 의한 영공통과 이용

자 중 항공운송사업자에게만 해당한다(항공법 제119조).

1. 운임표
2. 요금표
3. 운송약관
4. 피해구제계획 및 피해구제 신청을 위한 관계 서류[354)]

7.14 항공교통이용자 보호 등

7.14.1 항공교통사업자의 항공교통이용자를 위한 피해구제계획의 수립과 예외

항공교통사업자는 항공교통이용자를 다음과 같은 피해로부터 보호하기 위한 피해구제 절차 및 처리계획(이하에서는 "피해구제계획"이라고 한다)을 수립하여야 한다. 다만, 기상상태, 항공기 접속관계, 안전운항을 위한 예견하지 못한 정비 또는 공항운영 중 천재지변 등의 불가항력적인 사유를 항공교통사업자가 입증하는 경우에는 항공교통이용자의 피해를 보호하기 위한 피해구제계획을 수립하지 않아도 된다(항공법 제119조의 2 제1항).

1. 항공교통사업자의 운송 불이행 및 지연
2. 위탁수화물의 분실 · 파손
3. 항공권 초과 판매
4. 취소 항공권의 대금환급 지연
5. 탑승장, 항공편 등 관련 정보 미제공으로 인한 탑승 불가
6. 항공교통이용자를 보호하기 위하여 국토교통부령으로 정하는 사항[355)]

7.14.2 항공교통사업자가 피해구제계획을 수립할 때 포함시켜야 할 사항

항공교통사업자는 피해구제계획을 수립하는 경우, 다음의 사항이 포함되도록 하여야 한다(항공법 제119조의 2 제2항).

1. 피해구제 접수처의 설치 및 운영에 관한 사항

---

353) 「항공법」 제119조 제1호 내지 제3호
354) 「항공법」 제119조의 2 제1항에 의한 피해구제계획 및 피해구제 신청을 위한 관계 서류
355) 「항공법」 제119조의 2 제1항 제1호 내지 제5호 이외에 항공교통이용자를 보호하기 위하여 국토교통부령으로 정하는 사항

2. 피해구제 업무를 담당할 부서 및 담당자의 역할과 임무
3. 피해구제 처리 절차
4. 피해구제 신청자에 대하여 처리 결과를 안내할 수 있는 정보제공의 방법
5. 국토교통부령으로 정하는 항공교통이용자 피해구제에 관한 사항[356)]

7.14.3 항공교통사업자의 항공교통이용자의 피해구제에 대한 조치

항공교통사업자는 항공교통이용자의 피해구제 신청을 신속・공정하게 처리하여야 하며, 이의 처리가 곤란하거나 항공교통이용자의 요청이 있을 경우에는, 그 신청을 접수받는 날부터 14일 이내에 그 피해구제 신청서를 「소비자기본법」에 따른 한국소비자원에 이송하여야 한다(항공법 제119조의 2 제3항).

7.15 항공교통서비스 평가 등

7.15.1 국토교통부장관의 항공교통사업자가 제공하는 항공교통서비스에 대한 평가

국토교통부장관은 공공복리의 증진과 항공교통이용자의 권익보호를 위하여 항공교통사업자가 제공하는 항공교통서비스에 대한 평가를 할 수 있다(항공법 제119조의 3 제1항).

7.15.2 항공교통서비스의 평가항목

항공교통서비스[357)]의 평가항목은 다음과 같다(항공법 제119조의 3 제2항).

1. 항공교통서비스의 정시성 또는 신뢰성
2. 항공교통서비스 관련 시설의 편의성
3. 국토교통부령으로 정하는 사항[358)]

7.15.3 항공교통서비스의 평가에 관한 세부사항

항공교통서비스에 대한 평가기준, 평가주기 및 평가절차 등에 관한 세부사항은 국토

356) 「항공법」 제119조의 2 제2항 제1호 내지 제4호 이외에 국토교통부령으로 정하는 항공교통이용자 피해구제에 관한 사항
357) 「항공법」 제119조의 3 제1항에 의한 항공교통서비스
358) 「항공법」 제119조의 3 제2항 제1호 또는 제2호에 준하는 사항

교통부령으로 정한다(항공법 제119조의 3 제3항).

7.15.4 국토교통부장관의 항공교통서비스 평가결과에 관한 세부사항의 공표

국토교통부장관은 항공교통서비스[359]의 평가를 한 후 평가 항목별 평가 결과, 서비스 품질 및 서비스 순위 등 세부사항을 공표[360]하여야 한다(항공법 제119조의 3 제4항).

7.15.5 국토교통부장관의 항공교통사업자에 대한 항공교통서비스와 관련된 자료 및 의견의 제출요구와 서비스에 대한 실지조사

국토교통부장관은 항공교통서비스의 평가를 할 경우, 항공교통사업자에게 관련 자료 및 의견 제출 등을 요구하거나, 서비스에 대한 실지조사를 할 수 있다(항공법 제119조의 3 제5항).

7.15.6 항공교통사업자의 자료 및 의견 등의 제출

자료 또는 의견 제출[361] 등을 요구받은 항공교통사업자는 특별한 사유가 없으면 이에 따라야 한다(항공법 제119조의 3 제6항).

7.16 항공교통이용자를 위한 정보의 제공 등

7.16.1 국토교통부장관의 항공교통이용자에 대한 항공교통서비스 보고서의 제공

국토교통부장관은 항공교통이용자 보호 및 항공교통서비스의 촉진을 위하여 항공교통서비스에 관한 보고서[362](이하에서는 "항공교통서비스 보고서"라고 한다)를 연 단위로 발간하여 항공교통이용자에게 제공[363]하여야 한다(항공법 제119조의 4 제1항).

7.16.2 항공교통서비스 보고서에 포함되어야 할 사항

항공교통서비스 보고서에는 다음 사항이 포함되어야 한다(항공법 제119조의 4 제2항).

---

359) 「항공법」 제119조의 3 제1항에 의한 항공교통서비스
360) 대통령령에 따른 공표
361) 「항공법」 제119조의 3 제5항에 따른 자료 또는 의견 제출
362) 국토교통부령에 의한 항공교통서비스의 보고서
363) 국토교통부령에 의한 항공교통이용자에의 제공

1. 항공교통사업자 및 항공교통이용자 현황
2. 항공교통이용자의 피해현황 및 그 분석 자료
3. 항공교통서비스 수준에 관한 사항
4. 항공운송사업자에 관한 안전도 정보[364]
5. 국제기구 또는 다른 나라의 항공교통이용자 보호 및 항공교통서비스 정책에 관한 사항
6. 국토교통부령으로 정하는 항공교통이용자 보호에 관한 사항[365]

7.16.3 항공교통사업자의 항공교통서비스 보고서 발간을 위한 자료제출

국토교통부장관은 항공교통서비스 보고서 발간을 위하여 항공교통사업자에게 자료의 제출을 요청할 수 있다. 이 경우, 항공교통사업자는 특별한 사유가 없으면 이에 따라야 한다(항공법 제119조의 4 제3항).

7.17 사업계획

7.17.1 국내 · 국제항공운송사업자사업계획에 따른 업무수행

국내항공운송사업자 또는 국제항공운송사업자는 기상 악화로 운항이 곤란하거나, 그 밖에 부득이한 사유가 있는 경우를 제외하고는 사업계획으로 정하는 바에 따라 그 업무를 수행하여야 한다(항공법 제120조 제1항).

7.17.2 사업계획의 확정 및 변경의 경우 국토교통부장관의 인가 및 신고

사업계획[366]을 정하거나 변경하려는 경우에는, 국토교통부장관의 인가를 받아야 한다. 다만, 경미한 사항[367]을 변경하려는 경우에는, 국토교통부장관에게 신고하여야 한다(항공법 제120조 제2항).

---

364) 「항공법」 제112조의 2에 의한 항공운송사업자에 관한 안전도 정보
365) 「항공법」 제119조의 4 제2항 제1호 내지 제5호에서 규정한 사항 이외에 국토교통부령으로 정하는 항공교통이용자 보호에 관한 사항
366) 「항공법」 제120조 제1항에 의한 사업계획
367) 국토교통부령으로 정하는 경미한 사항

7.17.3 인가의 면허기준에 관한 규정의 준용

인가[368]에 관하여는 면허기준에 관한 「항공법」 제113조 제1항[369]을 준용한다(항공법 제120조 제3항).

7.18 사업계획의 준수 여부 조사

7.18.1 국토교통부장관의 운항계획의 준수 여부의 조사

국토교통부장관은 항공교통서비스에 관한 이용자 불편을 최소화하기 위하여 국내항공운송사업자 또는 국제항공운송사업자에 대하여 사업계획[370] 중 운항계획[371]의 준수 여부를 조사할 수 있다(항공법 제120조의 2 제1항).

7.18.2 국토교통부장관의 조사결과에 따른 조치

국토교통부장관은 조사[372] 결과에 따라 사업개선명령 또는 사업정지 등 필요한 조치를 할 수 있다(항공법 제120조의 2 제2항).

7.18.3 국토교통부장관의 전담조사반 설치

국토교통부장관은 조사[373] 업무를 효율적으로 추진하기 위하여, 전담조사반[374]을 둘 수 있다(항공법 제120조의 2 제3항).

---

368) 「항공법」 제120조 제2항에 따른 인가

369) 「항공법」 제113조(면허기준) 제1항

국내항공운송사업 또는 국제항공운송사업의 면허기준은 다음과 같다.

1. 해당 사업의 시작으로 항공교통의 안전에 지장을 줄 염려가 없을 것
2. 사업계획서상의 운항계획이 이용자의 편의에 적합할 것
3. 해당 사업에 사용할 항공기의 대수(臺數), 항공기당 좌석 수 및 자본금 등이 국토교통부령으로 정하는 기준에 적합할 것

370) 「항공법」 제120조 제1항에 의한 사업계획

371) 국토교통부령에 의한 운항계획

372) 「항공법」 제120조의 2 제1항에 의한 조사

373) 「항공법」 제120조의 2 제1항에 의한 조사

374) 국토교통부령에 의한 전담조사반

7.18.4 조사실시에 따른 준용규정

조사[375]를 실시할 경우에는, 항공안전 활동에 관한 「항공법」 제153조 규정을 준용한다(항공법 제120조의 2 제4항).

7.19 운수에 관한 협정 등

7.19.1 국내 및 국제항공운송사업자와 다른 항공운송사업자 간의 운수협정 및 제휴협정 시의 인가

국내항공운송사업자 또는 국제항공운송사업자가 다른 항공운송사업자(외국인 항공운송사업자를 포함)와 공동운항협정 등 운수에 관한 협정(이하에서는 "운수협정"이라고 한다)을 체결하거나 운항일정 · 운임 · 홍보 · 판매에 관한 영업협력 등 제휴에 관한 협정(이하에서는 "제휴협정"이라고 한다)을 체결하는 경우에는, 국토교통부장관의 인가[376]를 받아야 한다. 인가받은 사항을 변경하려는 경우에도 국토교통부장관의 인가를 받아야 한다. 다만, 국토교통부령으로 정하는 경미한 사항을 변경한 경우에는, 지체 없이 국토교통부장관에게 신고[377]하여야 한다(항공법 제121조 제1항).

7.19.2 운수협정 및 제휴협정의 금지내용

운수협정과 제휴협정에는 다음과 같은 내용이 포함되어서는 아니 된다(항공법 제121조 제2항).

1. 항공운송사업자 간 경쟁을 실질적으로 제한하는 내용
2. 이용자의 이익을 부당하게 침해하거나 특정 이용자를 차별하는 내용
3. 다른 항공운송사업자의 가입 또는 탈퇴를 부당하게 제한하는 내용

7.19.3 국토교통부장관의 제휴협정의 인가 또는 변경인가

국토교통부장관은 제휴협정을 인가하거나 변경인가[378]하는 경우에는, 미리 공정거래위원회와 협의하여야 한다(항공법 제121조 제3항).

375) 「항공법」 제120조의 2 제1항에 의한 조사
376) 국토교통부령에 의한 국토교통부장관의 인가
377) 국토교통부령에 의하여 지체 없이 국토교통부장관에게 신고
378) 「항공법」 제121조 제1항에 의한 제휴협정의 인가 또는 변경인가

7.19.4 운수협정 및 제휴협정의 효력발생

운수협정 또는 제휴협정은 국토교통부장관의 인가 또는 변경인가를 받아야 그 효력이 발생한다(항공법 제121조 제4항).

7.20 사업개선명령

국토교통부장관은 항공교통서비스의 개선 및 항공운송의 안전을 위하여 필요하다고 인정되는 경우에는 항공교통사업자에게 다음 각 호의 사항을 명할 수 있다(항공법 제122조).

1. 사업계획의 변경
2. 운임 및 요금의 변경
3. 항공기 및 그 밖의 시설의 개선
4. 항공기사고로 인하여 지급할 손해배상을 위한 보험계약의 체결
5. 항공에 관한 국제조약을 이행하기 위하여 필요한 사항
6. 항공교통이용자를 보호하기 위하여 필요한 사항
7. 그 밖에 항공기의 안전운항에 대한 방해 요소를 제거하기 위하여 필요한 사항

7.21 면허대여 등의 금지

국내항공운송사업자 또는 국제항공운송사업자는 타인에게 자기의 성명 또는 상호를 사용하여 국내항공운송사업 또는 국제항공운송사업을 경영하게 하거나 그 면허증을 빌려 주어서는 아니 된다(항공법 제123조).

7.22 사업의 양도 · 양수

7.22.1 국내 · 국제항공운송사업자의 사업의 양도 · 양수

국내항공운송사업자 또는 국제항공운송사업자가 그 국내항공운송사업 또는 국제항공운송사업을 양도 · 양수하려는 경우에는, 국토교통부장관의 인가를 받아야 한다(항공법 제124조 제1항).

7.22.2 국토교통부장관의 국내 · 국제항공운송사업의 양도 · 양수에 관한 인가의 불허

국토교통부장관은 국내 · 국제항공운송사업의 양도 · 양수의 인가 신청[379]을 받은 경우, 양도인 또는 양수인이 다음 각 호의 어느 하나에 해당하면 양도 · 양수를 인가하여서는 아니 된다(항공법 제124조 제2항).

1. 양수인이 면허의 결격사유에 관한 「항공법」 제114조 각 호의 어느 하나에 해당하는 경우
2. 양도인이 사업정지처분[380]을 받고 그 처분기간 중에 있는 경우
3. 양도인이 면허취소처분[381]을 받았으나 「행정심판법」 또는 「행정소송법」에 따라 그 취소처분이 집행정지 중에 있는 경우

7.22.3 국토교통부장관의 국내 · 국제항공운송사업의 양도 · 양수의 인가 신청에 관한 공고

국토교통부장관은 국내 · 국제항공운송사업의 양도 · 양수의 인가 신청[382]을 받으면 국토교통부령으로 정하는 바에 따라 이를 공고하여야 한다. 이 경우, 공고의 비용은 양도인이 부담한다(항공법 제124조 제3항).

7.23 사업의 합병

7.23.1 국내 · 국제항공운송사업자의 다른 항공운송사업 경영자와의 합병 시 인가

국내항공운송사업자 또는 국제항공운송사업자가 다른 항공운송사업자 또는 항공운송사업 외의 사업을 경영하는 자와 합병하려는 경우에는, 국토교통부장관의 인가를 받아야 한다(항공법 제125조 제1항).

7.23.2 국토교통부장관의 인가에 대한 준용규정

인가[383]에 관하여는 「항공법」 제113조 제1항[384]을 준용한다(항공법 제125조 제2항).

379) 「항공법」 제124조 제1항에 따른 국내 · 국제항공운송사업의 양도 · 양수의 인가 신청
380) 「항공법」 제129조에 따른 사업정지처분
381) 「항공법」 제129조에 따른 면허취소처분
382) 「항공법」 제124조 제1항에 따른 국내 · 국제항공운송사업의 양도 · 양수의 인가 신청
383) 「항공법」 제125조 제1항에 따른 인가

7.24 상속

7.24.1 국내 · 국제항공운송사업자의 사망으로 인한 상속

국내항공운송사업자 또는 국제항공운송사업자가 사망한 경우, 그 상속인은 국내항공운송사업자 또는 국제항공운송사업자의 지위를 승계한다. 상속인이 2명 이상인 경우, 협의에 의한 1명의 상속인이 그 지위를 승계한다(항공법 제126조 제1항).

7.24.2 국내 · 국제항공운송사업자의 사망으로 인한 지위 승계자의 신고

국내항공운송사업자 또는 국제항공운송사업자의 지위를 승계한 사람[385]은 그 사유가 발생한 날부터 30일 이내에 국토교통부장관에게 그 사실을 신고하여야 한다(항공법 제126조 제2항).

7.24.3 국내 · 국제항공운송사업자의 상속인의 국내 · 국제항공운송사업의 양도

국내항공운송사업자 또는 국제항공운송사업자의 지위를 승계한 상속인[386]이 「항공법」 제114조(면허의 결격사유 등) 각 호에 해당하는 경우에는, 3개월 이내에 그 국내항공운송사업 또는 국제항공운송사업을 타인에게 양도할 수 있다(항공법 제126조 제3항).

7.25 휴업 · 휴지

7.25.1 국제항공운송사업자의 휴업 · 휴지 시의 허가 및 신고

국제항공운송사업자가 휴업(국제노선의 휴지를 포함)하려는 경우에는, 국토교통부장관의 허가를 받아야 한다. 다만, 국내노선을 운항하는 국제항공운송사업자가 국내항공운송사업을 휴업(노선의 휴지를 포함)하려는 경우에는, 국토교통부장관에게 신고하여야

---

384) 「항공법」 제113조(면허기준)

① 국내항공운송사업 또는 국제항공운송사업의 면허기준은 다음 각 호와 같다.

1. 해당 사업의 시작으로 항공교통의 안전에 지장을 줄 염려가 없을 것
2. 사업계획서상의 운항계획이 이용자의 편의에 적합할 것
3. 해당 사업에 사용할 항공기의 대수(臺數), 항공기당 좌석 수 및 자본금 등이 국토교통부령으로 정하는 기준에 적합할 것

385) 「항공법」 제126조 제1항에 따라 국내항공운송사업자 또는 국제항공운송사업자의 지위를 승계한 자

386) 「항공법」 제126조 제1항에 따라 국내항공운송사업자 또는 국제항공운송사업자의 지위를 승계한 상속인

한다(항공법 제127조 제1항).

7.25.2 국내항공운송사업자의 휴업 · 휴지 시의 신고

국내항공운송사업자가 휴업(노선의 휴지를 포함)하려는 경우에는, 국토교통부장관에게 신고하여야 한다(항공법 제127조 제2항).

7.25.3 휴업 · 휴지의 기간

휴업 또는 휴지[387] 기간은 6개월을 초과할 수 없다. 다만, 외국과의 항공협정으로 운항지점 및 수송력 등에 제한 없이 운항이 가능한 노선의 휴지 기간은 12개월을 초과할 수 없다(항공법 제127조 제3항).

7.25.4 휴업 또는 휴지의 허가기준

휴업 또는 휴지[388]의 허가기준은 다음과 같다(항공법 제127조 제4항).

1. 휴업 또는 휴지 예정기간에 항공편 예약 사항이 없거나, 예약 사항이 있는 경우 대체 항공편 제공 등의 조치가 끝났을 것
2. 휴업 또는 휴지로 이용자 등에게 심한 불편을 주거나, 공익을 해칠 우려가 없을 것

7.26 폐업 · 폐지

7.26.1 국제항공운송사업자의 폐업 및 폐지 시의 승인 및 신고

국제항공운송사업자가 폐업(국제노선의 폐지를 포함)하려는 경우에는, 국토교통부장관의 승인을 받아야 한다. 다만, 국내노선을 운항하는 국제항공운송사업자가 국내항공운송사업을 폐업(노선의 폐지를 포함)하려는 경우에는, 국토교통부장관에게 신고하여야 한다(항공법 제128조 제1항).

7.26.2 국내항공운송사업자의 폐업 및 폐지 시의 신고

국내항공운송사업자가 폐업(노선의 폐지를 포함)하려는 경우에는, 국토교통부장관에

387) 「항공법」 제127조 제1항 또는 제2항에 따른 휴업 또는 휴지
388) 「항공법」 제127조 제1항 본문에 따른 휴업 또는 휴지

게 신고하여야 한다(항공법 제128조 제2항).

7.26.3 폐업 및 폐지의 승인기준

폐업 또는 폐지[389]의 승인기준은 다음과 같다(항공법 제128조 제3항).

1. 폐업일 또는 폐지일 이후 항공편 예약 사항이 없거나, 예약 사항이 있는 경우, 대체 항공편 제공 등의 조치가 끝났을 것
2. 폐업 또는 폐지로 항공시장의 건전한 질서를 침해하지 아니할 것

7.27 면허의 취소 등

7.27.1 국토교통부장관의 국내 · 국제항공운송사업자에 대한 면허취소

국토교통부장관은 국내항공운송사업자 또는 국제항공운송사업자가 다음에 해당하면, 그 면허를 취소하거나, 6개월 이내의 기간을 정하여, 그 사업의 전부 또는 일부의 정지를 명할 수 있다. 다만, 다음의 1. · 2. · 3. 또는 16. 중에 해당하면 그 면허를 취소하여야 한다(항공법 제129조 제1항).

1. 거짓이나 그 밖의 부정한 방법으로 면허를 받은 경우
2. 면허받은 사항[390]을 이행하지 아니한 경우

2의 2. 면허기준[391]에 미달한 경우. 다만, 다음 각 목의 어느 하나에 해당하는 경우는 제외한다.

가. 면허기준에 일시적으로 미달한 후 3개월 이내에 그 기준을 충족하는 경우

나. 「채무자 회생 및 파산에 관한 법률」에 따라 법원이 회생절차개시의 결정을 하고, 그 절차가 진행 중인 경우

다. 「기업구조조정 촉진법」에 따라 채권금융기관협의회가 채권금융기관 공동관리절차 개시의 의결을 하고, 그 절차가 진행 중인 경우

3. 국내항공운송사업자 또는 국제항공운송사업자가 「항공법」 제114조 각 호의 어느 하나에 해당하게 된 경우. 다만, 「항공법」 제114조 제5호에 해당하는 법인이 3개

389) 「항공법」 제128조 제1항 본문에 따른 폐업 또는 폐지

390) 「항공법」 제112조에 의하여 면허를 받은 사항

391) 「항공법」 제113조 제1항에 따른 면허기준

월 이내에 해당 임원을 결격사유가 없는 임원으로 바꾸어 임명한 경우와 피상속인이 사망한 날부터 60일 이내에 상속인이 국내항공운송사업 또는 국제항공운송사업을 다른 사람에게 양도한 경우에는, 면허를 취소할 수 없다.

4. 「항공법」 제117조(운임 및 요금의 인가 등) 제1항을 위반하여, 요금 및 운임에 대하여 인가 또는 변경인가를 받지 아니하거나, 신고 또는 변경신고를 하지 아니한 경우 및 인가받거나 신고한 사항을 이행하지 아니한 경우
5. 「항공법」 제119조(항공교통이용자를 위한 운송약관 등의 비치)를 위반하여, 운송약관 등을 갖추어 두지 아니하거나, 이용자가 열람할 수 있게 하지 아니한 경우
6. 사업계획[392]에 따라 사업을 하지 아니한 경우 및 인가[393]를 받지 아니하거나, 신고를 하지 아니하고, 사업계획을 정하거나, 변경한 경우
7. 「항공법」 제121조(운수에 관한 협정 등)를 위반하여, 운수협정 또는 제휴협정에 대하여 인가를 받지 아니하거나, 신고를 하지 아니한 경우 및 인가받거나, 신고한 사항을 이행하지 아니한 경우
8. 사업개선명령[394]을 이행하지 아니한 경우
9. 「항공법」 제123조(면허대여 등의 금지)를 위반하여, 타인에게 자기의 성명 또는 상호를 사용하여 사업을 경영하게 하거나, 면허증을 빌려 준 경우
10. 「항공법」 제124조(사업의 양도・양수) 제1항을 위반하여, 국토교통부장관의 인가를 받지 아니하고, 사업을 양도・양수한 경우
11. 「항공법」 제125조(사업의 합병) 제1항을 위반하여, 국토교통부장관의 인가를 받지 아니하고 사업을 합병한 경우
12. 「항공법」 제126조(상속) 제2항을 위반하여, 상속에 관한 신고를 하지 아니한 경우
13. 「항공법」 제127조(휴업・휴지) 제1항 및 제2항을 위반하여, 허가나 신고 없이 휴업한 경우 및 휴업기간이 지난 후에도 사업을 시작하지 아니한 경우
14. 부과된 면허 등의 조건 등[395]을 이행하지 아니한 경우
15. 국가의 안전이나 사회의 안녕질서에 위해를 끼칠 현저한 사유가 있는 경우
16. 사업정지명령[396]을 위반하여, 사업정지기간에 사업을 경영한 경우

392) 「항공법」 제120조 제1항에 따른 사업계획
393) 「항공법」 제120조 제2항에 따른 인가
394) 「항공법」 제122조 제1호・제2호 및 제4호에 따른 사업개선명령
395) 「항공법」 제135조 제1항에 따라 부과된 면허 등의 조건 등

7.27.2 처분의 기준 및 절차와 기타 사항

처분의 기준 및 절차[397]와 그 밖에 필요한 사항은 국토교통부령으로 정한다(항공법 제129조 제2항).

7.28 과징금의 부과

7.28.1 국토교통부장관의 국내 · 국제항공운송사업자에 대한 과징금의 부과

국토교통부장관은 국내항공운송사업자 또는 국제항공운송사업자가 「항공법」 제129조(면허의 취소 등) 제1항 제2호 또는 제4호 내지 제15호 중 어느 하나에 해당하여, 사업의 정지를 명하여야 하나, 그 사업을 정지하면, 그 사업의 이용자 등에게 심한 불편을 주거나, 공익을 해칠 우려가 있는 경우에는, 사업정지처분을 갈음하여, 50억원 이하의 과징금을 부과할 수 있다(항공법 제131조 제1항).

7.28.2 과징금부과의 대상과 위반의 정도 및 과징금의 금액

과징금을 부과[398]하는 위반행위의 종류와 위반 정도에 따른 과징금의 금액과 그 밖에 필요한 사항은 대통령령으로 정한다(항공법 제131조 제2항).

7.28.3 과징금 미납자에 대한 국세체납처분의 예에 의한 징수

국토교통부장관은 과징금[399]을 내야 할 자가 납부기한까지 과징금을 내지 아니하면, 국세 체납처분의 예[400]에 따라 징수한다(항공법 제131조 제3항).

7.29 소형항공운송사업

7.29.1 소형항공운송사업 경영자의 등록

소형항공운송사업을 경영하려는 자는, 국토교통부장관에게 등록[401]하여야 한다(항공

---

396) 「항공법」 제129조에 따른 사업정지명령
397) 「항공법」 제129조 제1항에 따른 처분의 기준 및 절차
398) 「항공법」 제131조 제1항에 의한 과징금의 부과
399) 「항공법」 제131조 제1항에 따른 과징금
400) 대통령령에 의한 국세 체납처분의 예

법 제132조 제1항).

7.29.2 소형항공운송사업의 등록기준과 기타 사항

소형항공운송사업[402]의 인력, 자본금, 항공기 대수 및 항공기당 승객 좌석 수 등 등록기준과 그 밖에 등록에 필요한 사항은 국토교통부령으로 정한다(항공법 제132조 제2항).

7.29.3 소형항공운송사업에 관한 준용규정

소형항공운송사업에 관하여는 「항공법」 제49조의 2 내지 제49조의 4(항공기사고 지원계획서, 항공안전 의무보고, 항공안전 자율보고), 제112조(국내항공운송사업 및 국제항공운송사업) 제2항 내지 제5항, 제114조(면허의 결격사유 등), 제115조(운항 개시의 의무), 제115조의 2 내지 제115조의 4(항공운송사업의 운항증명, 항공운송사업 운항증명의 취소 등, 과징금의 부과), 제116조(운항규정 및 정비규정), 제117조(운임 및 요금의 인가 등. 국내 정기편 운항 및 국제 정기편 운항에 관한 규정만 해당), 제119조 내지 제129조(항공교통이용자를 위한 운송약관 등의 비치, 항공교통이용자 보호 등, 항공교통서비스 평가 등, 항공교통이용자를 위한 정보의 제공 등, 사업계획, 사업계획의 준수 여부 조사, 운수에 관한 협정 등, 사업개선명령, 면허대여 등의 금지, 사업의 양도 · 양수, 사업의 합병, 상속, 휴업 · 휴지, 폐업 · 폐지, 면허의 취소 등) 및 제131조(과징금의 부과)를 준용한다. 이 경우, 제112조(국내항공운송사업 및 국제항공운송사업) 제4항, 제124조(사업의 양도 · 양수) 및 제125조(사업의 합병) 중 “허가” 또는 “인가”는 “신고”로 본다(항공법 제132조 제3항).

7.30 항공기사용사업

7.30.1 항공기사용사업자의 등록

항공기사용사업을 경영하려는 자는, 국토교통부장관에게 등록하여야 한다(항공법 제134조 제1항).

---

401) 국토교통부령에 의한 국토교통부장관에의 등록
402) 「항공법」 제132조 제1항에 의한 소형항공운송사업

7.30.2 항공기사용사업의 등록기준

항공기사용사업[403]의 자본금, 기술인력 및 시설기준 등의 등록기준은, 국토교통부령으로 정한다(항공법 제134조 제2항).

7.30.3 항공기사용사업에 관한 준용규정

항공기사용사업에 관하여는 「항공법」 제114조(면허의 결격사유 등), 제115조(운항 개시의 의무), 제116조(운항규정 및 정비규정), 제120조(사업계획), 제122조(사업개선명령)(「항공법」 제122조[사업개선명령] 제2호에 관한 것은 제외) 내지 제124조(사업개선명령 · 면허대여 등의 금지 및 사업의 양도 · 양수), 제125조(사업의 합병), 제126조(상속), 제128조(폐업 · 폐지), 제129조(면허의 취소 등) 및 제131조(과징금의 부과)를 준용한다. 이 경우, 제124조(사업의 양도 · 양수) 및 제125조(사업의 합병) 중 "인가"는 "신고"로 본다(항공법 제134조 제3항).

7.30.4 항공기사용사업자의 휴업

항공기사용사업자가 휴업한 경우에는, 지체 없이 국토교통부장관에게 신고하여야 한다(항공법 제134조 제4항).

7.31 면허 등의 조건 등

7.31.1 면허 등에 관한 조건 및 기한

「항공법」 제112조(국내항공운송사업 및 국제항공운송사업), 제116조(운항규정 및 정비규정), 제117조(운임 및 요금의 인가 등), 제120조(사업계획), 제121조(운수에 관한 협정 등), 제124조(사업의 양도 · 양수), 제127조(휴업 · 휴지) 및 제132조(소형항공운송사업)에 따른 면허 · 등록 · 인가 · 허가에는 조건 또는 기한을 붙이거나, 조건 또는 기한을 변경할 수 있다(항공법 제135조 제1항).

---

403) 「항공법」 제134조 제1항에 의한 항공기사용사업

7.31.2 항공운송사업자 및 항공기사용사업자에 대한 부당한 의무부과의 금지

조건 또는 기한[404]은 공공의 이익 증진이나 면허·등록·인가 또는 허가의 시행에 필요한 최소한도의 것이어야 하며, 해당 항공운송사업자·항공기사용사업자에게 부당한 의무를 부과하는 것이어서는 아니 된다(항공법 제135조 제2항).

8. 항공기취급업 등

8.1 항공기취급업

8.1.1 항공기취급업자의 등록

항공기취급업을 경영하려는 자는 국토교통부장관에게 등록[405]하여야 한다(항공법 제137조 제1항).

8.1.2 항공기취급업의 등록기준과 기타 사항

항공기취급업[406]의 시설기준 등 등록기준과 그 밖에 등록에 필요한 사항은, 국토교통부령으로 정한다(항공법 제137조 제2항).

8.1.3 항공기취급업에 대한 등록금지

다음에 해당하는 자는 항공기취급업의 등록을 할 수 없다(항공법 제137조 제3항).

1. 「항공법」 제114조(면허의 결격사유 등) 제2호 내지 제5호(법인으로서 임원 중에 대한민국 국민이 아닌 사람이 있는 경우는 제외)의 어느 하나에 해당하는 자
2. 항공기취급업의 등록취소처분을 받은 후 2년이 지나지 아니한 자

---

404) 「항공법」 제135조 제1항에 따른 조건 및 기한
405) 국토교통부령에 의한 국토교통부장관에의 등록
406) 「항공법」 제137조 제1항에 의한 항공기취급업

8.2 항공기정비업

8.2.1 항공기정비업자의 등록

항공기정비업을 경영하려는 자는 국토교통부장관에게 등록[407]하여야 한다(항공법 제137조의 2 제1항).

8.2.2 항공기정비업의 등록기준

항공기정비업[408]의 자본금 및 시설기준 등의 등록기준은 국토교통부령으로 정한다(항공법 제137조의 2 제2항).

8.2.3 항공기정비업에 대한 등록금지

다음에 해당하는 자는 항공기정비업의 등록을 할 수 없다(항공법 제137조의 2 제3항).

1. 「항공법」 제114조(면허의 결격사유 등) 제2호 내지 제5호(법인으로서 임원 중에 대한민국 국민이 아닌 사람이 있는 경우는 제외)의 어느 하나에 해당하는 자
2. 항공기정비업의 등록취소처분을 받은 후 2년이 지나지 아니한 자

8.3 정비조직인증 등

8.3.1 국토교통부장관의 정비조직인증

항공기 등, 장비품 또는 부품의 정비 등을 하는 업무와 이러한 업무에 대한 기술관리 및 품질관리 등을 지원하는 업무(항공법 제2조 제37호)를 하려는 자는, 국토교통부장관이 정하여 고시하는 인력, 설비 및 검사체계 등에 관한 기준(이하에서는 "정비조직인증기준"이라고 한다)에 따른 인력 등을 갖추어 국토교통부장관의 인증(이하에서는 "정비조직인증"이라고 한다)을 받아야 한다(항공법 제138조 제1항).

8.3.2 업무위탁자의 대상

항공기 등·장비품 또는 부품의 정비 등을 하는 업무와 이러한 업무에 대한 기술관리

---

407) 국토교통부령에 의한 국토교통부장관에의 등록
408) 「항공법」 제137조의 2 제1항에 의한 항공기정비업

및 품질관리 등을 지원하는 업무(항공법 제2조 제37호)를 위탁하려는 자는, 정비조직인증을 받은 자 또는 그 항공기 등 · 장비품 또는 부품을 제작한 자에게 하여야 한다(항공법 제138조 제2항).

8.3.3 정비조직인증 시 세부 운영기준과 정비조직인증서의 포괄발급

국토교통부장관이 정비조직인증을 하는 경우,[409] 정비의 범위 · 방법 및 품질관리절차 등을 정한 세부 운영기준을 정비조직인증서와 함께 발급하여야 한다(항공법 제138조 제3항).

8.3.4 항공기 등 · 장비품 또는 부품에 대한 정비 등을 하는 경우의 준수사항

항공기 등 · 장비품 또는 부품에 대한 정비 등을 하는 경우, 이러한 것들을 제작한 자가 정하거나, 국토교통부장관이 인정한 정비방법 및 정비절차 등을 준수하여야 한다(항공법 제138조 제4항).

8.3.5 항공안전협정 체결국으로부터 정비조직인증을 받은 자에 대한 추정규정

대한민국과 정비조직인증에 관한 항공안전협정을 체결한 국가로부터 정비조직인증을 받은 자는 국토교통부장관의 정비조직인증을 받은 것으로 본다(항공법 제138조 제5항).

8.4 정비조직인증의 취소 등

8.4.1 국토교통부장관의 정비조직인증자에 대한 정비조직인증의 취소 및 업무정지

국토교통부장관은 정비조직인증을 받은 자가 다음에 해당하면 정비조직인증을 취소하거나, 6개월 이내의 기간을 정하여, 정비 등의 업무정지를 명할 수 있다. 다만, 다음의 1.에 해당하는 경우에는, 그 정비조직인증을 취소하여야 한다(항공법 제138조의 2 제1항).

1. 거짓이나 그 밖의 부정한 방법으로 정비조직인증을 받은 경우
2. 「항공법」 제49조(항공안전프로그램 등) 제2항을 위반하여, 다음 각 목의 어느 하

---

409) 「항공법」 제138조 제1항에 따라 정비조직인증을 하는 경우

나에 해당하는 경우

가. 사업을 시작하기 전까지 항공안전관리시스템을 마련하지 아니한 경우

나. 승인을 받지 아니하고 항공안전관리시스템을 운용한 경우

다. 항공안전관리시스템을 승인받은 내용과 다르게 운용한 경우

라. 승인을 받지 아니하고 국토교통부령으로 정하는 중요 사항을 변경한 경우

3. 정당한 사유 없이 정비조직인증기준[410]을 위반한 경우

4. 고의 또는 중대한 과실 및 항공종사자에 대한 관리・감독에 관하여 상당한 주의 의무를 게을리함으로써 항공기사고가 발생한 경우

8.4.2 처분의 기준과 절차 및 기타 사항

처분의 기준 및 절차[411]와 그 밖에 필요한 사항은 국토교통부령으로 정한다(항공법 제138조의 2 제2항).

8.5 과징금의 부과

8.5.1 국토교통부장관의 업무정지처분에 갈음한 과징금의 부과

국토교통부장관은 정비조직인증을 받은 자가 정비 등의 업무정지를 명하여야 하는 경우[412]로서, 그 업무정지가 그 업무의 이용자 등에게 심한 불편을 주거나, 공익을 해칠 우려가 있으면 정비 등의 업무정지처분을 갈음하여 5억원 이하의 과징금을 부과할 수 있다(항공법 제138조의 3 제1항).

8.5.2 과징금 부과대상인 위반행위의 종류와 위반정도에 따른 과징금액 및 기타 사항

과징금[413]을 부과하는 위반행위의 종류와 위반 정도에 따른 과징금의 금액과 그 밖에 필요한 사항은 대통령령으로 정한다(항공법 제138조의 3 제2항).

410) 「항공법」 제138조 제1항에 의한 정비조직인증기준
411) 「항공법」 제138조의 2 제1항에 따른 처분의 기준 및 절차
412) 「항공법」 제138조의 2 제1항 각 호의 어느 하나에 해당하여 정비 등의 업무정지를 명하여야 하는 경우
413) 「항공법」 제138조의 3 제1항에 의한 과징금

8.5.3 국토교통부장관의 과징금 미납자에 대한 징수방법

국토교통부장관은 과징금[414]을 내야 할 자가 납부기한까지 과징금을 내지 아니하면, 국세 체납처분의 예[415]에 따라 징수한다(항공법 제138조의 3 제3항).

8.6 상업서류 송달업 등

8.6.1 상업서류 송달업, 항공운송 총대리점업 및 도심공항터미널업자의 신고

상업서류 송달업, 항공운송 총대리점업 및 도심공항터미널업을 경영하려는 자는, 국토교통부장관에게 신고[416]하여야 한다. 신고한 사항을 변경하려는 경우에도, 국토교통부장관에게 신고하여야 한다(항공법 제139조 제1항).

8.6.2 신고서에의 사업계획서 첨부

국토교통부장관에게 신고[417]를 하려는 자는, 해당 신고서에 사업계획서를 첨부하여, 국토교통부장관에게 제출하여야 한다(항공법 제139조 제2항).

8.7 항공기대여업

8.7.1 항공기대여업자의 등록

항공기대여업을 경영하려는 자는 국토교통부장관에게 등록[418]하여야 한다(항공법 제140조 제1항).

8.7.2 항공기대여업의 등록기준과 기타 등록에의 필요사항

항공기대여업[419]의 자본금 규모 등 등록기준과 그 밖에 등록에 필요한 사항은 국토교통부령으로 정한다(항공법 제140조 제2항).

---

414) 「항공법」 제138조의 3 제1항에 의한 과징금
415) 대통령령에 따른 국세 체납처분의 예
416) 국토교통부령에 의한 국토교통부장관에의 신고
417) 「항공법」 제139조 제1항에 의한 신고
418) 국토교통부령에 의한 국토교통부장관에의 등록
419) 「항공법」 제140조 제1항에 의한 항공기대여업

8.7.3 항공기대여업의 등록금지

다음에 해당하는 자는 항공기대여업의 등록을 할 수 없다(항공법 제140조 제3항).

1. 면허결격사유 등에 관한 규정인「항공법」제114조 각 호에 해당하는 자
2. 항공기대여업 등록의 취소처분을 받은 후 2년이 지나지 아니한 자

8.8 초경량비행장치사용사업

8.8.1 초경량비행장치사용사업자의 등록

초경량비행장치사용사업을 경영하려는 자는 국토교통부장관에게 등록[420]하여야 한다(항공법 제141조 제1항).

8.8.2 초경량비행장치사용사업의 등록기준과 기타 등록에의 필요사항

초경량비행장치사용사업[421]의 자본금, 인력 등 등록기준과 그 밖에 등록에 필요한 사항은 국토교통부령으로 정한다(항공법 제141조 제2항).

8.8.3 초경량비행장치사용사업의 등록금지

다음에 해당하는 자는 초경량비행장치사용사업의 등록을 할 수 없다(항공법 제141조 제3항).

1. 면허결격사유 등에 관한 규정인「항공법」제114조 각 호에 해당하는 자
2. 초경량비행장치사용사업 등록의 취소처분을 받은 후 2년이 지나지 아니한 자

8.9 준용규정

8.9.1 항공기취급업에 대한 준용규정

항공기취급업에 대하여는「항공법」제119조(항공교통이용자를 위한 운송약관 등의 비치) 제2호, 제122조(사업개선명령)(제6호에 관한 사항은 제외), 제123조(면허대여 등의 금지), 제124조(사업의 양도·양수) 제1항, 제125조(사업의 합병) 제1항, 제126조(상

---

420) 국토교통부령에 의한 국토교통부장관에의 등록
421)「항공법」제141조 제1항에 의한 초경량비행장치사용사업

속), 제127조(휴업 · 휴지) 제2항 및 제3항, 제128조(폐업 · 폐지) 제2항, 제129조(면허의 취소 등) 및 제131조(과징금의 부과)를 준용한다. 이 경우, 제124조(사업의 양도 · 양수) 제1항 및 제125조(사업의 합병) 제1항 중 "인가"는 각각 "신고"로 본다(항공법 제142조 제1항).

8.9.2 항공기정비업에 대한 준용규정

항공기정비업에 대하여는 「항공법」 제119조(항공교통이용자를 위한 운송약관 등의 비치) 제2호, 제122조(사업개선명령)(제6호에 관한 사항은 제외), 제123조(면허대여 등의 금지), 제124조(사업의 양도 · 양수) 제1항, 제125조(사업의 합병) 제1항, 제126조(상속), 제127조(휴업 · 휴지) 제2항 및 제3항, 제128조(폐업 · 폐지) 제2항, 제129조(면허의 취소 등) 및 제131조(과징금의 부과)를 준용한다. 이 경우, 제124조 제1항 및 제125조(사업의 양도 · 양수) 제1항 중 "인가"는 각각 "신고"로 본다(항공법 제142조 제2항).

8.9.3 상업서류 송달업, 항공운송 총대리점업, 도심공항터미널업에 대한 준용규정

상업서류 송달업, 항공운송 총대리점업, 도심공항터미널업에 대하여는 「항공법」 제122조(사업개선명령)(제6호에 관한 사항은 제외), 제123조 내지 제126조(면허대여 등의 금지, 사업의 양도 · 양수, 사업의 합병 및 상속), 제127조(휴업 · 휴지) 제2항 및 제3항, 제128조(폐업 · 폐지) 제2항, 제129조(면허의 취소 등) 및 제131조(과징금의 부과)를 준용한다. 이 경우, 제129조(면허의 취소 등) 중 "면허의 취소"는 "영업소의 폐쇄"로 본다(항공법 제142조 제3항).

8.9.4 항공기대여업에 대한 준용규정

항공기대여업에 대하여는 「항공법」 제119조(항공교통이용자를 위한 운송약관 등의 비치) 제2호, 제120조(사업계획), 제122조(사업개선명령)(제6호에 관한 사항은 제외), 제123조 내지 제126조(면허대여 등의 금지, 사업의 양도 · 양수, 사업의 합병 및 상속), 제127조(휴업 · 휴지) 제2항 및 제3항, 제128조(폐업 · 폐지) 제2항, 제129조(면허의 취소 등) 및 제131조(과징금의 부과)를 준용한다(항공법 제142조 제4항).

8.9.5 초경량비행장치사용사업에 대한 준용규정

초경량비행장치사용사업에 대하여는 「항공법」 제119조(항공교통이용자를 위한 운송약관 등의 비치) 제2호, 제120조(사업계획), 제122조(사업개선명령)(제6호에 관한 사항은 제외), 제123조 내지 제126조(면허대여 등의 금지, 사업의 양도·양수, 사업의 합병 및 상속), 제127조(휴업·휴지) 제2항 및 제3항, 제128조(폐업·폐지) 제2항, 제129조(면허의 취소 등) 및 제131조(과징금의 부과)를 준용한다(항공법 제142조 제5항).

8.10 한국항공진흥협회의 설립

8.10.1 항공운송사업의 발전 및 항공운송사업자의 권익보호 등을 위한 협회의 설립

항공운송사업의 발전, 항공운송사업자의 권익보호, 공항운영 개선 및 항공안전에 관한 연구, 그 밖에 정부가 위탁한 업무를 효율적으로 수행하기 위하여 한국항공진흥협회(이하에서는 "협회"라고 한다)를 설립할 수 있다(항공법 제143조 제1항).

8.10.2 협회의 회원

다음과 같은 자를 협회의 회원으로 한다(항공법 제143조 제2항).

1. 국내항공운송사업자 또는 국제항공운송사업자
2. 「인천국제공항공사법」에 따른 인천국제공항공사
3. 「한국공항공사법」에 따른 한국공항공사
4. 그 밖에 항공과 관련된 사업자 및 단체

8.10.3 협회의 요건

협회는 법인이어야 한다(항공법 제143조 제3항).

8.10.4 협회의 성립요건

협회는 주된 사무소 관할 소재지의 등기소에 설립등기를 함으로써 성립한다(항공법 제143조 제4항).

8.10.5 협회의 필요사항

협회의 정관, 업무 및 감독 등에 관한 필요한 사항은 대통령령으로 정한다(항공법 제143조 제5항).

8.10.6 국토교통부장관의 협회에 대한 재정지원

국토교통부장관은 협회가 다음에 해당하는 사업을 원활하게 할 수 있도록 하기 위하여, 예산의 범위에서 협회에 재정지원을 할 수 있다(항공법 제143조 제6항).

1. 항공 진흥 및 안전을 위한 연구사업
2. 항공 관련 정보의 수집·관리를 위한 사업
3. 외국 항공기관과의 국제협력 촉진을 위한 사업
4. 그 밖에 항공운송산업 발전을 위하여 국토교통부장관이 필요하다고 인정하는 사업

9. 외국항공기

9.1 외국항공기의 항행

9.1.1 외국 국적을 가진 항공기 사용자의 항행허가

외국 국적을 가진 항공기(「항공법」제147조 제1항에 의하여 허가[422])를 받은 자[이하에서는 "외국인 국제항공운송사업자"라고 한다]가 해당 사업에 사용하는 항공기 및 제148조에 의하여 허가[423])를 받은 자가 해당 운송에 사용하는 항공기는 제외)의 사용자(외국, 외국의 공공단체 또는 이에 준하는 자를 포함)는 다음에 해당하는 항행을 하려면, 국토교통부장관의 허가를 받아야 한다(항공법 제144조 제1항).

1. 대한민국 밖에서 이륙하여 대한민국에 착륙하는 항행
2. 대한민국에서 이륙하여 대한민국 밖에 착륙하는 항행
3. 대한민국 밖에서 이륙하여 대한민국에 착륙하지 아니하고, 대한민국을 통과하여 대한민국 밖에 착륙하는 항행

422) 「항공법」 제147조 제1항에 의한 허가
423) 「항공법」 제148조에 의한 허가

9.1.2 외국의 군, 세관 또는 경찰의 업무에 사용되는 항공기에 관한 간주규정

외국의 군, 세관 또는 경찰의 업무에 사용되는 항공기는 제1항을 적용할 때에는 국가가 사용하는 항공기로 본다[424](항공법 제144조 제3항).

9.1.3 항공기의 항행에 있어서 국토교통부장관의 요구 시 지정 비행장에의 착륙

항공기[425]가 「항공법」 제144조 제1항의 각 호(위 9.1.1의 1.・2.・3.)에 따른 항행을 하는 경우, 국토교통부장관의 요구가 있을 때에는, 지체 없이 국토교통부장관이 지정한 비행장에 착륙하여야 한다(항공법 제144조 제4항).

9.2 외국항공기의 국내 사용

외국 국적을 가진 항공기(외국인 국제항공운송사업자가 해당 사업에 사용하는 항공기 및 허가를 받은 자[426]가 해당 운송에 사용하는 항공기는 제외)는 대한민국 각 지역 간의 항공에 사용하여서는 아니 된다. 다만, 국토교통부장관의 허가를 받은 경우에는, 대한민국 각 지역 간의 항공에 사용할 수 있다(항공법 제145조).

9.3 군수품 수송의 금지

외국 국적을 가진 항공기로 항행[427]을 하여 군수품[428]을 수송하여서는 아니 된다. 다만, 국토교통부장관의 허가를 받은 경우에는, 군수품을 수송할 수 있다(항공법 제146조).

9.4 외국인 국제항공운송사업

9.4.1 여객 및 화물의 운송사업

「항공법」 제112조(국내・국제항공운송사업) 제1항 및 제132조(소형항공운송사업) 제

---

424) 「항공법」 제144조 제1항을 적용할 때에 국가가 사용하는 항공기로 본다.
425) 「항공법」 제144조 제1항에 의한 항공기
426) 「항공법」 제148조에 의하여 허가를 받은 자
427) 「항공법」 제144조 제1항 각 호의 어느 하나에 해당하는 항행
428) 국토교통부령에 의한 군수품

1항에도 불구하고, 제6조(항공기 등록의 제한) 제1항 각 호의 어느 하나에 해당하는 자는, 국토교통부장관의 허가를 받아 타인의 수요에 맞추어 유상으로 항행[429]을(이러한 항행과 관련하여 행하는 대한민국 각 지역 간의 항행을 포함)하여 여객 또는 화물을 운송하는 사업을 할 수 있다. 이 경우, 국토교통부장관은 국내항공운송사업자의 국제항공 발전에 지장을 초래하지 아니하는 범위에서 운항 횟수 및 사용 항공기의 기종(機種)을 제한하여 사업을 허가할 수 있다(항공법 제147조 제1항).

9.4.2 외국인 국제항공운송사업의 허가기준

외국인 국제항공운송사업의 허가기준[430]은 다음과 같다(항공법 제147조 제2항).

1. 우리나라와 체결한 항공협정에 따라 해당 국가로부터 국제항공운송사업자로 지정받은 자일 것
2. 운항의 안전성이 「국제민간항공조약」 및 같은 조약의 부속서에서 정한 표준과 방식에 부합할 것
3. 항공운송사업의 내용이 우리나라가 해당 국가와 체결한 항공협정에 적합할 것
4. 국제 여객 및 화물의 원활한 운송을 목적으로 할 것

9.4.3 외국인 국제항공운송사업의 허가요건

외국인 국제항공운송사업의 허가[431]를 받으려는 자는 신청서에 사업계획, 운항 개시 예정일, 그 밖의 사항[432]을 적어서 국토교통부장관에게 제출하여야 한다(항공법 제147조 제3항).

9.5 안전운항을 위한 외국인 국제항공운송사업자의 준수사항 등

9.5.1 외국인 국제항공운송사업자의 준수사항

외국인 국제항공운송사업자는 다음과 같은 서류를 항공기에 싣고 운항[433]하여야 한

429) 「항공법」 제144조제 1항 각 호의 어느 하나에 해당하는 항행
430) 「항공법」 제147조 제1항에 의한 허가기준
431) 「항공법」 제147조 제1항에 의한 허가
432) 국토교통부령에 의한 사항
433) 국토교통부령에 의하여 항공기에 싣고 운항

다(항공법 제147조의 2 제1항).

1. 「국제민간항공조약」 부속서에서 정한 표준 및 권고방식에 따라 해당 국가가 발급한 운항증명 사본 및 운영기준 사본
2. 그 밖에 「국제민간항공조약」 및 같은 조약의 부속서에 따라 항공기에 싣고 운항하여야 할 서류 등

9.5.2 외국인 국제항공운송사업자 및 항공종사자의 운영기준

외국인 국제항공운송사업자 및 항공종사자는 위 9.5.1의 1.(항공법 제147조의 2 제1항 제1호)의 운영기준을 지켜야 한다(항공법 제147조의 2 제2항).

9.5.3 국토교통부장관의 외국인 국제항공운송사업자 및 항공종사자에 대한 운영기준의 준수여부에 대한 정기 또는 수시의 검사

국토교통부장관은 항공기 안전운항을 확보하기 위하여, 외국인 국제항공운송사업자 및 항공종사자가 위 9.5.1의 1.(항공법 제147조의 2 제1항 제1호)의 운영기준을 지키는지 등에 대하여 정기적으로 또는 수시로 검사할 수 있다(항공법 제147조의 2 제3항).

9.5.4 국토교통부장관의 항공기 운항정지처분 및 항공종사자의 업무정지처분

국토교통부장관은 정기검사 또는 수시검사[434]를 하는 중에 긴급히 조치하지 아니할 경우, 항공기의 안전운항에 중대한 위험을 초래할 수 있는 사항이 발견되었을 때에는, 항공기의 운항을 정지하게 하거나 항공종사자의 업무를 정지[435]하게 할 수 있다(항공법 제147조의 2 제4항).

9.5.5 국토교통부장관의 정지처분에 대한 취소 및 변경

국토교통부장관은 정지처분[436]의 사유가 없어지면, 지체 없이 그 처분을 취소하거나 변경하여야 한다(항공법 제147조의 2 제5항).

---

434) 「항공법」 제147조의 2 제3항에 의한 정기검사 또는 수시검사
435) 국토교통부령에 의한 항공기의 운항정지 및 항공종사자의 업무정지
436) 「항공법」 제147조의 2 제4항에 의한 정지처분

9.6 외국항공기의 유상운송

9.6.1 외국항공기 유상운송 시의 허가

외국 국적을 가진 항공기(외국인 국제항공운송사업자가 해당 사업에 사용하는 항공기는 제외)의 사용자는 항행[437](이러한 항행과 관련하여 행하는 국내 각 지역 간의 항행을 포함)을 할 때, 국내에 도착하거나 국내에서 출발하는 여객 또는 화물의 유상운송을 하는 경우에는, 국토교통부장관의 허가를 받아야 한다(항공법 제148조 제1항).

9.6.2 외국항공기 유상운송의 허가기준

외국항공기 유상운송의 허가기준[438]은 다음과 같다(항공법 제148조 제2항).

1. 우리나라가 해당 국가와 체결한 항공협정에 따른 정기편 운항을 보완하는 것일 것
2. 운항의 안전성이 「국제민간항공조약」 및 같은 조약의 부속서에서 정한 표준과 방식에 부합할 것
3. 건전한 시장 질서를 해치지 아니할 것
4. 국제 여객 및 화물의 원활한 운송을 목적으로 할 것

9.7 외국항공기의 국내 운송 금지

외국항공기 유상운송의 허가[439]를 받은 항공기는 유상으로 국내 각 지역 간의 여객 또는 화물을 운송하여서는 아니 된다(항공법 제149조).

9.8 허가의 취소 등

9.8.1 국토교통부장관의 외국인 국제항공운송사업자에 대한 허가취소 및 사업의 정지

국토교통부장관은 외국인 국제항공운송사업자가 다음에 해당하면 그 허가를 취소하거나, 6개월 이내의 기간을 정하여, 그 사업의 정지를 명할 수 있다. 다만, 다음의 1. 또는 21.에 해당하는 경우에는, 그 허가를 취소하여야 한다(항공법 제150조 제1항).

---

437) 「항공법」 제144조 제1항 제1호 또는 제2호에 의한 항행
438) 「항공법」 제148조 제1항에 의한 허가기준
439) 「항공법」 제145조 단서와 제147조 또는 제148조에 의한 허가

1. 거짓이나 그 밖의 부정한 방법으로 허가를 받은 경우
2. 「항공법」 제40조(무선설비의 설치 · 운용 의무)를 위반하여, 무선설비[440]를 설치하지 아니한 항공기 또는 설치한 무선설비가 운용되지 아니하는 항공기를 항공에 사용한 경우
3. 「항공법」 제41조(항공계기 등의 설치 · 탑재 및 운용 등)를 위반하여, 항공기에 항공계기 등을 설치하거나, 탑재하지 아니하고, 항공에 사용하거나, 그 운용방법 등을 따르지 아니한 경우
4. 「항공법」 제44조(항공기의 등불)를 위반하여, 항공기를 야간에 비행시키거나, 비행장에 정류 또는 정박시키는 경우에, 등불[441]로 항공기의 위치를 나타내지 아니한 경우
5. 「항공법」 제53조(이착륙의 장소)를 위반하여, 이착륙 장소가 아닌 곳에서 이륙하거나, 착륙하게 한 경우
6. 「항공법」 제55조(비행 중 금지행위 등)를 위반하여, 비행 중 금지행위 등을 하게 한 경우
7. 「항공법」 제59조(위험물 운송 등) 제1항을 위반하여, 허가를 받지 아니하고, 항공기를 이용하여 위험물을 운송하거나, 동 조 제2항을 위반하여, 국토교통부장관이 고시하는 위험물취급의 절차 및 방법을 따르지 아니하고, 위험물을 취급한 경우
8. 외국인 국제항공운송사업의 허가기준[442]에 적합하지 아니하게 운항하거나 사업을 한 경우
9. 「항공법」 제147조의 2(안전운항을 위한 외국인 국제항공운송사업자의 준수사항 등) 제1항을 위반하여, 서류[443]를 항공기에 싣지 아니하고 운항한 경우
10. 「항공법」 제147조의 2(안전운항을 위한 외국인 국제항공운송사업자의 준수사항 등) 제2항을 위반하여, 운영기준[444]을 지키지 아니한 경우
11. 「항공법」 제152조(외국인 국제항공운송사업자에 대한 준용)에서 준용하는 제117조(운임 및 요금의 인가 등) 제1항을 위반하여, 운임 및 요금에 대하여 인가

---

440) 국토교통부령에 의한 무선설비
441) 국토교통부령으로 정하는 등불
442) 「항공법」 제147조 제2항에 의한 허가기준
443) 「항공법」 제147조의 2 제1항 각 호의 서류
444) 「항공법」 제147조의 2 제1항 제1호의 운영기준

또는 변경인가를 받지 아니하거나, 신고 또는 변경신고를 하지 아니한 경우 및 인가를 받거나, 신고한 사항을 이행하지 아니한 경우

12. 「항공법」 제152조(외국인 국제항공운송사업자에 대한 준용)에서 준용하는 제120조(사업계획) 제1항 및 제2항을 위반하여, 사업계획에 따라 사업을 하지 아니한 경우 및 인가를 받지 아니하거나, 신고를 하지 아니하고, 사업계획을 정하거나 변경한 경우
13. 「항공법」 제152조(외국인 국제항공운송사업자에 대한 준용)에서 준용하는 제121조(운수에 관한 협정 등)를 위반하여, 운수협정 또는 제휴협정에 대하여, 인가를 받지 아니하거나, 신고를 하지 아니한 경우 및 인가를 받거나, 신고한 사항을 이행하지 아니한 경우
14. 「항공법」 제152조(외국인 국제항공운송사업자에 대한 준용)에서 준용하는 사업개선명령[445]을 이행하지 아니한 경우
15. 「항공법」 제152조(외국인 국제항공운송사업자에 대한 준용)에서 준용하는 제127조(휴업 · 휴지)를 위반하여, 신고를 하지 아니하고, 휴업한 경우 및 휴업기간에 사업을 하거나, 휴업기간이 지난 후에도 사업을 시작하지 아니한 경우
16. 「항공법」 제152조(외국인 국제항공운송사업자에 대한 준용)에서 준용하는 제135조(면허 등의 조건 등)에 따라 부과된 허가 등의 조건 등을 이행하지 아니한 경우
17. 정당한 사유 없이 허가받거나, 인가받은 사항을 이행하지 아니한 경우
18. 주식이나 지분의 과반수에 대한 소유권 또는 실질적인 지배권이 「항공법」 제147조(외국인 국제항공운송사업) 제2항 제1호에 따라 국제항공운송사업자를 지정한 국가 또는 그 국가의 국민에게 속하지 아니하게 된 경우. 다만, 우리나라가 해당 국가(국가연합 또는 경제공동체를 포함)와 체결한 항공협정에서 달리 정한 경우에는, 그 항공협정에 따른다.
19. 대한민국과 「항공법」 제147조(외국인 국제항공운송사업) 제2항 제1호에 따라 국제항공운송사업자를 지정한 국가가 항공에 관하여 체결한 협정이 있는 경우, 그 협정이 효력을 잃거나, 그 해당 국가 또는 외국인 국제항공운송사업자가 그 협정을 위반한 경우

445) 「항공법」 제122조에 의한 사업개선명령

20. 대한민국의 안전이나 사회의 안녕질서에 위해를 끼칠 현저한 사유가 있는 경우
21. 사업정지명령[446]을 위반하여, 사업정지기간에 사업을 경영한 경우

9.8.2 사업정지처분에 갈음한 과징금부과의 준용규정

사업정지처분[447]을 갈음하여, 과징금을 부과하는 경우에 관하여는, 「항공법」 제131조(과징금의 부과)를 준용한다(항공법 제150조 제2항).

9.8.3 처분의 세부기준 및 절차와 기타 필요사항

처분의 세부기준 및 절차와 그 밖에 필요한 사항[448]은 국토교통부령으로 정한다(항공법 제150조 제3항).

9.9 증명서 등의 인정

다음에 해당하는 항공기의 감항성 및 그 승무원의 자격에 관하여 해당 항공기의 국적인 외국정부가 한 증명·면허 및 그 밖의 행위는 「항공법」에 따라 한 것으로 본다(항공법 제151조).

1. 항행[449]을 하는 외국 국적의 항공기
2. 외국인 국제항공운송사업[450]에 사용되는 외국 국적의 항공기
3. 유상운송[451]을 하는 외국 국적의 항공기

9.10 외국인 국제항공운송사업자에 대한 준용

외국인 국제항공운송사업자에 대하여는, 「항공법」 제49조의 2 내지 제49조의 4(항공기사고 지원계획서·항공안전 의무보고·항공안전 자율보고), 제117조(운임 및 요금의 인가 등) 제1항, 제120조(사업계획) 제1항 및 제2항, 제120조의 2(사업계획의 준수여부

446) 「항공법」 제150조에 의한 사업정지명령
447) 「항공법」 제150조 제1항에 의한 사업정지처분
448) 「항공법」 제150조 제1항에 의한 처분의 세부기준 및 절차와 그 밖에 필요한 사항
449) 「항공법」 제144조 제1항 각 호에 해당하는 항행
450) 「항공법」 제147조에 의한 외국인 국제항공운송사업
451) 「항공법」 제148조에 의한 유상운송

조사), 제121조(운수에 관한 협정 등), 제122조(사업개선명령), 제127조(휴업 · 휴지), 제128조(폐업 · 폐지) 및 제135조(면허 등의 조건 등)를 준용한다. 이 경우, 제127조(휴업 · 휴지) 및 제128조(폐업 · 폐지) 중 "허가" 또는 "승인"은 각각 "신고"로 본다(항공법 제152조).

10. 보칙

10.1 항공안전 활동

10.1.1 국토교통부장관의 업무보고 및 서류제출 요구

국토교통부장관은 다음의 자에게 그 업무에 관한 보고를 하게 하거나, 서류를 제출하게 할 수 있다(항공법 제153조 제1항).

1. 항공기 등 · 장비품 또는 부품의 제작 · 개조 · 수리 또는 정비를 하는 자
2. 공항시설 · 비행장 또는 항행안전시설의 설치자 및 관리자
3. 항공종사자
4. 국내항공운송사업자 또는 국제항공운송사업자(외국인 국제항공운송사업자를 포함하며, 이하 이 조에서는 동일), 소형항공운송사업자, 항공기사용사업자, 항공기취급업자, 항공기정비업자, 항공운송 총대리점업자, 상업서류 송달업자, 도심공항터미널업자
5. 위 1.에서 4.까지의 자 이외의 자로서, 항공기 또는 항공시설을 계속하여 사용하는 자

10.1.2 국토교통부장관의 소속공무원에 대한 항공안전 활동의 지시

국토교통부장관은 본 「항공법」을 시행하기 위하여, 특히 필요한 경우에는, 소속 공무원으로 하여금 위 10.1.1의 1.에서 5.까지에 해당하는 자의 사무소, 공장이나 그 밖의 사업장, 공항시설, 비행장, 항행안전시설 또는 그 시설의 공사장, 항공기의 정치장 또는 항공기에 출입하여 항공기, 항행안전시설, 장부, 서류, 그 밖의 물건을 검사하거나, 관계인에게 질문하게 할 수 있다. 이 경우, 국토교통부장관은 검사 등의 업무를 효율적으로

수행하기 위하여, 특히 필요하다고 인정하면, 자격[452]을 갖춘 항공안전에 관한 전문가를 위촉하여, 검사 등의 업무에 관한 자문에 응하게 할 수 있다(항공법 제153조 제2항).

10.1.3 국토교통부장관의 국내·국제항공운송사업자에 대한 정기적인 안정성검사

국토교통부장관은 국내항공운송사업자 또는 국제항공운송사업자가 취항하는 공항에 대하여, 정기적인 안전성검사[453]를 하여야 한다(항공법 제153조 제3항).

10.1.4 국토교통부장관의 상업서류 송달업자의「우편법」위반 우려에 대한 조치

국토교통부장관은 상업서류 송달업자가「우편법」을 위반할 현저한 우려가 있다고 인정하여 미래창조과학부장관이 요청하는 경우에는, 미래창조과학부 소속공무원으로 하여금 상업서류 송달업자에 대하여「우편법」과 관련된 사항에 관한 검사 또는 질문을 하게 할 수 있다(항공법 제153조 제4항).

10.1.5 피검사자 및 피질문자에 대한 검사 및 질문계획의 통보 및 예외

검사 또는 질문[454]을 하려면, 검사 또는 질문을 하기 7일 전까지 검사 또는 질문의 일시, 사유 및 내용 등의 계획을 피검사자 또는 피질문자에게 알려야 한다. 다만, 긴급한 경우이거나, 사전에 알리면 증거인멸 등으로 검사 또는 질문의 목적을 달성할 수 없다고 인정하는 경우에는, 피검사자 또는 피질문자에게 알리지 않아도 된다(항공법 제153조 제5항).

10.1.6 검사 및 질문 권한을 가진 공무원의 그 권한에 관한 증표의 소지 및 제시

검사 또는 질문[455]을 하는 공무원은 그 권한을 표시하는 증표를 지니고, 이를 관계인에게 보여주어야 한다(항공법 제153조 제6항).

---

452) 국토교통부령에 의한 자격
453) 국토교통부령에 의한 정기적인 안전성검사
454)「항공법」제153조 제2항 내지 제4항의 규정에 의한 검사 또는 질문
455)「항공법」제153조 제2항 내지 제4항의 규정에 의한 검사 또는 질문

10.1.7 증표에 관한 사항

증표[456]에 관하여 필요한 사항은 국토교통부령으로 정한다(항공법 제153조 제7항).

10.1.8 검사 및 질문결과의 피검사자 및 피질문자에 대한 서면통보

검사 또는 질문[457]을 한 경우에는, 그 결과를 피검사자 또는 피질문자에게 서면으로 알려야 한다(항공법 제153조 제8항).

10.1.9 국토교통부장관의 검사 중 항공기의 안전운항 위험초래 사항 발견 시의 조치

국토교통부장관은 검사[458]를 하는 중에 긴급히 조치하지 아니할 경우, 항공기의 안전운항에 중대한 위험을 초래할 수 있는 사항이 발견되었을 때에는, 항공기의 운항 또는 항행안전시설의 운용[459]을 일시 정지하게 하거나, 항공종사자 또는 항행안전시설을 관리하는 자의 업무를 일시 정지하게 할 수 있다(항공법 제153조 제9항).

10.2 재정지원

정부는 지방자치단체의 장이 국토교통부장관의 허가[460]를 받아 공항개발사업을 시행하는 경우에는, 사업시행[461]에 드는 비용의 일부를 보조하거나, 융자할 수 있다(항공법 제153조의 2).

10.3 권한의 위임 · 위탁 등

10.3.1 국토교통부장관의 권한 위임과 소속기관장의 권한 재위임

국토교통부장관의 권한[462]은 그 일부를 시 · 도지사 또는 국토교통부장관 소속 기관의 장에게 위임[463]할 수 있으며, 소속기관의 장은 그 권한의 일부를 재위임[464]할 수 있

456) 「항공법」 제153조 제6항에 의한 증표
457) 「항공법」 제153조 제2항 내지 제4항의 규정에 의한 검사 또는 질문
458) 「항공법」 제153조 제2항 또는 제3항에 의한 검사
459) 국토교통부령에 의한 항공기의 운항 또는 항행안전시설의 운용
460) 「항공법」 제94조 제2항에 의한 국토교통부장관의 허가
461) 대통령령에 의한 사업시행
462) 「항공법」에 의한 국토교통부장관의 권한

다(항공법 제154조 제1항).

10.3.2 국토교통부장관의 증명 및 검사에 관한 업무의 전문검사기관 위탁

국토교통부장관은 「항공법」 제15조(감항증명), 제15조의 2(항공기 등의 감항승인), 제16조(소음기준적합증명), 제17조(형식증명), 제17조의 2(수입 항공기 등의 형식증명승인), 제17조의 3(제작증명), 제18조 내지 제20조(감항증명 검사기준의 변경, 수리・개조승인, 기술표준품에 대한 형식승인) 및 제20조의 2(부품등제작자증명)에 따른 증명 또는 검사에 관한 업무를 전문검사기관에 위탁[465]할 수 있다(항공법 제154조 제2항).

10.3.3 국토교통부장관의 수리・개조승인에 관한 권한의 관계 중앙행정기관장에의 위탁

국토교통부장관은 「항공법」 제19조(수리・개조승인)에 따른 수리・개조승인에 관한 권한 중 국가기관 등 항공기의 수리・개조승인에 관한 권한을 관계 중앙행정기관의 장에게 위탁[466]할 수 있다(항공법 제154조 제3항).

10.3.4 국토교통부장관의 항공정보제공・사업계획・항공기사용사업 업무 등의 협회 위탁

국토교통부장관은 「항공법」 제73조(항공정보의 제공 등) 제1항, 제120조(사업계획) 제2항 단서(「항공법」 제132조[소형항공운송사업] 제3항 및 제134조[항공기사용사업] 제3항에서 준용하는 경우를 포함) 및 제134조(항공기사용사업) 제4항에 따른 업무를 협회에 위탁[467]할 수 있다(항공법 제154조 제4항).

10.3.5 국토교통부장관의 교통안전공단 또는 항공 관련 기관・단체에의 업무 위탁

국토교통부장관은 다음의 업무를 「교통안전공단법」에 따른 교통안전공단(이하에서는

463) 대통령령으로 정하는 바에 따라 시・도지사 또는 국토교통부장관 소속기관의 장에게 위임
464) 대통령령으로 정하는 바에 따라 소속기관장의 권한 일부를 재위임
465) 대통령령에 의한 전문검사기관에의 위탁
466) 대통령령에 의한 관계 중앙행정기관장에의 위탁
467) 대통령령에 의한 협회에의 위탁

"교통안전공단"이라고 한다) 또는 항공 관련 기관・단체에 위탁[468]할 수 있다(항공법 제154조 제5항).

1. 「항공법」 제29조(시험의 실시 및 면제)에 따른 자격증명시험업무 및 자격증명 한정심사업무와 자격증명서의 발급에 관한 업무
2. 「항공법」 제34조(계기비행증명 및 조종교육증명)에 따른 계기비행증명업무 및 조종교육증명업무와 증명서의 발급에 관한 업무
3. 「항공법」 제34조의 2(항공영어구술능력증명) 제3항에 따른 항공영어구술능력증명서의 발급에 관한 업무
4. 「항공법」 제49조의 4(항공안전 자율보고)에 따른 항공안전 자율보고의 접수・분석 및 전파에 관한 업무

10.3.6 국토교통부장관의 항공의학 관련 전문기관 및 단체에의 업무 위탁

국토교통부장관은 다음의 업무를 항공의학 관련 전문기관 또는 단체에 위탁[469]할 수 있다(항공법 제154조 제6항).

1. 「항공법」 제31조(항공신체검사증명)에 따른 항공신체검사증명에 관한 업무
2. 「항공법」 제31조의 2(항공전문의사의 지정 등) 제3항에 따른 항공전문의사의 교육에 관한 업무

10.3.7 국토교통부장관의 영어평가 관련 전문기관 및 단체에의 업무 위탁

국토교통부장관은 「항공법」 제34조의 2(항공영어구술능력증명) 제2항에 따른 항공영어구술능력증명시험의 실시에 관한 업무를 영어평가 관련 전문기관 또는 단체에 위탁[470]할 수 있다(항공법 제154조 제7항).

10.3.8 국토교통부장관의 공항운영자에 대한 항행안전시설사용료 징수업무의 위탁

국토교통부장관은 「항공법」 제86조(사용료) 제1항에 따른 항행안전시설사용료의 징수업무를 공항운영자에게 위탁[471]할 수 있다(항공법 제154조 제8항).

---

468) 대통령령에 의한 「교통안전공단법」에 따른 교통안전공단 또는 항공 관련 기관・단체에 위탁
469) 대통령령에 의한 항공의학 관련 전문기관 또는 단체에의 위탁
470) 대통령령에 의한 영어평가 관련 전문기관 또는 단체에의 위탁

10.3.9 국토교통부장관의 한국교통연구원 또는 항공 관련 기관 · 단체에 대한 항공교통서비스 평가업무 및 보고서 발간업무의 위탁

국토교통부장관은 「항공법」 제119조의 3(항공교통서비스 평가 등)에 따른 항공교통서비스 평가에 관한 업무 및 제119조의 4(항공교통이용자를 위한 정보의 제공 등)에 따른 항공교통이용자를 위한 항공교통서비스 보고서의 발간에 관한 업무를 「정부출연연구기관 등의 설립 · 운영 및 육성에 관한 법률」에 따라 설립된 한국교통연구원 또는 항공 관련 기관 · 단체에 위탁[472]할 수 있다(항공법 제154조 제9항).

10.3.10 위탁업무 종사자인 전문검사기관, 협회, 교통안전공단, 전문기관 및 단체 등의 임직원에 대한 공무원 간주규정

위 「항공법」 제154조(권한의 위임 · 위탁 등) 제2항 및 제4항 내지 제9항의 규정에 따라 국토교통부장관이 위탁한 업무에 종사하는 전문검사기관, 협회, 교통안전공단, 전문기관 또는 단체 등의 임직원은 「형법」 제129조 내지 제132조(수뢰 및 사전수뢰 · 제삼자뇌물제공 · 수뢰 후 부정처사 · 사후수뢰 · 알선수뢰)를 적용할 때에는, 공무원으로 본다(항공법 제154조 제10항).

10.4 청문

국토교통부장관은 다음에 해당하는 처분을 하려면 청문을 하여야 한다(항공법 제154조의 2).

1. 「항공법」 제15조(감항증명) 제6항에 따른 감항증명의 취소

1의2. 「항공법」 제15조의 2(항공기 등의 감항승인) 제3항에 따른 감항승인의 취소

1의3. 「항공법」 제16조(소음기준적합증명) 제3항에 따른 소음기준적합증명의 취소

1의4. 「항공법」 제17조(형식증명) 제5항에 따른 형식증명 또는 부가형식증명의 취소

1의5. 「항공법」 제17조의 2(수입 항공기 등의 형식증명승인) 제6항에 따른 형식증명승인 또는 부가형식증명승인의 취소

---

471) 대통령령에 의한 공항운영자에의 위탁

472) 대통령령에 의한 「정부출연연구기관 등의 설립 · 운영 및 육성에 관한 법률」에 따라 설립된 한국교통연구원 또는 항공 관련 기관 · 단체에의 위탁

1의6. 「항공법」 제17조의 3(제작증명) 제3항에 따른 제작증명의 취소
1의7. 「항공법」 제20조(기술표준품에 대한 형식승인) 제4항에 따른 기술표준품에 대한 형식승인의 취소
1의8. 「항공법」 제20조의 2(부품등제작자증명) 제4항에 따른 부품 등 제작자증명의 취소
1의9. 「항공법」 제23조의 3(초경량비행장치 조종자 증명의 취소 등)에 따른 초경량비행장치 조종자 증명의 취소
1의10. 「항공법」 제29조의 3(전문교육기관의 지정・육성) 제4항에 따른 전문교육기관 지정의 취소
2. 「항공법」 제31조의 3(항공전문의사 지정의 취소 등) 제1항에 따른 항공전문의사 지정의 취소
3. 「항공법」 제33조(자격증명・항공신체검사증명의 취소 등) 제1항 또는 제2항에 따른 자격증명 등 또는 항공신체검사증명의 취소
4. 「항공법」 제34조(계기비행증명 및 조종교육증명) 제4항에서 준용하는 제33조(자격증명・항공신체검사증명의 취소 등) 제1항에 따른 계기비행증명 및 조종교육증명의 취소
5. 「항공법」 제34조의 2(항공영어구술능력증명) 제6항에서 준용하는 제33조(자격증명・항공신체검사증명의 취소 등) 제1항에 따른 항공영어구술능력증명의 취소
6. 「항공법」 제51조(조종사의 운항자격) 제3항에 따른 자격인정의 취소
7. 「항공법」 제60조(위험물 포장 및 용기의 검사 등) 제5항에 따른 포장・용기검사기관 지정의 취소
8. 「항공법」 제61조(위험물취급에 관한 교육 등) 제5항에 따른 전문교육기관 지정의 취소
9. 「항공법」 제81조(허가의 취소)에 따른 비행장 또는 항행안전시설 설치허가의 취소
10. 「항공법」 제110조(감독) 제1항에 따른 공항개발사업의 시행 및 관리에 관한 허가・승인 또는 지정의 취소
11. 「항공법」 제111조의 5(공항운영증명 취소 등) 제1항에 따른 공항운영증명의 취소
12. 「항공법」 제115조의 3(항공운송사업 운항증명의 취소 등) 제1항에 따른 운항증명의 취소

12의2. 「항공법」 제115조의 3(항공운송사업 운항증명의 취소 등) 제2항에 따른 항공기사용사업 등록의 취소
13. 「항공법」 제129조(면허의 취소 등) 제1항에 따른 국내항공운송사업 또는 국제항공운송사업 면허의 취소
14. 「항공법」 제132조(소형항공운송사업) 제3항에서 준용하는 제129조(면허의 취소 등) 제1항에 따른 소형항공운송사업 등록의 취소
15. 「항공법」 제134조(항공기사용사업) 제3항에서 준용하는 제129조(면허의 취소 등) 제1항에 따른 항공기사용사업 등록의 취소
16. 「항공법」 제138조의 2(정비조직인증의 취소 등) 제1항에 따른 정비조직인증의 취소
17. 「항공법」 제142조(준용규정) 제1항에서 준용하는 제129조(면허의 취소 등) 제1항에 따른 항공기취급업 등록의 취소
18. 「항공법」 제142조(준용규정) 제2항에서 준용하는 제129조(면허의 취소 등) 제1항에 따른 항공기정비업 등록의 취소
19. 「항공법」 제142조(준용규정) 제3항에서 준용하는 제129조(면허의 취소 등) 제1항에 따른 상업서류 송달업·항공운송 총대리점업 및 도심공항터미널업 영업소의 폐쇄
19의2. 「항공법」 제142조(준용규정) 제4항에서 준용하는 제129조(면허의 취소 등) 제1항에 따른 항공기대여업 등록의 취소
19의3. 「항공법」 제142조(준용규정) 제5항에서 준용하는 제129조(면허의 취소 등) 제1항에 따른 초경량비행장치사용사업 등록의 취소
20. 「항공법」 제150조(허가의 취소 등) 제1항에 따른 외국인 국제항공운송사업 허가의 취소

10.5 수수료 등

10.5.1 수수료 납부자

다음에 해당하는 자는 수수료[473]를 내야 한다(항공법 제155조 제1항).

473) 국토교통부령에 의한 수수료

1. 면허 · 허가 · 증명 · 인가 · 승인 · 인증 · 등록 또는 검사[474](이하에서는 "검사 등"이라고 한다)를 받으려는 자
2. 신고[475]를 하려는 자
3. 증명서 · 면허증 또는 허가서의 발급 또는 재발급[476]을 신청하는 자

10.5.2 검사 등을 위한 현지출장비의 납부 및 여비기준

검사 등을 위하여, 현지출장이 필요한 경우에는, 그 출장에 드는 여비를 신청인이 내야 한다. 이 경우, 여비의 기준은 국토교통부령으로 정한다(항공법 제155조 제2항).

11. 벌칙

11.1 항공상 위험 발생 등의 죄

비행장, 공항시설 또는 항행안전시설을 파손하거나, 그 밖의 방법으로 항공상의 위험을 발생시킨 사람은, 2년 이상의 유기징역에 처한다(항공법 제156조).

11.2 항행 중 항공기 위험 발생의 죄

11.2.1 항행 중인 항공기를 추락 또는 전복 및 파괴한 자에 대한 처벌

항행 중인 항공기를 추락 또는 전복(顚覆)시키거나, 파괴한 사람은 사형, 무기징역 또는 5년 이상의 징역에 처한다(항공법 제157조 제1항).

11.2.2 항공상의 위험을 발생시켜 항행 중인 항공기를 추락 또는 전복 및 파괴한 자에 대한 처벌

항공상 위험 발생 등의 죄(항공법 제156조)를 지어, 항행 중인 항공기를 추락 또는 전복시키거나 파괴한 사람도 사형, 무기징역 또는 5년 이상의 징역에 처한다(항공법 제

474) 「항공법」에 의한 면허 · 허가 · 증명 · 인가 · 승인 · 인증 · 등록 또는 검사
475) 「항공법」에 의한 신고
476) 「항공법」에 의한 증명서 · 면허증 또는 허가서의 발급 또는 재발급

157조 제2항).

11.3 항행 중 항공기 위험 발생으로 인한 치사 · 치상의 죄

항행 중 항공기 위험 발생의 죄(항공법 제157조)를 지어, 사람을 사상(死傷)에 이르게 한 사람은 사형, 무기징역 또는 7년 이상의 징역에 처한다(항공법 제158조).

11.4 미수범

항공상 위험 발생 등의 죄(항공법 제156조)와 항행 중인 항공기를 추락 또는 전복(顚覆)시키거나, 파괴한 죄(항공법 제157조 제1항)의 미수범도 처벌한다(항공법 제159조).

11.5 과실에 따른 항공상 위험 발생 등의 죄

11.5.1 과실로 인한 항공상 위험발생 등의 죄에 대한 처벌

과실로 항공기 · 비행장 · 공항시설 또는 항행안전시설을 파손하거나, 그 밖의 방법으로 항공상의 위험을 발생시키거나, 항행 중인 항공기를 추락 또는 전복시키거나 파괴한 사람은 1년 이하의 징역이나, 금고 또는 2천만원 이하의 벌금에 처한다(항공법 제160조 제1항).

11.5.2 업무상 및 중대한 과실로 인한 항공상 위험발생 등의 죄에 대한 처벌

업무상 및 중대한 과실로 인한 항공상 위험발생 등의 죄(항공법 제160조 제1항)를 지은 경우에는, 3년 이하의 징역이나, 금고 또는 5천만원 이하의 벌금에 처한다(항공법 제160조 제1항).

11.6 감항증명을 받지 아니한 항공기 사용 등의 죄

다음에 해당하는 자는 3년 이하의 징역 또는 5천만원 이하의 벌금에 처한다(항공법 제161조).

1. 「항공법」 제15조(감항증명) 또는 제16조(소음기준적합증명)를 위반하여, 감항증

명 또는 소음기준적합증명을 받지 아니하거나, 이에 합격하지 아니한 항공기를 항공에 사용한 자

2. 「항공법」 제19조(수리 · 개조승인)를 위반하여, 수리 · 개조승인을 받지 아니한 항공기 등 또는 장비품 · 부품을 운항 또는 항공기 등에 사용한 자
3. 「항공법」 제20조(기술표준품에 대한 형식승인) 제3항을 위반하여, 기술표준품에 대한 형식승인을 받지 아니한 기술표준품을 제작 · 판매하거나, 항공기 등에 사용한 자
5. 「항공법」 제20조의 2(부품등제작자증명)를 위반하여, 부품등제작자증명을 받지 아니한 장비품 또는 부품을 제작 · 판매하거나, 항공기 등 또는 장비품에 사용한 자
6. 「항공법」 제22조(항공기 등의 정비 등의 확인)를 위반하여, 기술기준에 적합하다는 확인을 받지 아니한 항공기 등 · 장비품 또는 부품을 항공에 사용한 자

11.7 공항운영증명에 관한 죄

「항공법」 제111조의 2(공항운영증명 등)를 위반하여, 공항운영증명을 받지 아니하고, 공항을 운영한 자는 3년 이하의 징역 또는 3천만원 이하의 벌금에 처한다(항공법 제161조의 2).

11.8 주류 등의 섭취 · 사용 등의 죄

다음에 해당하는 사람은 3년 이하의 징역 또는 3천만원 이하의 벌금에 처한다(항공법 제161조의 3).

1. 「항공법」 제47조(주류 등) 제1항을 위반하여, 주류 등의 영향으로 항공업무(조종연습을 포함) 또는 객실승무원의 업무를 정상적으로 수행할 수 없는 상태에서 그 업무에 종사한 항공종사자(조종연습을 하는 사람 포함. 이하 이 조에서는 동일) 또는 객실승무원
2. 「항공법」 제47조(주류 등) 제2항을 위반하여, 주류 등을 섭취하거나, 사용한 항공종사자 또는 객실승무원
3. 「항공법」 제47조(주류 등) 제3항을 위반하여, 국토교통부장관의 측정에 응하지

아니한 항공종사자 또는 객실승무원

11.9 무표시 등의 죄

「항공법」 제39조(국적 등의 표시)에 따른 표시를 하지 아니하거나, 거짓 표시를 한 항공기를 항공에 사용한 소유자 등은 1년 이하의 징역 또는 2천만원 이하의 벌금에 처한다(항공법 제162조).

11.10 승무원 등을 승무시키지 아니한 죄

11.10.1 무자격 항공종사자의 승무 또는 자격 항공종사자 무승무에 대한 처벌

항공종사자의 자격이 없는 사람을 항공기에 승무(乘務)시키거나, 「항공법」에 따라 항공기에 승무시켜야 할 승무원을 승무시키지 아니한 소유자 등은 1년 이하의 징역 또는 2천만원 이하의 벌금에 처한다(항공법 제163조 제1항).

11.10.2 항행 안전과 관련된 규정들을 위반한 것에 대한 처벌

「항공법」 제40조(무선설비의 설치 · 운용 의무), 제41조(항공계기 등의 설치 · 탑재 및 운용 등), 제43조(항공기의 연료 등), 제44조(항공기의 등불), 제59조(위험물 운송 등) 제1항 또는 제146조(군수품 수송의 금지)를 위반한 자는 2천만원 이하의 벌금에 처한다(항공법 제163조 제2항).

11.11 무자격자의 항공업무 종사 등의 죄

다음에 해당하는 사람은 2년 이하의 징역 또는 1천만원 이하의 벌금에 처한다(항공법 제164조).

1. 「항공법」 제25조(항공종사자 자격증명 등)를 위반하여, 자격증명을 받지 아니하고, 항공업무에 종사한 사람
2. 「항공법」 제33조(자격증명 · 항공신체검사증명의 취소 등)에 따른 업무정지명령을 위반하거나, 별표에 따른 업무 범위를 위반하여, 항공업무에 종사한 항공종사자(조종연습을 하는 사람 포함)

3. 「항공법」 제34조의 2(항공영어구술능력증명)를 위반하여, 항공영어구술능력증명을 받지 아니하고, 동 조 제1항 각 호[477]에 해당하는 업무에 종사한 사람

11.12 무자격 계기비행 등의 죄

「항공법」 제34조(계기비행증명 및 조종교육증명) 제1항 또는 제2항, 제45조(운항승무원의 조건), 제82조(장애물의 제한 등) 제1항(「항공법」 제111조[준용규정]에서 준용하는 경우를 포함) 또는 제85조(금지행위)(「항공법」 제111조[준용규정]에서 준용하는 경우를 포함)를 위반한 자는 2천만원 이하의 벌금에 처한다(항공법 제165조).

11.13 수직분리축소공역 등에서 승인 없이 운항한 죄

「항공법」 제69조의 3(수직분리축소공역 등에서의 항공기 운항)을 위반하여, 국토교통부장관의 승인을 받지 아니하고, 수직분리축소공역 또는 성능기반항행요구공역 등 공역[478]에서 항공기를 운항한 소유자 등은 1천만원 이하의 벌금에 처한다(항공법 제165조의 2).

11.14 기장 등의 탑승자 권리행사 방해의 죄

11.14.1 직권남용 기장 또는 조종사에 대한 처벌

직권을 남용하여 항공기에 있는 사람에게 그의 의무가 아닌 일을 시키거나, 그의 권리행사를 방해한 기장 또는 조종사는 1년 이상 10년 이하의 징역에 처한다(항공법 제166조 제1항).

11.14.2 직권남용에 있어서 폭력을 행사한 기장 또는 조종사에 대한 처벌

폭력을 행사하여 「항공법」 제166조 제1항의 죄(직권남용죄)를 지은 기장 또는 조종사

---

477) 「항공법」 제34조의 2 제1항
1. 두 나라 이상의 영공(領空)을 운항하는 항공기의 조종
2. 두 나라 이상의 영공을 운항하는 항공기에 대한 관제
3. 「항공법」 제80조의 3에 따른 항공통신업무 중 두 나라 이상의 영공을 운항하는 항공기에 대한 무선통신

478) 국토교통부령에 의한 공역

는 3년 이상의 유기징역에 처한다(항공법 제166조 제2항).

11.15 기장의 항공기 이탈의 죄

「항공법」 제50조(기장의 권한 등) 제4항을 위반하여, 항공기를 떠난 기장(기장의 임무를 수행할 사람을 포함)은 5년 이하의 징역에 처한다(항공법 제167조).

11.16 기장의 보고의무 등의 위반에 관한 죄

다음에 해당하는 자는 500만원 이하의 벌금에 처한다(항공법 제168조).

1. 「항공법」 제50조(기장의 권한 등) 제5항 또는 제6항을 위반하여, 항공기사고 · 항공기 준사고 또는 항공안전장애에 관한 보고를 하지 아니한 자
2. 「항공법」 제50조(기장의 권한 등) 제5항 또는 제6항에 따른 항공기사고 · 항공기 준사고 또는 항공안전장애에 관한 보고를 거짓으로 한 자
3. 「항공법」 제52조(운항관리사) 제2항에 따른 승인을 받지 아니하고, 항공기를 출발시키거나, 비행계획을 변경한 자

11.17 운항승무원 등의 직무에 관한 죄

11.17.1 운항승무원 등에 대한 처벌

운항승무원 등으로서, 다음에 해당하는 사람은 500만원 이하의 벌금에 처한다(항공법 제169조 제1항).

1. 「항공법」 제38조의 2(비행제한 등), 제53조 내지 제55조(이착륙의 장소 · 비행규칙 등 · 비행 중 금지행위 등) 또는 제144조(외국항공기의 항행) 제1항을 위반한 사람
2. 「항공법」 제70조(항공교통업무 등) 제1항에 따른 지시에 따르지 아니한 사람
3. 「항공법」 제144조(외국항공기의 항행) 제4항에 따른 착륙 요구에 따르지 아니한 사람

11.17.2 운항승무원의 죄에 대한 기장의 처벌

기장 외의 운항승무원이 제1항에 따른 죄를 지은 경우에는, 그 행위자를 벌하는 외에 기장도 500만원 이하의 벌금에 처한다(항공법 제169조 제2항).

11.18 비행장 불법 사용 등의 죄

다음에 해당하는 자는 2천만원 이하의 벌금에 처한다(항공법 제170조).

1. 「항공법」 제75조(비행장 및 항행안전시설의 설치) 제2항을 위반하여 허가를 받지 아니하고 비행장을 설치한 자
2. 「항공법」 제77조(비행장 및 항행안전시설의 완성검사) 제1항에 따른 검사를 받지 아니하고 비행장을 사용한 자
3. 「항공법」 제81조(허가의 취소)에 따라 허가가 취소된 비행장을 사용한 자

11.19 항행안전시설 무단설치의 죄

「항공법」 제75조(비행장 및 항행안전시설의 설치) 제2항을 위반하여, 허가를 받지 아니하고, 항행안전시설을 설치한 자는 1천만원 이하의 벌금에 처한다(항공법 제171조).

11.20 초경량비행장치 불법 사용 등의 죄

11.20.1 초경량비행장치의 신고, 변경신고 및 이전신고 없이 비행한 자에 대한 처벌

「항공법」 제23조(초경량비행장치 등) 제1항 또는 제23조의 2(초경량비행장치의 변경신고 등)를 위반하여, 초경량비행장치의 신고, 변경신고 또는 이전신고를 하지 아니하고, 비행을 한 자는 6개월 이하의 징역 또는 500만원 이하의 벌금에 처한다(항공법 제172조 제1항).

11.20.2 초경량비행장치로 비행제한공역을 승인없이 비행한 자에 대한 처벌

「항공법」 제23조(초경량비행장치 등) 제2항을 위반하여, 초경량비행장치[479]를 사용

479) 국토교통부령에 의한 초경량비행장치

하여, 국토교통부장관이 고시하는 초경량비행장치 비행제한공역을 승인 없이 비행한 자는 200만원 이하의 벌금에 처한다(항공법 제172조 제2항).

11.20.3 자격기준에 적합한 증명과 안정성인증을 받지 않고 초경량비행장치에 타인을 탑승시킨 자에 대한 처벌

「항공법」 제23조(초경량비행장치 등) 제3항에 따른 자격기준에 적합하다는 증명을 받지 아니하고, 비행안전을 위한 기술상의 기준에 적합하다는 안정성인증[480]을 받지 아니한 초경량비행장치에 영리를 목적으로 타인을 탑승시켜 비행을 한 사람은 1년 이하의 징역 또는 1천만원 이하의 벌금에 처한다(항공법 제172조 제3항).

11.20.4 초경량비행장치를 영리목적으로 사용한 자에 대한 처벌

「항공법」 제23조(초경량비행장치 등) 제5항을 위반하여, 초경량비행장치를 영리목적으로 사용한 자는 6개월 이하의 징역 또는 500만원 이하의 벌금에 처한다(항공법 제172조 제4항).

11.21 경량항공기 불법 사용 등의 죄

11.21.1 안전성인증을 받지 않은 경량항공기로 비행한 자나 비행하게 한 자에 대한 벌금

안전성인증[481]을 받지 아니한 경량항공기를 사용하여 비행을 한 자 또는 비행을 하게 한 자는 1년 이하의 징역 또는 1천만원 이하의 벌금에 처한다(항공법 제172조의 2 제1항).

11.21.2 경량항공기를 영리목적으로 사용한 자에 대한 벌금

「항공법」 제24조(경량항공기 등) 제6항을 위반하여, 경량항공기를 영리목적으로 사용한 자는 1년 이하의 징역 또는 1천만원 이하의 벌금에 처한다(항공법 제172조의 2 제2항).

---

480) 「항공법」 제23조 제4항에 의한 비행안전을 위한 기술상의 기준에 적합하다는 안정성인증
481) 「항공법」 제24조 제2항에 의한 안전성인증

11.21.3 통제공역 비행자에 대한 벌금

「항공법」 제24조(경량항공기 등) 제8항에 따라 준용되는 제38조의 2(비행제한 등) 제2항을 위반하여, 통제공역에서 비행한 사람은 300만원 이하의 벌금에 처한다(항공법 제172조의 2 제3항).

11.21.4 등록기호 표시 위반 경량항공기 사용자 및 소유자에 대한 징역 및 벌금

「항공법」 제24조(경량항공기 등) 제8항에 따라 준용되는 제39조(국적 등의 표시) 제1항을 위반하여, 등록기호를 표시하지 아니하거나, 거짓으로 표시한 경량항공기를 항공에 사용한 자 또는 그 경량항공기의 소유자는 6개월 이하의 징역 또는 500만원 이하의 벌금에 처한다(항공법 제172조의 2 제4항).

11.21.5 항공종사자 자격증명의 취득없이 경량항공기를 비행한 자에 대한 징역 및 벌금

「항공법」 제25조(항공종사자 자격증명 등) 제1항을 위반하여, 경량항공기 조종사 자격증명[482]을 받지 아니하고, 경량항공기를 사용하여 비행한 사람은 6개월 이하의 징역 또는 500만원 이하의 벌금에 처한다(항공법 제172조의 2 제5항).

11.21.6 무선설비를 갖추지 않은 경량항공기를 사용 또는 소유한 자에 대한 벌금

무선설비[483]를 설치・운용하지 아니한 경량항공기를 항공에 사용한 자 또는 그 경량항공기의 소유자는 500만원 이하의 벌금에 처한다(항공법 제172조의 2 제6항).

11.22 명령 위반 등의 죄

다음에 해당하는 자는 1년 이하의 징역 또는 1천만원 이하의 벌금에 처한다(항공법 제173조).

1. 허가 또는 변경허가를 받아야 할 사항[484]을 허가 또는 변경허가 없이 행하거나,

482) 「항공법」 제26조에 의한 경량항공기 조종사 자격증명
483) 「항공법」 제40조의 2에 의한 무선설비
484) 「항공법」 제92조 제1항에 의한 허가 또는 변경허가를 받아야 할 사항

거짓 또는 부정한 방법으로 허가 또는 변경허가를 받은 자

1의2. 정당한 사유 없이 사업시행자의 행위[485]를 방해하거나 거부한 자

2. 국토교통부장관의 명령 또는 처분[486]을 위반한 자

11.23 항공운송사업자의 업무 등에 관한 죄

11.23.1 면허 · 허가 또는 등록 없이 항공운송 및 사용사업을 한 자에 대한 징역 및 벌금

면허 · 허가 또는 등록[487]을 받지 아니하고, 항공운송사업 또는 항공기사용사업을 경영한 자는 3년 이하의 징역 또는 1억원 이하의 벌금에 처한다(항공법 제174조 제1항).

11.23.2 등록 또는 신고 없이 항공기관련업을 한 자에 대한 징역 및 벌금

등록 또는 신고[488]를 하지 아니하고, 항공기취급업, 항공기정비업, 항공운송 총대리점업, 상업서류 송달업 및 도심공항터미널업을 경영하는 자는 1년 이하의 징역 또는 3천만원 이하의 벌금에 처한다(항공법 제174조 제2항).

11.23.3 면허대여 등의 금지행위를 위반한 항공관련업자에 대한 징역 및 벌금

면허대여 등의 금지[489]를 위반한 항공운송사업자, 항공기사용사업자, 항공기취급업자 및 항공기정비업자는 1년 이하의 징역 또는 3천만원 이하의 벌금에 처한다(항공법 제174조 제3항).

11.23.4 운항 횟수 및 기종제한을 위반한 외국인 국제항공운송사업자에 대한 벌금

항공기의 운항 횟수 또는 항공기 기종의 제한[490]을 위반한 외국인 국제항공운송사업자는 3천만원 이하의 벌금에 처한다(항공법 제174조 제4항).

---

485) 「항공법」 제97조 제1항에 의한 사업시행자의 행위

486) 「항공법」 제110조 제1항에 의한 국토교통부장관의 명령 또는 처분

487) 「항공법」 제112조, 제132조 제1항, 제134조 제1항 또는 제147조 제1항에 의한 면허 · 허가 또는 등록

488) 「항공법」 제137조, 제137조의 2 또는 제139조에 의한 등록 또는 신고

489) 「항공법」 제123조(제132조 제3항, 제134조 제3항 또는 제142조 제1항 · 제2항에서 준용하는 경우를 포함)에 의한 면허대여 등의 금지

490) 「항공법」 제147조 제1항 후단에 의한 운항 횟수 또는 항공기 기종의 제한

11.23.5 허가 또는 외국항공기 국내 운송금지 규정을 위반하고 유상운송한 자에 대한 벌금

허가[491]를 받지 아니하고, 유상운송[492]을 한 자 또는 외국항공기의 국내 운송금지 규정(항공법 제149조)을 위반하여, 유상운송을 한 자는 3천만원 이하의 벌금에 처한다(항공법 제174조 제5항).

11.24 항공운송사업자의 운항증명 등에 관한 죄

다음에 해당하는 자는 3년 이하의 징역 또는 3천만원 이하의 벌금에 처한다(항공법 제175조).

1. 운항증명[493]을 받지 아니하고, 운항을 시작한 국내항공운송사업자, 국제항공운송사업자 또는 소형항공운송사업자
2. 「항공법」 제138조(정비조직인증 등)를 위반하여, 정비조직인증을 받지 아니하고, 항공기 등·장비품 또는 부품에 대한 정비 등을 한 사람

11.25 외국인 국제항공운송사업자의 업무 등에 관한 죄

외국인 국제항공운송사업자가 다음에 해당하는 경우에는, 1천만원 이하의 벌금에 처한다(항공법 제176조).

1. 「항공법」 제147조의 2(안전운항을 위한 외국인 국제항공운송사업자의 준수사항 등) 제1항을 위반하여, 서류[494]를 항공기에 싣지 아니하고 운항한 경우
2. 사업정지명령[495]을 위반한 경우
3. 「항공법」 제152조(외국인 국제항공운송사업자에 대한 준용)에서 준용하는 제117조(운임 및 요금의 인가 등) 제1항에 따른 인가를 받지 아니하거나, 신고를 하지 아니하고 운임 또는 요금을 받은 경우
4. 「항공법」 제152조(외국인 국제항공운송사업자에 대한 준용)에서 준용하는 제120

---

491) 「항공법」 제148조에 의한 허가
492) 「항공법」 제148조에 의한 유상운송
493) 「항공법」 제115조의 2 제1항(제132조 제3항에서 준용하는 경우를 포함)에 따른 운항증명
494) 「항공법」 제147조의 2 제1항 각 호의 서류
495) 「항공법」 제150조에 의한 사업정지명령

조(사업계획) 제2항에 따른 인가를 받지 아니하거나, 신고를 하지 아니하고, 사업 계획을 변경한 경우

5. 「항공법」 제152조(외국인 국제항공운송사업자에 대한 준용)에서 준용하는 제121조(운수에 관한 협정 등)에 따른 인가 또는 변경인가를 받지 아니한 운수협정 또는 제휴협정을 이행하거나, 변경신고를 하지 아니한 경우
6. 「항공법」 제152조(외국인 국제항공운송사업자에 대한 준용)에서 준용하는 제122조(사업개선명령, 단 제6호는 제외)에 따른 사업개선명령을 이행하지 아니한 경우

11.26 항공운송사업자의 업무 등에 관한 죄

11.26.1 1천만원 이하의 벌금

국내항공운송사업자, 국제항공운송사업자, 소형항공운송사업자 또는 항공기사용사업자가 다음에 해당하는 경우에는, 1천만원 이하의 벌금에 처한다(항공법 제177조 제1항).

1. 운항규정 또는 정비규정[496]을 따르지 아니하고 항공기를 운항하거나 정비한 경우
2. 인가[497]를 받지 아니하거나, 신고[498]를 하지 아니하고 운임 또는 요금을 받은 경우
3. 「항공법」 제120조(사업계획) 제1항을 위반하거나, 동 조 제2항(「항공법」 제132조[소형항공운송사업] 제3항 또는 제134조[항공기사용사업] 제3항에서 준용하는 경우를 포함)에 따른 인가를 받지 아니하고 사업계획을 정하거나 변경한 경우
4. 「항공법」 제121조(운수에 관한 협정 등)(「항공법」 제132조 제3항에서 준용하는 경우를 포함)를 위반하여, 인가 또는 변경인가를 받지 아니한 운수협정 또는 제휴협정을 이행하거나, 변경신고를 하지 아니한 경우
5. 「항공법」 제122조(사업개선명령)(제6호는 제외하고, 제132조[소형항공운송사업] 제3항 또는 제134조[항공기사용사업] 제3항에서 준용하는 경우를 포함)에 따른 사업개선명령을 위반한 경우
6. 「항공법」 제127조(휴업 · 휴지)(「항공법」 제132조 제3항에서 준용하는 경우를 포함)를 위반하여, 휴업 또는 휴지를 한 경우

---

496) 「항공법」 제116조(「항공법」 제132조 제4항 또는 제134조 제3항에서 준용하는 경우를 포함)에 따른 운항규정 또는 정비규정
497) 「항공법」 제117조에 따른 인가
498) 「항공법」 제117조에 따른 신고

7. 「항공법」 제129조(면허의 취소 등)(「항공법」 제132조[소형항공운송사업] 제3항 또는 제134조[항공기사용사업] 제3항에서 준용하는 경우를 포함)에 따른 사업정지명령을 위반한 경우
8. 「항공법」 제69조의 2(쌍발비행기의 운항승인)를 위반하여, 승인을 받지 아니하고, 쌍발비행기를 운항한 경우

11.26.2 항공기취급업자, 항공기정비업자, 항공기대여업자 또는 초경량비행장치사용사업자의 명령위반

항공기취급업자, 항공기정비업자, 항공기대여업자 또는 초경량비행장치사용사업자가 「항공법」 제142조(준용규정) 제1항 · 제2항 · 제4항 또는 제5항에서 준용하는 명령[499]을 위반한 경우에는, 1천만원 이하의 벌금에 처한다(항공법 제177조 제2항).

11.26.3 항공운송 총대리점업자, 상업서류 송달업자 및 도심공항터미널업자의 「항공법」 제122조 제1호의 위반

항공운송 총대리점업자, 상업서류 송달업자 및 도심공항터미널업자가 「항공법」 제142조(준용규정) 제3항에 따라 준용되는 「항공법」 제122조(사업개선명령) 제1호(사업계획의 변경)를 위반한 경우에는, 1천만원 이하의 벌금에 처한다(항공법 제177조 제3항).

11.27 검사 거부 등의 죄

「항공법」 제80조(비행장 및 항행안전시설의 관리) 제2항 · 제3항 및 제111조의 4(공항운영의 검사 등) 제1항 또는 제153조(항공안전 활동) 제2항 내지 제4항의 규정에 따른 검사 또는 출입을 거부 · 방해하거나, 기피한 자는 500만원 이하의 벌금에 처한다(항공법 제178조).

499) 「항공법」 제122조에 따른 명령

11.28 양벌 규정

법인의 대표자나 법인 또는 개인의 대리인, 사용인, 그 밖의 종업원이 그 법인 또는 개인의 업무에 관하여 「항공법」 제162조(무표시 등의 죄), 제163조(승무원 등을 승무시키지 아니한 죄), 제165조(무자격 계비비행 등의 죄), 제170조 내지 제172조(비행장 불법 사용 등의 죄 · 항행안전시설 무단설치의 죄 · 초경량비행장치 불법 사용 등의 죄), 제172조의 2(경량항공기 불법 사용 등의 죄), 제173조 내지 제178조(명령 위반 등의 죄 · 항공운송사업자의 업무 등에 관한 죄 · 항공운송사업자의 운항증명 등에 관한 죄 · 외국인 국제항공운송사업자의 업무 등에 관한 죄 · 검사 거부 등의 죄) 중 어느 하나에 해당하는 위반행위를 하면, 그 행위자를 벌하는 외에 그 법인 또는 개인에게도 해당 조문의 벌금형을 과(科)한다. 다만, 법인 또는 개인이 그 위반행위를 방지하기 위하여, 해당 업무에 관하여 상당한 주의와 감독을 게을리하지 아니한 경우에는, 해당 조문의 벌금형을 과하지 아니한다(항공법 제179조).

11.29 벌칙 적용의 특례

「항공법」 제174조(제1항 및 제3항은 제외) 내지 제178조(항공운송사업자의 업무 등에 관한 죄 · 항공운송사업자의 운항증명 등에 관한 죄 · 외국인 국제항공운송사업자의 업무 등에 관한 죄 · 검사 거부 등의 죄)의 벌칙에 관한 규정을 적용할 때, 과징금의 부과에 관한 규정인 「항공법」 제115조의 4 및 제131조(제132조 제3항, 제134조 제3항, 제142조 및 제150조 제2항에서 준용하는 경우를 포함)에 따라 과징금을 부과할 수 있는 행위에 대하여는, 국토교통부장관의 고발이 있어야 공소를 제기할 수 있으며, 과징금을 부과한 행위에 대하여는 과태료를 부과할 수 없다(항공법 제181조).

11.30 2천만원 이하의 과태료

항공교통이용자를 보호[500]하기 위한 사업개선명령을 이행하지 아니한 항공교통사업자 중 항공운송사업자(외국인 국제항공운송사업자를 포함)에 대하여는 2천만원 이하의 과태료를 부과한다(항공법 제181조의 2).

---

500) 「항공법」 제122조 제6호

11.31 500만원 이하의 과태료

다음에 해당하는 자에게는 500만원 이하의 과태료를 부과한다(항공법 제182조).

1. 초경량비행장치의 비행안전을 위한 기술상의 기준에 적합하다는 안전성인증[501]을 받지 아니하고 비행한 사람(통제공역에서 비행한 사람은 제외[502]))
2. 항공기대여업에의 사용·초경량비행장치사용사업에의 사용·초경량비행장치의 조종교육에의 사용[503]) 이외의 부분 단서를 위반하여 보험에 가입하지 아니하고 항공기대여업·초경량비행장치사용사업·초경량비행장치의 조종교육에 항공기를 사용한 자
3. 보험에 가입하지 아니하고 경량항공기를 사용[504])하여 비행한 자

3의2. 다음에 해당[505])하는 자(국내항공운송사업 또는 국제항공운송사업의 면허를 받은 자·소형항공운송사업의 등록을 한 자[506]) 중 항공운송사업자 이외의 자만 해당)

가. 국외 운항을 시작하기 전까지 항공안전관리시스템을 마련하지 아니한 자

나. 국토교통부장관의 승인을 받지 아니하고 항공안전관리시스템을 운용한 자

다. 항공안전관리시스템을 승인받은 내용과 다르게 운용한 자

라. 국토교통부장관의 승인을 받지 아니하고 안전목표에 관한 사항 등 국토교통부령으로 정하는 중요 사항을 변경한 자

4. 「항공법」 제52조(운항관리사) 제1항을 위반하여, 운항관리사를 두지 아니하고, 항공기를 운항한 항공운송사업자 이외의 자
5. 「항공법」 제52조(운항관리사) 제3항을 위반하여, 운항관리사가 해당 업무를 수행하는 데에 필요한 교육훈련을 하지 아니하고, 업무에 종사하게 한 항공운송사업자 이외의 자
6. 위험물취급의 절차와 방법[507])에 따르지 아니하고 위험물취급을 한 자

---

501) 「항공법」 제23조 제4항
502) 「항공법」 제172조 제3항에 의하면, 이 경우에는 300만원 이하의 벌금에 처한다.
503) 「항공법」 제23조 제5항 제1호 내지 제3호
504) 「항공법」 제24조 제4항
505) 「항공법」 제49조 제2항 위반
506) 「항공법」 제49조 제2항 제3호
507) 「항공법」 제59조 제2항에 따른 위험물취급의 절차와 방법

7. 검사[508]를 받지 아니한 포장 및 용기를 판매한 자
8. 「항공법」 제61조(위험물취급에 관한 교육 등) 제1항을 위반하여, 위험물취급에 필요한 교육을 이수하지 아니하고, 위험물취급을 한 자
9. 비행장 또는 항행안전시설의 사용료[509]를 신고하지 아니하거나, 신고한 사용료와 다르게 사용료를 받은 자
10. 공항시설[510]을 관리하는 자의 명령에 따르지 아니한 자
10의2. 「항공법」 제107조(공항시설사용료) 제2항을 위반하여, 공항시설사용료를 신고 또는 승인받지 아니하거나, 신고 또는 승인받은 사용료와 다르게 사용료를 받은 자
11. 「항공법」 제111조의 3(공항운영규정) 제1항 본문을 위반하여, 인가를 받지 아니하고, 공항운영규정을 변경한 공항운영자
12. 「항공법」 제111조의 3(공항운영규정) 제2항을 위반하여, 공항운영규정을 변경하지 아니한 공항운영자
13. 「항공법」 제111조의 4(공항운영의 검사 등) 제1항을 위반하여, 공항안전운영기준 및 공항운영규정에 따라 공항의 안전운영체계를 지속적으로 유지하지 아니한 공항운영자
14. 운임표[511] 등을 갖추어 두지 아니하거나, 거짓 사항을 적은 운임표 등을 갖추어 둔 자
14의2. 사업개선명령[512]을 이행하지 아니한 공항운영자
15. 「항공법」 제128조(폐업ㆍ폐지)(「항공법」 제132조[소형항공운송사업] 제3항, 제134조[항공기사용사업] 제3항 또는 제142조[준용규정]에서 준용하는 경우를 포함)를 위반하여, 폐업 또는 폐지를 하거나, 「항공법」 제142조(준용규정)에서 준용하는 신고[513]를 하지 아니하거나, 거짓 신고를 한 자
16. 보고[514] 등을 하지 아니하거나, 거짓 보고 등을 한 사람

---

508) 「항공법」 제60조 제1항에 따른 검사
509) 「항공법」 제86조 제3항에 따른 비행장 또는 항행안전시설의 사용료
510) 「항공법」 제106조의 2 제2항에 따른 공항시설
511) 「항공법」 제119조(「항공법」 제132조 제3항 또는 제142조에서 준용하는 경우를 포함)에 따른 운임표
512) 「항공법」 제122조 제6호에 따른 사업개선명령
513) 「항공법」 제127조 제2항에 따른 신고
514) 「항공법」 제153조 제1항에 따른 보고

17. 질문[515]에 대하여 거짓 진술을 한 사람
18. 운항정지, 운용정지 또는 업무정지[516]를 따르지 아니한 자

11.32 300만원 이하의 과태료

다음에 해당하는 자에게는 300만원 이하의 과태료를 부과한다(항공법 제182조의 2).

1. 「항공법」 제23조(초경량비행장치 등) 제3항을 위반하여, 자격기준에 적합하다는 증명을 받지 아니하고, 비행한 자(「항공법」 제172조[초경량비행장치 불법 사용 등의 죄] 제3항이 적용되는 경우는 제외)
2. 승인[517]을 받지 아니하고, 경량항공기를 사용하여 비행한 자
3. 정비확인[518]을 받지 아니하고, 이를 항공에 사용한 자
4. 준수사항[519]에 따르지 아니하고, 경량항공기를 사용하여 비행한 자

11.33 200만원 이하의 과태료

다음에 해당하는 자에게는 200만원 이하의 과태료를 부과한다(항공법 제183조).

1. 「항공법」 제10조(변경등록) 또는 제12조(말소등록) 제1항을 위반하여, 변경등록 또는 말소등록의 신청을 하지 아니한 자
2. 등록기호표[520]를 부착하지 아니하고, 항공기를 사용한 자
3. 감항성의 승인[521]을 받지 아니한 자
4. 초경량비행장치의 신고[522]를 하지 아니한 자(「항공법」 제172조[초경량비행장치 불법 사용 등의 죄] 제1항이 적용되는 경우는 제외)
5. 비행 시 준수사항[523]에 따르지 아니하고, 초경량비행장치를 이용하여 비행한 사람
6. 항공종사자가 아닌 사람으로서, 고의 또는 중대한 과실로 경미한 항공안전장

515) 「항공법」 제153조 제2항 또는 제4항에 따른 질문
516) 「항공법」 제153조 제9항에 따른 운항정지, 운용정지 또는 업무정지
517) 「항공법」 제24조 제1항에 따른 승인
518) 「항공법」 제24조 제3항에 따른 정비확인
519) 「항공법」 제24조 제5항에 따른 준수사항
520) 「항공법」 제14조 제1항에 따른 등록기호표
521) 「항공법」 제18조에 따른 감항성의 승인
522) 「항공법」 제23조 제1항에 따른 초경량비행장치의 신고
523) 「항공법」 제23조 제8항에 따른 비행 시 준수사항

애[524]를 발생시킨 사람

7. 「항공법」 제70조(항공교통업무 등) 제5항을 위반하여, 항공교통의 안전을 위한 국토교통부장관의 지시에 따르지 아니한 자
8. 표시등 및 표지를 설치 또는 관리[525]하지 아니한 자
9. 명령[526]을 위반한 자
10. 「항공법」 제111조의 3(공항운영규정) 제1항 단서를 위반하여, 신고를 하지 아니하고, 공항운영규정을 변경한 공항운영자
11. 「항공법」 제116조(운항규정 및 정비규정) 제3항(「항공법」 제132조[소형항공운송사업] 제3항에서 준용하는 경우를 포함)을 위반하여, 운항규정 중 비상탈출 진행 등 안전업무에 관한 규정을 지키지 아니한 객실승무원
12. 「항공법」 제116조(운항규정 및 정비규정) 제3항(「항공법」 제132조[소형항공운송사업] 제3항에서 준용하는 경우를 포함)을 위반하여, 운항규정 중 항공기 내 화물·수화물의 탑재 관리 및 항공기의 중량·균형 관리 등 안전업무에 관한 규정을 지키지 아니한 여객·화물 운송 관련 업무 수행자

11.34 100만원 이하의 과태료

다음에 해당하는 자에게는 100만원 이하의 과태료를 부과한다(항공법 제183조의 2).

1. 신고번호[527]를 표시하지 아니하거나, 거짓으로 표시한 자
2. 국토교통부령으로 정하는 장비[528]를 장착하거나, 휴대하지 아니하고, 비행한 자
3. 「항공법」 제24조(경량항공기 등) 제8항에 따라 준용되는 등록기호표[529]를 부착하지 아니하고, 비행을 한 자

524) 「항공법」 제49조의 4 제1항의 경미한 항공안전장애
525) 「항공법」 제83조(「항공법」 제111조에서 준용하는 경우를 포함) 제1항·제4항·제5항에 따른 표시등 및 표지를 설치 또는 관리
526) 「항공법」 제84조(「항공법」 제111조에서 준용하는 경우를 포함) 제2항에 따른 명령
527) 「항공법」 제23조 제1항에 따른 신고번호
528) 「항공법」 제23조 제9항에 따라 국토교통부령으로 정하는 장비
529) 「항공법」 제14조에 따른 등록기호표

11.35 50만원 이하의 과태료

「항공법」 제24조(경량항공기 등) 제8항에 따라 준용되는 변경등록 또는 말소등록의 신청[530]을 하지 아니한 자에게는 50만원 이하의 과태료를 부과한다(항공법 제183조의 3).

11.36 30만원 이하의 과태료

초경량비행장치의 변경신고, 이전신고 또는 말소신고[531]를 하지 아니한 자에게는 30만원 이하의 과태료를 부과한다(항공법 제183조의 4).

11.37 과태료의 부과 · 징수절차

과태료에 관한 「항공법」 제181조의 2(과태료),[532] 제182조(과태료),[533] 제182조의 2(과태료),[534] 제183조(과태료)[535] 및 제183조의 2[536] 내지 제183조의 4(과태료)[537]의 규정에 따른 과태료는 국토교통부장관이 부과 · 징수[538]한다(항공법 제184조).

530) 「항공법」 제10조 또는 제12조에 따른 변경등록 또는 말소등록의 신청
531) 「항공법」 제23조의 2에 따른 초경량비행장치의 변경신고, 이전신고 또는 말소신고
532) 「항공법」 제181조의 2에서는 사업개선명령을 이행하지 아니한 항공교통사업자 중 항공운송사업자(외국인 국제항공운송사업자를 포함)에 대하여는, 2천만원 이하의 과태료를 부과하도록 규정하고 있다.
533) 「항공법」 제182조의 규정을 위반한 경우에는, 500만원 이하의 과태료를 부과하도록 하고 있다.
534) 「항공법」 제182조의 2 규정을 위반한 경우에는, 300만원 이하의 과태료를 부과하도록 하고 있다.
535) 「항공법」 제183조의 규정을 위반한 경우에는, 200만원 이하의 과태료를 부과하도록 하고 있다.
536) 「항공법」 제183조의 2 규정을 위반한 경우에는, 100만원 이하의 과태료를 부과하도록 하고 있다.
537) 「항공법」 제183조의 3 규정을 위반한 경우에는, 50만원 이하의 과태료를 부과하도록 하고, 동 법 제183조의 4 규정을 위반한 경우에는, 30만원 이하의 과태료를 부과하도록 하고 있다.
538) 대통령령으로 정하는 바에 따라 국토교통부장관이 부과 · 징수

2장
항공보안법

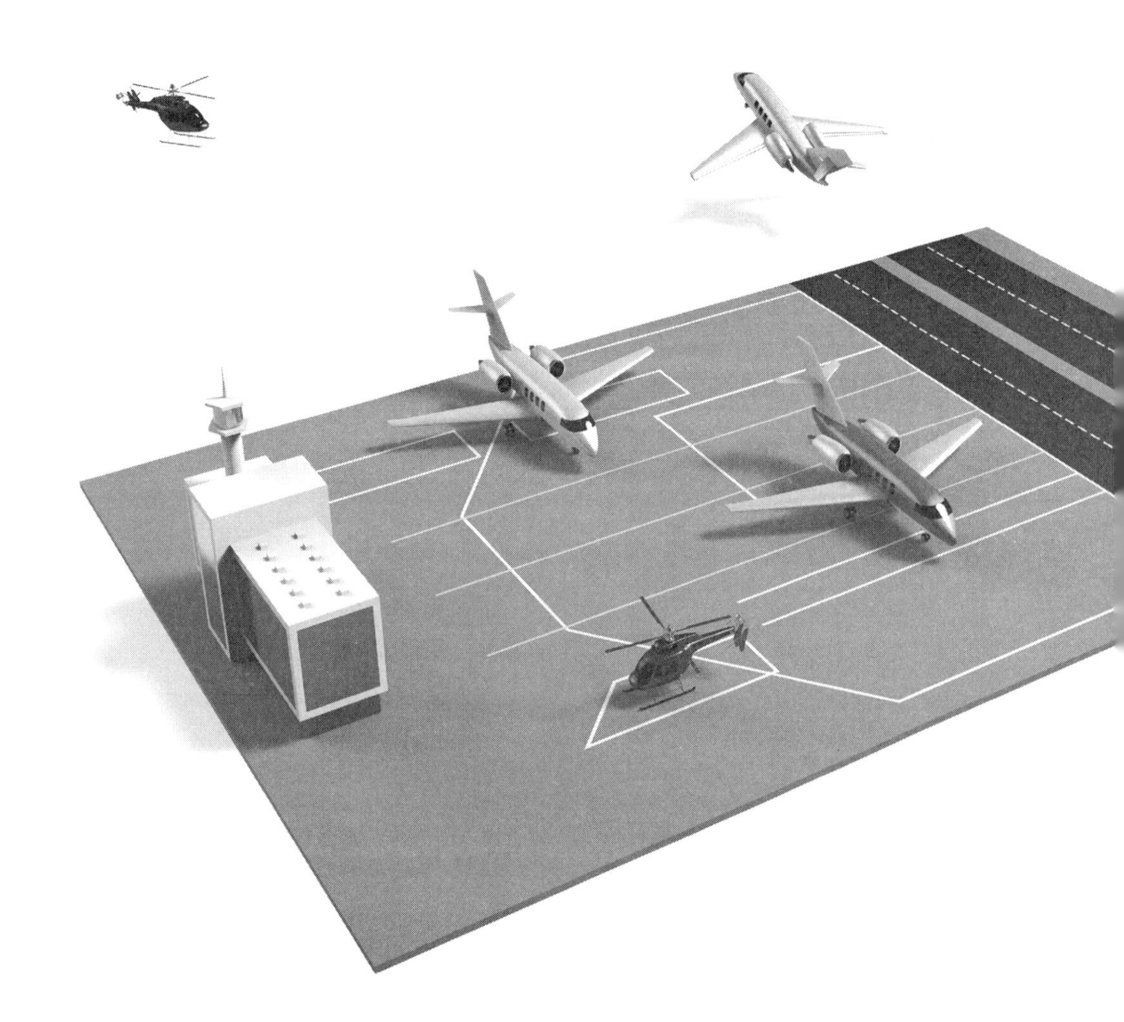

1. 항공보안법 개설

1.1 법률명의 변경이유

「항공법」(Aviation Act)의 전면적인 정비로 인하여 항공안전법(Aviation Safety Act)이 제정됨에 따라, 법률명의 유사성으로 인한 혼선을 막기 위하여 법률명을 변경하게 되었다.

1.2 「항공보안법」의 법률명 변경과정

① 2002년 8월 26일 : 「항공안전 및 보안에 관한 법률」의 전부개정[1)]

② 2002년 11월 27일 : 「항공안전 및 보안에 관한 법률」의 시행

③ 2011년 6월 30일 : 「항공안전 및 보안에 관한 법률」의 전부개정법률안[2)] 입법예고[3)]

④ 2013년 4월 5일 : 「항공안전 및 보안에 관한 법률」을 「항공보안법」으로 법률명을

---

1) 법률 제6734호

2) 「항공안전 및 보안에 관한 법률」의 전부개정법률안에서는, 2002년 8월 26일 법률 제6734호로 전부 개정을 하여 동년 11월 27일부터 시행되어 오던 「항공안전 및 보안에 관한 법률」을 「항공법」의 전면적인 정비로 인하여 「항공안전법」을 제정함에 따라, 이 법률명과의 유사성으로 인한 혼선을 방지하기 위하여, 「항공안전 및 보안에 관한 법률」을 「항공보안법」으로 법률명을 변경하고자 한다는 개정이유를 밝히고 있다(국토해양부 공고 제2011-628호).

3) 국토해양부 공고 제2011-628호

변경[4)]

1.3 「항공보안법」의 시행

2013년 4월 5일에 「항공안전 및 보안에 관한 법률」(Aviation Safety and Security Act)을 「항공보안법」(Aviation Security Act)으로 법률명을 변경한 후, 2013년 7월 16일에 「항공보안법」의 일부개정[5)]을 통하여 동 법률을 2014년 4월 6일부터 시행하게 되었다.

1.4 「항공보안법」의 개정

「항공보안법」은 2002년 11월 27일부터 「항공안전 및 보안에 관한 법률」이 시행된 이후, 17차례의 일부 및 전부개정을 거쳐 오늘에 이르고 있다.

2. 항공보안법의 총칙

2.1 항공보안법의 제정목적

「항공보안법」(Aviation Security Act)을 제정하게 된 목적은 「국제민간항공협약」(International Civil Aviation Agreement) 등의 국제협약(International Agreement)에 의하여 공항시설(airport facility)이나 항행안전시설(navigational safety facility) 및 항공기(aircraft) 내에서 발생할 수 있는 불법행위(unlawful act)를 방지하고, 민간항공(civil aviation)의 보안(security)을 확보하기 위한 기준과 절차 및 의무사항 등을 정하는데 있다(항공보안법 제1조).

2.2 항공보안법의 법률용어에 대한 개념정의

「항공보안법」에서 사용하는 법률용어에 대한 개념정의는 다음과 같다. 다만, 이 법에

---

4) 법률 제11753호
5) 법률 제11932호

서 특별히 규정하고 있는 법률용어를 제외하고는 「항공법」(Aviation Act)에서 규정하고 있는 법률용어의 개념정의를 따른다(항공보안법 제2조).

2.2.1 운항 중

"운항 중"(In-Flight)이라 함은, 항공기(aircraft)의 탑승객들(passengers)이 항공기에 탑승한 후, 항공기가 이륙(take-off)하기 위하여 항공기의 모든 문(door)을 닫은 때부터 항공기가 착륙(landing)하여 탑승객을 내리게 하기 위하여 문을 연 때까지를 말한다(항공보안법 제2조 제1호).

2.2.2 공항운영자

"공항운영자"(Airport Operator)라 함은, 공항운영의 권한을 부여받은 자 또는 이 자로부터 공항운영의 권한을 위탁 또는 이전받은 자를 말한다(항공보안법 제2조 제2호, 항공법 제2조 제7호의 2).

2.2.3 항공운송사업자

"항공운송사업자"(Air Carrier)라 함은, 국토교통부장관으로부터 면허를 받은 국내항공운송사업자 및 국제항공운송사업자(항공보안법 제2조 제3호, 항공법 제112조 제1항)나 국토교통부장관에게 등록을 한 소형항공운송사업자(항공보안법 제2조 제3호, 항공법 제132조 제1항) 및 국토교통부장관으로부터 허가를 받은 외국인 국제항공운송업자(항공보안법 제2조 제3호, 항공법 제147조 제1항)[6]를 말한다.

---

6) 「항공보안법」 제2조 제3호에서는 '국제항공운송업자'라는 용어규정을 두고 있으나, 「항공법」 제112조의 2, 제113조 제2항, 제115조 제2항, 제115조의 2 제1항 · 제3항 · 제4항 · 제5항 · 제6항, 제116조 제1항 · 제3항, 제117조 제1항, 제118조 제1항, 제118조의 2 제1항, 제120조 제1항, 제120조의 2 제1항, 제121조 제1항, 제123조, 제124조 제1항, 제125조 제1항, 제126조 제1항 · 제2항 · 제3항, 제127조 제1항, 제128조 제1항, 제129조 제1항, 제131조 제1항, 제143조 제2항 제1호, 제144조 제1항, 제145조, 제147조 제2항 제1호, 제147조의 2 제1항 · 제2항 · 제3항, 제148조 제1항, 제150조 제1항, 제152조, 제153조 제1항 제4호 · 제3항, 제174조 제4항, 제175조 제1호, 제176조, 제177조 및 제181조의 2 등에서는 '국제항공운송사업자'라는 용어를 사용하고 있기 때문에, 양 법률의 용어표현의 혼동을 피하기 위해서는 양법의 표현적인 통일된 정비가 절실히 요구되는데, 「항공법」이 「항공보안법」의 상위규범인 점을 고려할 때 「항공보안법」의 용어규정을 「항공법」의 용어규정에 부합하도록 개정하는 것이 타당할 것이다.

2.2.4 항공기취급업체

항공기취급업체(Aircraft-Handling Company)라 함은, 국토교통부장관에게 항공기취급업을 등록한 업체를 말한다(항공보안법 제2조 제4호, 항공법 제137조 제1항, 항공법 시행규칙 제304조 제1항).

2.2.5 항공기정비업체

항공기정비업체(Aircraft Maintenance Company)라 함은, 국토교통부장관에게 항공기정비업을 등록한 업체를 말한다(항공보안법 제2조 제5호, 항공법 제137조의 2, 항공법시행규칙 제304조 제1항).

2.2.6 공항상주업체

공항상주업체(Airport Tenant)라 함은, 공항에서 영업을 할 목적으로 공항운영자(airport operator)와 시설이용 계약(facilities use contract)을 맺은 개인(natural person) 또는 법인(juristic person)을 말한다(항공보안법 제2조 제6호).

2.2.7 항공기 내 보안요원

항공기 내 보안요원(In-Flight Security Personnel)이라 함은, 항공기(aircraft) 내에서의 불법방해행위(act of unlawful interference)를 방지하는 직무를 담당하는 사법경찰관리(judicial police officer) 또는 그 직무를 위하여 항공운송사업자가 지명하는 사람을 말한다(항공보안법 제2조 제7호).

2.2.8 불법방해행위

불법방해행위(act of unlawful interference)라 함은, 항공기의 안전운항을 저해할 우려가 있거나, 운항을 불가능하게 하는 다음과 같은 행위를 말한다(항공보안법 제2조 제8호).

가. 지상에 있거나 운항중인 항공기를 납치하거나, 납치를 시도하는 행위
나. 항공기 또는 공항에서 사람을 인질로 삼는 행위
다. 항공기나 공항 및 항행안전시설을 파괴하거나, 손상시키는 행위

라. 항공기나 항행안전시설 및 보호구역[7](항공보안법 제12조에 따른 보호구역을 이하에서는 "보호구역"이라고 한다)에 무단으로 침입하거나 운영을 방해하는 행위

마. 범죄를 저지를 목적으로 항공기 또는 보호구역 내로 무기 등 위해물품[8](危害物品)을 반입하는 행위

바. 지상에 있거나 운항 중인 항공기의 안전을 위협하는 거짓 정보를 제공하는 행위 또는 공항 및 공항시설 내에 있는 승객이나 승무원 및 지상근무자의 안전을 위협하는 거짓 정보를 제공하는 행위

사. 사람을 사상(死傷)에 이르게 하거나, 재산 또는 환경에 심각한 손상을 입힐 목적으로 항공기를 이용하는 행위

아. 그 밖에 항공보안법에 의하여 처벌받는 행위

2.2.9 보안검색

보안검색(Security Screening)이라 함은, 불법방해행위를 하는 데에 사용될 수 있는 무기 또는 폭발물 등 위험성이 있는 물건들을 탐지 및 수색하기 위한 행위를 말한다(항공보안법 제2조 제9호).

2.2.10 항공보안검색요원

항공보안검색요원(Aviation Security Screening Personnel)이라 함은, 항공기 탑승객 · 탑승객의 휴대물품 · 탑승객의 위탁수하물 · 항공화물 및 보호구역에 출입하려고 하는 사람 등에 대하여 보안검색을 하는 사람을 말한다(항공보안법 제2조 제10호).

2.3 국제협약의 준수

민간항공(civil aviation)의 보안(security)을 위하여 항공보안법(Aviation Security Act)에 규정되어 있는 사항 이외에는 다음과 같은 국제협약(international agreement)을 따른다(항공보안법 제3조 제1항).

---

7) 보호구역이라 함은, 보안검색이 완료된 구역 · 활주로 · 계류장(繫留場) 등 공항시설의 보호를 위하여 공항운영자가 국토교통부장관으로부터 승인을 받아 지정한 구역을 말한다(항공보안법 제12조).

8) 위해물품이라 함은, 국토교통부장관이 정하여 고시한 탄저균 및 천연두균 등의 생화학무기를 포함한 무기 · 도검류 · 폭발물 · 독극물 · 연소성이 높은 물건 등을 말한다(항공보안법 제21조 제1항).

1. 「항공기 내에서 범한 범죄 및 기타 행위에 관한 협약」
2. 「항공기의 불법납치 억제를 위한 협약」
3. 「민간항공의 안전에 대한 불법적 행위의 억제를 위한 협약」
4. 「민간항공의 안전에 대한 불법적 행위의 억제를 위한 협약을 보충하는 국제민간 항공에 사용되는 공항에서의 불법적 폭력행위의 억제를 위한 의정서」
5. 「가소성 폭약의 탐지를 위한 식별조치에 관한 협약」

그런데 이와 같은 국제협약 이외의 항공보안과 관련된 다른 국제협약이 있는 경우에는, 그 국제협약을 따른다(항공보안법 제3조 제2항).

2.4 국가의 책무

국토교통부장관은 민간항공(civil aviation)의 보안(security)에 관한 계획 수립, 관계 행정기관 사이의 업무에 관한 협조체제의 유지, 공항운영자 · 항공운송사업자 · 항공기 취급업체 · 항공기정비업체 · 공항상주업체 및 항공여객 · 화물터미널운영자 등의 자체 보안계획에 대한 승인 및 실행점검, 항공보안 교육훈련계획의 개발 등의 업무를 수행한다(항공보안법 제4조).

2.5 공항운영자 등의 협조의무

공항운영자, 항공운송사업자, 항공기취급업체, 항공기정비업체, 공항상주업체, 항공여객 · 화물터미널운영자, 공항이용자, 그 밖에 국토교통부령으로 정하는 자는 항공보안(aviation security)을 위한 국가의 시책에 협조하여야 한다(항공보안법 제5조).

3. 항공보안협의회 및 항공보안계획

3.1 항공보안협의회

3.1.1 항공보안협의회의 설치

항공보안(aviation security)과 관련된 다음과 같은 사항의 협의를 위하여 국토교통부에 항공보안협의회(aviation security conference)를 설치하여야 한다(항공보안법 제7조 제1항).

1. 항공보안에 관한 계획의 협의
2. 관계 행정기관 사이의 업무 협조
3. 제10조 제2항에 따른 자체 보안계획의 승인을 위한 협의
4. 그 밖에 항공보안을 위하여 항공보안협의회의 장이 필요하다고 인정하는 사항. 그런데 이 사항에서 「국가정보원법」 제3조에 따른 대테러에 관한 사항은 제외된다.

3.1.2 항공보안협의회의 구성과 운영 및 자체 보안계획승인의 대상

항공보안협의회의 구성과 운영 및 자체 보안계획승인의 대상 등에 관하여 필요한 사항은 대통령령으로 정하고 있다(항공보안법 제7조 제2항).

3.2 지방항공보안협의회

3.2.1 지방항공보안협의회의 설치

지방항공청장은 관할 공항별로 항공보안에 관한 사항을 협의하기 위하여 지방항공보안협의회를 설치하여야 한다(항공보안법 제8조 제1항).

3.2.2 지방항공보안협의회의 구성과 임무 및 운영

지방항공보안협의회의 구성과 임무 및 운영 등에 관하여 필요한 사항은 대통령령으로 정하고 있다(항공보안법 제8조 제2항).

3.3 항공보안 기본계획

3.3.1 항공보안 기본계획의 수립

국토교통부장관은 5년마다 항공보안에 관한 기본계획(이하에서는 "기본계획"이라고 한다)을 수립하여 그 기본계획의 내용을 공항운영자 · 항공운송사업자 · 항공기취급업체 · 항공기정비업체 · 공항상주업체 · 항공여객 · 화물터미널운영자 및 그 밖에 국토교통부령으로 정하는 자(이하에서는 "공항운영자 등"이라고 한다)에게 통보하여야 한다(항

공보안법 제9조 제1항).

3.3.2 항공보안 기본계획의 내용

항공보안 기본계획에는 항공보안에 관한 종합적이고 장기적인 추진방향 등 대통령령으로 정하는 사항이 포함되어야 한다(항공보안법 제9조 제2항).

3.3.3 항공보안 시행계획의 수립 및 시행

국토교통부장관은 항공보안 기본계획에 따라 항공보안 업무를 수행하기 위하여 매년 항공보안에 관한 시행계획(이하에서는 "시행계획"이라고 한다)을 수립하고 시행하여야 한다(항공보안법 제9조 제3항).

3.3.4 항공보안 기본계획의 수립과 변경절차

국토교통부장관은 항공보안 기본계획을 수립하거나 변경하고자 하는 때에는, 관계 행정기관과 미리 협의하여야 한다(항공보안법 제9조 제4항).

3.3.5 항공보안 기본계획 및 시행계획을 수립할 때의 조치

국토교통부장관은 항공보안 기본계획 및 시행계획의 수립을 위하여 필요하다고 인정하는 경우에는, 관계 기관이나 단체 또는 전문가로부터 의견을 듣거나, 필요한 자료의 제출을 요청할 수 있다(항공보안법 제9조 제5항).

3.3.6 기타 항공보안 기본계획 및 시행계획의 수립과 변경 및 시행

기타 항공보안 기본계획 및 시행계획의 수립과 변경 및 시행 등을 할 때의 필요한 사항에 대하여는 대통령령으로 정하고 있다(항공보안법 제9조 제6항).

3.4 국가항공보안계획 등의 수립

3.4.1 국가항공보안계획의 수립과 시행

국토교통부장관은 항공보안 업무를 수행하기 위한 국가항공보안계획을 수립하고 시행하여야 한다(항공보안법 제10조 제1항).

3.4.2 공항운영자 등의 자체 보안계획의 수립 및 변경

공항운영자 등은 국토교통부장관으로부터 승인을 받아 국가항공보안계획에 따른 자체 보안계획을 수립하거나, 수립된 자체 보안계획을 변경하여야 한다. 다만, 국토교통부령에서 규정하고 있는 경미한 사항을 변경하고자 하는 경우에는, 국토교통부장관으로부터 승인을 받지 않아도 된다(항공보안법 제10조 제2항).

3.4.3 국가항공보안계획 또는 자체 보안계획의 세부 내용 및 수립절차

국가항공보안계획, 자체 보안계획의 세부 내용 및 수립절차 등에 관하여 필요한 사항은 국토교통부령으로 정한다(항공보안법 제10조 제3항).

4. 공항 및 항공기 등의 보안

4.1 공항시설 등의 보안

4.1.1 공항운영자의 공항시설과 항행안전시설에 대한 보안조치

공항운영자는 공항시설과 항행안전시설에 대하여 보안에 필요한 조치를 하여야 한다(항공보안법 제11조 제1항).

4.1.2 공항운영자의 탑승객에 대한 보안대책

공항운영자는 보안검색이 완료된 승객과 완료되지 못한 승객 간의 접촉을 방지하기 위한 대책을 수립하고 시행하여야 한다(항공보안법 제11조 제2항).

4.1.3 공항운영자의 항공보안을 위협할 수 있는 물건을 휴대한 탑승객에 대한 보안대책

공항운영자는 보안검색을 거부하거나, 무기 또는 폭발물 및 그 밖에 항공보안에 위협이 되는 물건을 휴대한 승객 등이 보안검색이 완료된 구역으로 진입하는 것을 방지하기 위한 대책을 수립하고 시행하여야 한다(항공보안법 제11조 제3항).

4.1.4 공항의 건설 또는 유지 및 보수 시의 세부기준

국토교통부장관은 공항을 건설하거나 유지 또는 보수를 하는 경우에 불법방해행위로부터 사람 및 시설 등을 보호하기 위하여 준수하여야 할 세부기준을 정하여야 한다(항공보안법 제11조 제4항).

4.2 공항시설에 대한 보호구역의 지정

4.2.1 공항운영자의 보호구역 지정

공항운영자는 보안검색이 완료된 구역이나 활주로 및 계류장(繫留場) 등 공항시설의 보호를 위하여 필요한 구역에 대하여 국토교통부장관으로부터 승인을 얻어 보호구역으로 지정하여야 한다(항공보안법 제12조 제1항).

4.2.2 공항운영자의 임시 보호구역 지정

공항운영자는 필요한 경우 국토교통부장관으로부터 승인을 얻어 임시로 보호구역을 지정할 수 있다(항공보안법 제12조 제2항).

4.2.3 보호구역의 지정기준 및 지정취소

보호구역의 지정기준 및 지정취소에 관하여 필요한 사항이 있는 경우, 그것은 국토교통부령으로 정한다(항공보안법 제12조 제3항).

4.3 보호구역에의 출입허가

4.3.1 보호구역에의 출입자

공항운영자로부터 허가를 받아 보호구역에 출입할 수 있는 자는 다음과 같다(항공보안법 제13조 제1항).

1. 보호구역의 공항시설 등에서 상시적으로 업무를 수행하는 사람

2. 공항의 건설이나 공항시설의 유지 및 보수 등을 위하여 보호구역에서 업무를 수행할 필요가 있는 사람
3. 위에서 언급한 자 이외에 업무를 수행하기 위하여 보호구역에 출입이 필요하다고 인정되는 사람

4.3.2 보호구역에의 출입허가절차에 관한 사항

보호구역에의 출입허가절차 등에 관하여 필요한 사항은 국토교통부령으로 정한다(항공보안법 제13조 제2항).

4.4 승객의 안전 및 항공기의 보안

4.4.1 항공운송사업자의 탑승객 안전 및 항공기 보안을 위한 조치

항공운송사업자는 항공기 탑승객의 안전 및 항공기의 보안을 위하여 필요한 조치를 하여야 한다(항공보안법 제14조 제1항).

4.4.2 항공기 내 보안요원의 탑승

항공운송사업자는 항공기에 탑승객을 탑승시켜서 항공기를 운항하는 경우에는, 항공기 내 보안요원을 탑승시켜야 한다(항공보안법 제14조 제2항).

4.4.3 항공운송사업자의 항공기에 대한 보안조치

항공운송사업자는 국토교통부령으로 정하는 바에 따라 항공기 조종실의 출입문에 대한 보안을 강화하고, 항공기의 운항 중에는 허가받지 아니한 사람이 조종실에 출입하는 것을 통제하는 등 항공기에 대한 보안조치를 하여야 한다(항공보안법 제14조 제3항).

4.4.4 항공운송사업자의 비행 전의 항공기에 대한 보안점검

항공운송사업자는 항공기가 비행하기 전에 매번 항공기에 대한 보안점검을 하여야 한다. 이 경우, 항공기의 보안점검에 관한 세부사항은 국토교통부령으로 정한다(항공보안법 제14조 제4항).

4.4.5 공항운영자 및 항공운송사업자의 항공기 내 반입금지물질에 대한 조치

공항운영자 및 항공운송사업자는 액체나 겔(gel)류 등 국토교통부장관이 정하여 고시하는 항공기 내 반입금지 물질이 보안검색이 완료된 구역과 항공기 내에 반입되지 아니하도록 조치를 취하여야 한다(항공보안법 제14조 제5항).

4.4.6 항공운송사업자 또는 항공기 소유자의 항공기에 대한 보안조치

항공운송사업자 또는 항공기 소유자는 항공기의 보안을 위하여 필요한 경우에는, 「청원경찰법」에 따른 청원경찰이나, 「경비업법」에 따른 특수경비원으로 하여금 항공기의 경비를 담당하게 할 수 있다(항공보안법 제14조 제6항).

4.5 탑승객 등의 검색

4.5.1 항공기 탑승객에 대한 보안검색

항공기에 탑승하는 사람은 신체와 휴대물품 및 위탁수하물에 대한 보안검색을 받아야 한다(항공보안법 제15조 제1항).

4.5.2 공항운영자 및 항공운송사업자의 보안검색

공항운영자는 항공기에 탑승하는 사람과 휴대물품 및 위탁수하물에 대한 보안검색을 실시하여야 하고, 항공운송사업자는 화물에 대한 보안검색을 실시하여야 한다. 다만, 관할 국가경찰관서의 장은 범죄의 수사 및 공공의 위험예방을 위하여 필요한 경우 보안검색에 대하여 필요한 조치를 요구할 수 있고, 공항운영자나 항공운송사업자는 정당한 사유 없이 그 요구를 거절할 수 없다(항공보안법 제15조 제2항).

4.5.3 공항운영자 및 항공운송사업자의 보안검색 및 보안검색의 위탁

공항운영자 및 항공운송사업자는 보안검색을 직접 하거나(항공보안법 제15조 제2항), 경비업자[9] 중에서 자기들로부터 추천을 받아 국토교통부장관이 지정한 업체에 보안검

---

9) 경비업자라 함은, 경비업을 영위하기 위하여 도급을 받은 경비업무를 특정하여 주사무소의 소재지를 관할하는 지방경찰청장으로부터 허가를 받은 법인을 말한다(경비업법 제4조 제1항). 여기서 말하는 경비업자라 함은, 「경비업법」 제4조 제1항에 따른 경비업자를 말한다.

색업무를 위탁할 수 있다(항공보안법 제15조 제3항 · 제6항).

4.5.4 공항운영자의 보안검색에 따른 비용의 충당

공항운영자는 보안검색[10]에 드는 비용을 충당하기 위하여 사용료[11]의 일부를 사용할 수 있다(항공보안법 제15조 제4항).

4.5.5 보안검색의 방법 · 절차 · 면제 등에 관한 사항

보안검색[12]의 방법 · 절차 · 면제 등에 관하여 필요한 사항은 대통령령으로 정한다(항공보안법 제15조 제5항).

4.5.6 보안검색업무를 위탁받으려는 업체의 지정

보안검색업무를 위탁받으려는 업체[13]에 대하여는 국토교통부령에 의하여 국토교통부장관이 지정을 하여야 한다(항공보안법 제15조 제6항).

4.5.7 국토교통부장관의 보안검색업무를 지정받은 업체에 대한 지정의 취소

국토교통부장관은 보안검색업무를 지정받은 업체[14]가 다음에 해당하는 경우에는, 그 지정을 취소할 수 있고, 특히 다음의 1. 또는 2.에 해당하는 경우에는, 반드시 그 지정을 취소하여야 한다(항공보안법 제15조 제7항).

1. 거짓 또는 그 밖의 부정한 방법으로 지정을 받은 경우
2. 「경비업법」에 의하여 경비업의 허가가 취소되거나 영업이 정지된 경우
3. 국토교통부령에 규정되어 있는 지정기준에 미달하게 된 경우. 다만, 일시적으로 지정기준에 미달하게 되어 3개월 이내에 그 지정기준을 다시 갖춘 경우에는, 취소할 수 없다.
4. 보안검색업무의 수행 중에 고의 또는 중대한 과실로 인명피해가 발생하거나 보안

---

10) 여기서 보안검색이라 함은, 「항공보안법」 제15조 제2항에 따른 보안검색을 말한다.
11) 여기서 사용료라 함은, 국토교통부장관이 국토교통부령으로 정하는 바에 따라 비행장 및 항행안전시설을 사용하거나, 이용하는 자로부터 징수한 사용료를 말한다(항공법 제86조 제1항).
12) 여기서 보안검색이라 함은, 「항공보안법」 제15조 제2항에 따른 보안검색을 말한다.
13) 이 업체는 「항공보안법」 제15조 제3항에 의하여 보안검색업무를 위탁받으려는 업체를 말한다.
14) 이 업체는 「항공보안법」 제15조 제6항에 의하여 보안검색업무를 위탁받은 업체를 말한다.

검색에 실패한 경우

4.6 탑승객이 아닌 사람 등에 대한 검색

4.6.1 공항운영자의 보호구역에 대한 보안검색

공항운영자는 허가[15]를 받아 보호구역으로 들어가는 사람 또는 물품에 대하여도 보안검색을 실시하여야 한다. 이 경우에 있어서, 보안검색의 방법·절차·면제 및 위탁 등에 관하여는 「항공보안법」 제15조 제2항의 단서와 동 조 제3항 및 제5항 내지 제7항의 규정을 준용한다(항공보안법 제16조 제1항).

4.6.2 화물터미널운영자의 보호구역에 대한 보안검색

화물터미널운영자는 화물터미널 내의 지정된 보호구역으로 들어가는 사람 또는 물품에 대한 보안검색을 실시하여야 한다. 이 경우에 있어서, 보안검색의 방법·절차·면제 및 위탁 등에 관하여는 「항공보안법」 제15조 제2항의 단서와 동 조 제3항 및 제5항 내지 제7항의 규정을 준용한다(항공보안법 제16조 제2항).

4.7 통과 승객 또는 환승 승객에 대한 보안검색 등

4.7.1 항공운송사업자의 통과 승객 및 환승 승객에 대한 보안조치

항공운송사업자는 항공기가 공항에 도착하면, 통과 승객 또는 환승 승객을 불문하고 항공기에서 자기의 휴대물품을 가지고 내리도록 하여야 한다(항공보안법 제17조 제1항).

4.7.2 공항운영자의 통과 승객 및 환승 승객 등에 대한 보안검색

공항운영자는 항공기가 통과 및 환승을 위하여 공항에 도착하면(항공보안법 제17조 제1항), 항공기에서 내린 통과 승객 또는 환승 승객과 그들의 휴대물품 및 위탁수하물에 대하여 보안검색을 실시하여야 한다(항공보안법 제17조 제2항).

---

15) 이 허가는 「항공보안법」 제13조 제1항에 의한 허가를 말한다.

4.7.3 보안검색비용 및 항공운송사업자의 운송정보제공

공항운영자는 보안검색에 드는 비용을 부담하여야 하고, 항공운송사업자는 통과 승객 또는 환승 승객에 대한 운송정보를 공항운영자에게 제공하여야 한다(항공보안법 제17조 제3항).

4.7.4 항공운송사업자의 운송정보제공 등에 관한 세부사항

국토교통부장관은 항공운송사업자의 운송정보제공 등에 관한 세부사항을 정하여야 한다(항공보안법 제17조 제4항).

4.7.5 공항운영자의 보안검색대상에 대한 보안검색의 방법 · 절차 · 면제 및 위탁 등

공항운영자의 통과 승객 또는 환승 승객과 그들의 휴대물품 및 위탁수하물에 대한 보안검색(항공보안법 제17조 제2항)의 방법 · 절차 · 면제 및 위탁 등에 관하여는 「항공보안법」 제15조 제2항의 단서와 동 조 제3항 및 제5항 내지 제7항의 규정을 준용한다(항공보안법 제17조 제5항).

4.8 상용화주

4.8.1 국토교통부장관의 화주 등에 대한 보안검색의 지시

국토교통부장관은 검색장비 및 항공보안검색요원 등 국토교통부령으로 정하는 기준을 갖춘 화주(貨主) 또는 항공화물을 포장하여 보관 및 운송하는 자를 지정하여, 그 자로 하여금 항공화물 및 우편물에 대한 보안검색을 실시하도록 지시할 수 있다(항공보안법 제17조의 2 제1항).

4.8.2 국토교통부장관의 화물보안통제절차 등에 관한 항공화물보안기준의 고시

국토교통부장관은 "상용화주"[16](常用貨主)가 준수하여야 할 화물보안통제절차 등에 관한 항공화물보안기준을 정하여 고시하여야 한다(항공보안법 제17조의 2 제2항).

---

16) 상용화주(常用貨主)라 함은, 검색장비 및 항공보안검색요원 등 국토교통부령에서 규정하고 있는 기준을 갖춘 화주(貨主) 또는 항공화물을 포장하여 보관 및 운송하는 자를 말한다(항공보안법 제17조의 2 제1항).

4.8.3 상용화주가 보안검색을 실시한 것에 대한 항공운송사업자의 보안검색

항공운송사업자는 상용화주가 보안검색을 실시한 항공화물 및 우편물에 대한 보안검색을 하지 않을 수 있다(항공보안법 제17조의 2 제3항).

4.8.4 상용화주의 지정절차 등에 관한 사항

상용화주의 지정절차 등에 관하여 필요한 사항은 국토교통부령으로 정한다(항공보안법 제17조의 2 제4항).

4.9 상용화주에 대한 지정취소

4.9.1 국토교통부장관의 상용화주에 대한 지정취소

국토교통부장관은 상용화주가 다음에 해당하는 경우, 그 지정을 취소할 수 있고, 특히 다음의 1.에 해당하는 경우에는, 반드시 그 지정을 취소하여야 한다(항공보안법 제17조의 3 제1항).

1. 거짓이나 그 밖의 부정한 방법으로 지정을 받은 경우
2. 검색장비 및 항공보안검색요원 등 국토교통부령으로 정하는 기준(항공보안법 제17조의 2 제1항)에 미달하게 된 경우
3. 국토교통부장관이 정하여 고시한 상용화주가 준수하여야 할 화물보안통제절차 등에 관한 항공화물보안기준(항공보안법 제17조의 2 제2항)을 위반하여 업무를 수행한 경우

4.9.2 상용화주의 지정취소에 따른 국토교통부장관의 보안검색조치

국토교통부장관이 상용화주에 대한 지정을 취소한 경우에는, 즉시 그 사실을 항공운송사업자에게 통보하여 항공운송사업자로 하여금 보안검색을 실시하도록 조치를 취하여야 한다(항공보안법 제17조의 3 제2항).

4.9.3 상용화주에 대한 지정취소절차 등에 관한 사항

상용화주에 대한 지정취소의 절차 등에 관하여 필요한 사항은 국토교통부령으로 정한

다(항공보안법 제17조의 3 제3항).

4.10 항공기의 기내식 등에 대한 통제

4.10.1 위해물품이 항공기 내로 유입되는 것을 방지하기 위한 항공운송사업자의 조치

항공운송사업자는 위해물품[17]이 항공기 내의 기내식(機內食)이나, 항공기 내의 저장품으로 가장하여 항공기 내로 유입되는 것을 방지하기 위하여 필요한 조치를 하여야 한다(항공보안법 제18조 제1항).

4.10.2 항공기의 기내식 및 항공기 내 저장품의 통제에 대한 사항

항공기의 기내식 및 항공기 내 저장품의 유입 및 유출의 통제에 대한 세부사항은 국토교통부령으로 정한다(항공보안법 제18조 제2항).

4.11 보안검색의 실패 등에 대한 대책

4.11.1 공항운영자 등의 보안검색 실패 등에 따른 보고

공항운영자나 항공운송사업자 및 화물터미널운영자는 다음의 사항이 발생한 경우, 즉시 그 사실을 국토교통부장관에게 보고하여야 한다(항공보안법 제19조 제1항).

1. 검색장비가 정상적으로 작동되지 아니한 상태로 검색을 하였거나, 검색이 미흡한 사실을 알게 된 경우
2. 허가받지 아니한 사람 또는 물품이 보호구역 또는 항공기 안으로 들어간 경우
3. 그 밖에 항공보안에 우려가 있는 것으로서 국토교통부령으로 정하는 사항

4.11.2 국토교통부장관의 항공보안을 위한 조치

국토교통부장관은 공항운영자나 항공운송사업자 및 화물터미널운영자로부터 보안검색 실패 등에 관한 위에서 언급한 사항(항공보안법 제19조 제1항)에 대하여 보고를 받은 경우에는, 다음과 같은 구분에 따라 항공보안을 위한 필요한 조치를 하여야 한다(항공보안법 제19조 제2항).

---

17) 여기서 위해물품이라 함은, 「항공보안법」 제21조에 규정되어 있는 무기 등의 위해물품을 말한다.

1. 항공기가 출발(이륙)하기 전에 보고를 받은 경우 : 해당 항공기에 대한 보안검색 등의 보안조치
2. 항공기가 출발한 후 보고를 받은 경우 : 해당 항공기가 도착(착륙)하는 국가의 관련 기관에 대한 통보

4.11.3 타국으로부터 보안검색 실패 등에 관한 사항을 통보받은 국토교통부장관의 보안조치

국토교통부장관은 타국으로부터 보안검색 실패 등에 관한 사항(항공보안법 제19조 제1항)을 통보받은 경우에는, 해당 항공기를 격리계류장으로 유도하여 보안검색 등 보안조치를 하여야 한다(항공보안법 제19조 제3항).

4.12 비행서류의 보안관리 절차 등

4.12.1 항공운송사업자의 보안관리대책

항공운송사업자는 탑승권 및 수하물 꼬리표 등 비행서류에 대한 보안관리대책을 수립하고 시행하여야 한다(항공보안법 제20조 제1항).

4.12.2 비행서류의 보안관리를 위한 사항

탑승권 및 수하물 꼬리표 등 비행서류의 보안관리를 위한 세부사항은 국토교통부령으로 정한다(항공보안법 제20조 제2항).

5. 항공기 내의 보안

5.1 무기 등 위해물품의 휴대금지

5.1.1 항공기 내로의 위해물품의 휴대금지

누구든지 항공기 내로 무기[탄저균(炭疽菌) 및 천연두균 등의 생화학무기를 포함한다]·도검류(刀劍類)·폭발물·독극물 및 연소성이 높은 물건 등 국토교통부장관이 정하여

고시하는 위해물품을 휴대하고 들어가서는 아니 된다(항공보안법 제21조 제1항).

5.1.2 항공기 내로 휴대가 가능한 무기

경호업무·범죄인의 호송업무 등 대통령령에서 규정하고 있는 특정한 직무를 수행하기 위하여 대통령령에서 규정하고 있는 무기의 경우에는, 국토교통부장관의 허가를 받아 이를 항공기 내로 가지고 들어갈 수 있다(항공보안법 제21조 제2항).

5.1.3 항공기 내로의 무기 휴대자에 대한 조치

항공기 내로 무기를 가지고 들어가려는 사람(항공보안법 제21조 제2항)은 항공기 탑승 전에 이를 해당 항공기의 기장에게 보관하게 하고, 목적지에 도착한 후 이를 반환받아야 한다. 다만, 탑승객이 탑승한 항공기 내에 탑승한 항공기 내 보안요원(항공보안법 제14조 제2항)은 무기를 직접 휴대하고 항공기에 탑승할 수 있다(항공보안법 제21조 제3항).

5.1.4 항공기 내에 무기를 반입하고 입국하려는 외국인 및 외국국적 항공운송사업자의 허가

항공기 내에 무기를 반입(항공보안법 제21조 제2항)하고 입국하려는 항공보안에 관한 업무를 수행하는 외국인 또는 외국국적 항공운송사업자는 항공기 출발 전에 국토교통부장관으로부터 미리 허가를 받아야 한다(항공보안법 제21조 제4항).

5.1.5 항공기 내로의 무기반입에 관한 허가절차 등에 관한 사항

항공기 내로의 무기반입(항공보안법 제21조 제2항·제4항)에 관한 허가절차 등에 관하여 필요한 사항은 국토교통부령으로 정한다(항공보안법 제21조 제5항).

5.2 기장 등의 권한

5.2.1 기장 등의 조치

기장이나 기장으로부터 권한을 위임받은 승무원(이하에서는 “기장 등”이라고 한다)

또는 탑승객의 항공기 탑승 관련 업무를 지원하는 항공운송사업자에게 소속된 직원 중에서 기장으로부터 지원요청을 받은 사람은 다음에 해당하는 행위를 하려는 사람에 대하여, 그 행위를 저지시키기 위한 필요한 조치를 할 수 있다(항공보안법 제22조 제1항).

1. 항공기의 보안을 해치는 행위
2. 인명이나 재산에 위해를 주는 행위
3. 항공기 내의 질서를 어지럽히거나, 규율을 위반하는 행위

5.2.2 항공기 탑승객의 기장 등의 요청에 따른 협조

항공기 내에 있는 사람은 상기에서 언급한 조치(항공보안법 제22조 제1항)에 관하여 기장 등으로부터 요청이 있으면 그에 협조하여야 한다(항공보안법 제22조 제2항).

5.2.3 기장 등의 위해행위자 등에 대한 조치

기장 등이 위해행위 등(항공보안법 제22조 제1항 각 호의 행위를 말한다)을 한 사람을 체포한 후, 항공기를 착륙시켰을 때에는, 체포된 사람이 그 상태로 계속 탑승하는 것에 동의하거나, 체포된 사람을 항공기에서 내리게 할 수 없는 사유가 있는 경우를 제외하고는 체포한 상태로 항공기를 이륙하여서는 아니 된다(항공보안법 제22조 제3항).

5.2.4 기장으로부터 권한을 위임받은 자에 대한 기장의 지휘

기장으로부터 권한을 위임받은 승무원 또는 승객의 항공기 탑승 관련 업무를 지원하는 항공운송사업자에게 소속된 직원 중에서 기장으로부터 지원요청을 받은 사람이 상기에서 언급한 위해행위자의 행위(항공보안법 제22조 제1항 각 호의 행위를 말한다)를 저지시키기 위하여 필요한 조치를 할 때에는, 기장의 지휘를 받아야 한다(항공보안법 제22조 제4항).

5.3 항공기 탑승객의 협조의무

5.3.1 항공기 탑승객의 금지행위

항공기 내에 있는 승객은 항공기와 승객의 안전한 운항과 여행을 위하여 다음과 같은

행위를 하여서는 아니 된다(항공보안법 제23조 제1항).

1. 폭언 및 고성방가 등의 소란행위
2. 흡연(흡연구역에서의 흡연은 제외한다)
3. 술을 마시거나 약물을 복용하고 다른 사람에게 위해를 주는 행위
4. 다른 사람에게 성적(性的) 수치심을 일으키는 행위
5. 국토교통부장관은 운항 중인 항공기의 항행 및 통신장비에 대한 전자파 간섭 등의 영향을 방지하기 위하여 국토교통부령의 규정에 따라 탑승객이 지니고 있는 전자기기의 사용을 제한할 수 있도록 하고 있는데(항공법 제61조의 2), 이 규정을 위반하여 전자기기를 사용하는 행위
6. 기장의 승낙 없이 조종실 출입을 기도하는 행위
7. 기장 등의 업무를 위계 또는 위력으로써 방해하는 행위

5.3.2 탑승객의 항공기 보안 및 운항의 저해행위 금지

탑승객은 항공기의 보안이나 운항을 저해하는 폭행 · 협박 · 위계행위(危計行爲)를 하거나, 출입문 · 탈출구 · 기기의 조작을 하여서는 아니 된다(항공보안법 제23조 제2항).

5.3.3 탑승객의 항공기 점거 및 농성의 금지

탑승객은 항공기가 착륙한 후에 항공기에서 내리지 않고 항공기를 점거하거나, 항공기 내에서 농성하여서는 아니 된다(항공보안법 제23조 제3항).

5.3.4 탑승객의 기장 등이 행하는 정당한 직무상의 지시준수

항공기 내의 탑승객은 항공기의 보안이나 운항을 저해하는 행위를 금지하는 기장 등의 정당한 직무상 지시에 따라야 한다(항공보안법 제23조 제4항).

5.3.5 항공운송사업자의 탑승객이 받는 불편의 감소방안의 마련

항공운송사업자는 금연 등 항공기와 탑승객의 안전한 운항과 여행을 위한 규제로 인하여 탑승객이 받는 불편을 줄일 수 있는 방안을 마련하여야 한다(항공보안법 제23조 제5항).

5.3.6 기장 등의 항공기 및 다른 탑승객을 대상으로 한 탑승객의 저해행위에 대한 방지

기장 등은 탑승객이 항공기 내에서 항공기와 다른 탑승객의 안전한 운항과 여행을 저해하는 행위[18]를 하거나 할 우려가 있는 경우, 이를 중지하게 하거나, 하지 말 것을 경고하여, 사전에 그 저해행위를 방지하도록 노력하여야 한다(항공보안법 제23조 제6항).

5.3.7 항공운송사업자의 항공기 안전운항의 위해자 등에 대한 탑승의 거절

항공운송사업자는 다음에 해당하는 사람에 대하여 항공기의 탑승을 거절할 수 있다(항공보안법 제23조 제7항).

1. 보안검색[19]을 거부하는 사람
2. 음주로 인하여 소란행위를 하거나 할 우려가 있는 사람
3. 항공보안에 관한 업무를 담당하는 국내외 국가기관 또는 국제기구 등으로부터 항공기 안전운항을 해칠 우려가 있어 탑승을 거절할 것을 요청받거나 통보받은 사람
4. 그 밖에 항공기 안전운항을 해칠 우려가 있어 국토교통부령으로 정하는 사람

5.3.8 항공보안검색요원 등에 대한 업무방해행위 및 위해행위의 금지

누구든지 공항에서 보안검색 업무를 수행 중인 항공보안검색요원 또는 보호구역에의 출입을 통제하는 사람에 대하여 업무를 방해하는 행위 또는 폭행 등 신체에 위해를 주는 행위를 하여서는 아니 된다(항공보안법 제23조 제8항).

---

18) 탑승객이 항공기 내에서 항공기와 탑승객의 안전한 운항과 여행을 저해하는 행위는 다음과 같다(항공보안법 제1항 제1호 내지 제5호).
① 폭언 및 고성방가 등의 소란행위
② 흡연(흡연구역에서의 흡연은 제외한다)
③ 술을 마시거나 약물을 복용하고 다른 사람에게 위해를 주는 행위
④ 다른 사람에게 성적(性的) 수치심을 일으키는 행위
⑤ 국토교통부장관은 운항 중인 항공기의 항행 및 통신장비에 대한 전자파 간섭 등의 영향을 방지하기 위하여 국토교통부령의 규정에 따라 탑승객이 지니고 있는 전자기기의 사용을 제한할 수 있도록 하고 있는데(항공법 제61조의 2), 이 규정을 위반하여 전자기기를 사용하는 행위

19) 여기서 보안검색이라 함은,「항공보안법」제15조(승객 등의 검색) 또는 제17조(통과 승객 또는 환승 승객에 대한 보안검색 등)의 규정에 의한 보안검색을 말한다.

5.4 수감 중인 사람 등의 호송

5.4.1 사법경찰관리 등의 호송대상자 호송 시 항공운송사업자에 대한 통보

사법경찰관리 또는 법 집행 권한이 있는 공무원은 항공기를 이용하여 피의자·피고인·수형자(受刑者) 및 그 밖에 기내 보안에 위해를 일으킬 우려가 있는 사람(이하의 이 조에서는 이를 "호송대상자"라고 한다)을 호송할 경우에는, 미리 해당 항공운송사업자에게 통보하여야 한다(항공보안법 제24조 제1항).

5.4.2 사법경찰관리 등의 항공운송사업자에 대한 통보사항

사법경찰관리 등의 항공운송사업자에 대한 통보(항공보안법 제24조 제1항)사항에는 호송대상자의 인적사항·호송 이유·호송방법 및 호송상의 안전조치 등에 관한 사항이 포함되어야 한다(항공보안법 제24조 제2항).

5.4.3 항공운송사업자의 사법경찰관리 등에 대한 안전조치의 요구

사법경찰관리 등으로부터 통보(항공보안법 제24조 제1항)를 받은 항공운송사업자는 호송대상자가 항공기나 승무원 및 탑승객의 안전에 위협이 된다고 판단되는 경우에는, 사법경찰관리 등 호송공무원에게 적절한 안전조치를 요구할 수 있다(항공보안법 제24조 제3항).

5.4.4 호송대상자에 대한 필요사항

호송대상자의 호송방법 및 호송조건 등에 관하여 필요한 사항은 국토교통부령으로 정한다(항공보안법 제24조 제4항).

5.5 범인의 인도와 인수

5.5.1 기장 등의 범인 인도

기장 등이 항공기 내에서 죄를 범한 범인을 인도할 때에는, 직접 또는 해당 관계기관의 공무원을 통하여 해당 공항을 관할하는 국가경찰관서에 인도하여야 한다(항공보안법 제25조 제1항).

5.5.2 기장 등이 다른 항공기에서 범행을 저지른 범인을 인수한 경우의 인도방법

기장 등이 다른 항공기 내에서 죄를 범한 범인을 인수하여, 그 항공기 내에서 구금을 계속할 수 없을 때에는, 직접 또는 해당 관계기관의 공무원을 통하여 해당 공항을 관할하는 국가경찰관서에 지체 없이 범인을 인도하여야 한다(항공보안법 제25조 제2항).

5.5.3 국가경찰관서장의 범인에 대한 처리결과의 통보

범인을 인도[20]받은 국가경찰관서의 장은 범인에 대한 처리 결과를 지체 없이 해당 항공운송사업자에게 통보하여야 한다(항공보안법 제25조 제3항).

5.6 예비조사

5.6.1 국가경찰관서장의 예비조사

국가경찰관서의 장은 범인을 인도[21]받은 경우, 범행에 대한 범인의 조사나 증거물의 제출요구 및 증인에 대한 진술확보 등의 예비조사를 할 수 있다(항공보안법 제26조 제1항).

5.6.2 국가경찰관서장의 예비조사에 따른 항공기의 부당한 운항지연의 금지

국가경찰관서의 장은 상기에서 언급한 예비조사(항공보안법 제26조 제1항)를 하는 경우에 해당 항공기의 운항을 부당하게 지연시켜서는 아니 된다(항공보안법 제26조 제2항).

---

20) 여기서 범인의 인도라 함은, 기장 등이 자신이 운항하는 항공기 내 또는 다른 항공기 내에서 범행을 저지른 범인을 직접 또는 해당 관계기관의 공무원을 통하여 해당 공항을 관할하는 국가경찰관서에 인도하는 것을 말한다(항공보안법 제25조 제1항 · 제2항).

21) 여기서 범인의 인도라 함은, 기장 등이 자신이 운항하는 항공기 내 또는 다른 항공기 내에서 범행을 저지른 범인을 직접 또는 해당 관계기관의 공무원을 통하여 해당 공항을 관할하는 국가경찰관서에 인도하는 것을 말한다(항공보안법 제25조 제1항 · 제2항).

6. 항공보안장비 등

6.1 항공보안장비

6.1.1 공항운영자·항공운송사업자·화물터미널운영자 및 상용화주의 항공보안장비 사용

공항운영자·항공운송사업자·화물터미널운영자 및 상용화주는 국토교통부장관이 고시하는 항공보안장비를 사용하여야 한다(항공보안법 제27조 제1항).

6.1.2 항공보안장비의 기준에 관한 국토교통부장관의 고시

국토교통부장관은 항공보안장비의 종류·성능 및 운영방법 등에 관한 기준을 정하여 고시하여야 한다(항공보안법 제27조 제2항).

6.2 교육훈련 등

6.2.1 업무수행자의 교육에 필요한 사항에 대한 국토교통부장관의 결정

국토교통부장관은 항공보안에 관한 업무수행자의 교육에 필요한 사항을 정하여야 한다(항공보안법 제28조 제1항).

6.2.2 보안검색업무에 관한 감독자 및 수행자의 교육훈련의 이수

보안검색 업무를 감독하거나 수행하는 사람은 국토교통부장관이 지정한 교육기관에서 검색방법·검색절차·검색장비의 운용 및 그 밖에 보안검색에 필요한 교육훈련을 이수하여야 한다(항공보안법 제28조 제2항). <개정 2013.3.23>

6.2.3 교육기관으로 지정받으려는 자에 대한 지정기준

국토교통부장관으로부터 교육기관으로 지정받으려는 자(항공보안법 제28조 제2항)가 갖추어야 하는 시설·장비 및 인력 등의 지정기준에 대하여는 국토교통부령으로 정한다(항공보안법 제28조 제3항).

6.2.4 국토교통부장관의 지정을 받은 교육기관에 대한 지정의 취소

국토교통부장관은 교육기관으로 지정받은 자가 다음에 해당하는 경우에는, 그 지정을 취소할 수 있다. 다만, 다음의 1.에 해당하는 경우에는, 그 지정을 반드시 취소하여야 한다(항공보안법 제28조 제4항).

1. 거짓이나 그 밖의 부정한 방법으로 교육기관의 지정을 받은 경우
2. 교육기관이 갖추어야 할 지정기준[22]에 미달하게 된 경우. 다만, 일시적으로 지정기준에 미달하게 되어 3개월 이내에 지정기준을 다시 충족시킨 경우에는, 지정이 취소되지 않는다.
3. 교육의 전 과정을 2년 이상 운영하지 아니한 경우

6.2.5 교육기관의 지정 및 교육훈련에 관한 사항

교육기관의 지정이나 교육훈련에 관하여 필요한 사항은 국토교통부장관이 정한다(항공보안법 제28조 제5항).

6.3 검색 기록의 유지

공항운영자 및 항공운송사업자 또는 보안검색을 위탁받은 검색업체는 검색요원의 업무 및 현장교육훈련 기록 등의 보안검색에 관한 기록을 국토교통부령의 규정에 따라 작성하고 유지하여야 한다(항공보안법 제29조).

7. 항공보안 위협에 대한 대응

7.1 항공보안을 위협하는 정보의 제공

7.1.1 항공보안을 해치는 정보를 알게 된 국토교통부장관의 정보제공

국토교통부장관은 항공보안을 해치는 정보를 알게 되었을 때에는 관련 행정기관·국

22) 여기서 지정기준이라 함은, 교육기관으로서의 갖추어야 할 시설·장비 및 인력 등 국토교통부령에서 규정하고 있는 지정기준을 말한다(항공보안법 제28조 제3항).

제민간항공기구·해당 항공기 등록국가의 관련 기관 및 항공기 소유자 등에게 그 정보를 제공하여야 한다(항공보안법 제30조 제1항).

7.1.2 정보제공의 절차 및 협력사항 등에 관한 세부사항

국토교통부장관의 정보제공(항공보안법 제30조 제1항)의 절차 및 협력사항 등에 관한 세부사항은 국토교통부령으로 정한다(항공보안법 제30조 제2항).

7.2 국가항공보안의 우발계획 등의 수립

7.2.1 국토교통부장관의 국가항공보안 우발계획의 수립과 시행

국토교통부장관은 민간항공에 대한 불법방해행위에 신속하게 대응하기 위하여 국가항공보안의 우발계획을 수립하고 시행하여야 한다(항공보안법 제31조 제1항).

7.2.2 공항운영자 등의 자체 우발계획의 수립과 시행

공항운영자 등은 국토교통부장관이 수립하여 시행하는 국가항공보안의 우발계획(항공보안법 제31조 제1항)에 따라 자체 우발계획을 수립하고 시행하여야 한다(항공보안법 제31조 제2항).

7.2.3 공항운영자 등의 자체 우발계획의 수립 또는 변경 시 국토교통부장관의 승인

공항운영자 등이 국토교통부장관에 의하여 수립되어 시행되고 있는 국가항공보안의 우발계획(항공보안법 제31조 제2항)에 따라 자체 우발계획을 수립하거나 변경하는 경우에는, 국토교통부장관으로부터 승인을 받아야 한다. 다만, 국토교통부령으로 정하는 경미한 사항을 변경하는 경우에는, 국토교통부장관으로부터 승인을 받지 않아도 된다(항공보안법 제31조 제3항).

7.2.4 국가항공보안의 우발계획 및 자체 우발계획의 필요사항

국가항공보안의 우발계획 및 자체 우발계획(항공보안법 제31조 제1항 내지 제3항)의 구체적인 내용·수립기준 및 승인절차 등에 관하여 필요한 사항은 국토교통부령으로 정한다(항공보안법 제31조 제4항).

7.3 보안조치

국토교통부장관은 민간항공에 대한 위협에 신속한 대응이 필요한 경우에는, 공항운영자 등에 대하여 필요한 조치를 할 수 있다(항공보안법 제32조).

7.4 항공보안의 감독

7.4.1 국토교통부장관의 항공보안 감독관의 지정

국토교통부장관은 소속 공무원을 항공보안의 감독관으로 지정하여 항공보안에 관한 점검업무를 수행하게 하여야 한다(항공보안법 제33조 제1항).

7.4.2 국토교통부장관의 공항 및 항공기에 대한 보안실태의 현장점검

국토교통부장관은 대통령령으로 정하는 바에 따라 관계 행정기관과 합동으로 공항 및 항공기에 대한 보안실태의 현장점검을 실시할 수 있다(항공보안법 제33조 제2항).

7.4.3 국토교통부장관의 점검업무수행에 따른 자료제출의 요청

국토교통부장관은 위에서 언급한 점검업무(항공보안법 제33조 제1항 · 제2항)의 수행에 필요하다고 인정하는 경우에는, 공항운영자 등에게 필요한 서류 및 자료의 제출을 요구할 수 있다(항공보안법 제33조 제3항).

7.4.4 국토교통부장관의 공항운영자 등에 대한 시정조치 및 보안대책의 수립에 관한 명령

국토교통부장관은 위에서 언급한 점검(항공보안법 제33조 제1항 · 제2항)의 결과 그 개선이나 보완이 필요하다고 인정하는 경우에는, 공항운영자 등에게 시정조치 또는 그 밖의 보안대책 수립을 명할 수 있다(항공보안법 제33조 제4항).

7.4.5 점검대상자에 대한 점검계획의 통지

위에서 언급한 점검(항공보안법 제33조 제1항 · 제2항)을 하는 경우에는, 점검 7일 전까지 점검일시 · 점검이유 및 점검내용 등에 대한 점검계획을 점검대상자에게 통지하여야 한다. 다만, 긴급한 경우 또는 사전에 통지하면 증거인멸 등으로 점검의 목적을 달성할 수 없다고 인정하는 경우에는, 점검대상자에게 점검계획을 통지하지 않아도 된다(항공보안법 제33조 제5항).

7.4.6 항공보안감독관의 항공기 및 공항시설의 검사

항공보안감독관은 항공보안에 관한 점검업무를 수행하기 위하여 필요한 경우에는, 항공기 및 공항시설에 출입을 하여 검사를 할 수 있다(항공보안법 제33조 제6항).

7.4.7 점검공무원의 증표소지 및 제시

위에서 언급한 점검(항공보안법 제33조 제1항 · 제2항 · 제6항)을 하는 공무원은 그 권한을 표시하는 증표를 소지하고, 이를 관계인에게 제시하여 보여주어야 한다(항공보안법 제33조 제7항).

7.4.8 항공보안감독관의 지정 · 운영 및 점검업무

국토교통부장관에 의하여 지정된 항공보안감독관(항공보안법 제33조 제1항)의 지정 · 운영 및 점검업무 등에 대한 세부사항은 국토교통부령으로 정한다(항공보안법 제33조 제8항).

7.5 항공보안의 자율신고

7.5.1 민간항공의 보안에 해가 되는 사실을 인지한 자의 신고

민간항공의 보안을 해치거나 해칠 우려가 있는 사실로서, 국토교통부령에서 규정하고 있는 사실을 안 사람은 국토교통부장관에게 그 사실을 신고(이하의 이 조에서는 이를 "항공보안의 자율신고"라고 한다)할 수 있다(항공보안법 제33조의 2 제1항).

7.5.2 항공보안에 관한 자율신고자의 신분공개 및 신고내용의 사용

국토교통부장관은 항공보안에 관하여 자율신고를 한 사람의 의사에 반하여 신고자의 신분을 공개하여서는 아니 되며, 그 신고내용을 보안사고의 예방 및 항공보안의 확보 목적 이외에 다른 목적으로 사용하여서는 아니 된다(항공보안법 제33조의 2 제2항).

7.5.3 공항운영자 등의 자율신고자에 대한 조치

공항운영자 등은 소속 임직원이 항공보안에 관하여 자율신고를 한 경우에는, 그 신고를 이유로 해고·전보·징계 및 그 밖에 신분이나 처우와 관련하여 불이익한 조치를 하여서는 아니 된다(항공보안법 제33조의 2 제3항).

7.5.4 국토교통부장관의 항공보안에 관한 자율신고업무의 위탁

국토교통부장관은 항공보안에 관한 자율신고(항공보안법 제33조의 2 제1항·제2항)의 접수·분석·전파에 관한 업무를 대통령령으로 정하는 바에 따라 「교통안전공단법」에 따른 교통안전공단에 위탁할 수 있다. 이 경우에 위탁을 받아 업무에 종사하는 교통안전공단의 임직원이 「형법」 제129조 내지 제132조의 규정[23]을 적용할 때에는, 그를 공무원으로 본다(항공보안법 제33조의 2 제4항).

---

23) 제129조(수뢰, 사전수뢰)

① 공무원 또는 중재인이 그 직무에 관하여 뇌물을 수수, 요구 또는 약속한 때에는 5년 이하의 징역 또는 10년 이하의 자격정지에 처한다.

② 공무원 또는 중재인이 될 자가 그 담당할 직무에 관하여 청탁을 받고 뇌물을 수수, 요구 또는 약속한 후 공무원 또는 중재인이 된 때에는 3년 이하의 징역 또는 7년 이하의 자격정지에 처한다.

제130조(제삼자뇌물제공)

공무원 또는 중재인이 그 직무에 관하여 부정한 청탁을 받고 제3자에게 뇌물을 공여하게 하거나 공여를 요구 또는 약속한 때에는 5년 이하의 징역 또는 10년 이하의 자격정지에 처한다.

제131조(수뢰후부정처사, 사후수뢰)

① 공무원 또는 중재인이 전2조의 죄를 범하여 부정한 행위를 한 때에는 1년 이상의 유기징역에 처한다.

② 공무원 또는 중재인이 그 직무상 부정한 행위를 한 후 뇌물을 수수, 요구 또는 약속하거나 제삼자에게 이를 공여하게 하거나 공여를 요구 또는 약속한 때에도 전항의 형과 같다.

③ 공무원 또는 중재인이었던 자가 그 재직 중에 청탁을 받고 직무상 부정한 행위를 한 후 뇌물을 수수, 요구 또는 약속한 때에는 5년 이하의 징역 또는 10년 이하의 자격정지에 처한다.

④ 전3항의 경우에는, 10년 이하의 자격정지를 병과할 수 있다.

제132조(알선수뢰)

공무원이 그 지위를 이용하여 다른 공무원의 직무에 속한 사항의 알선에 관하여 뇌물을 수수, 요구 또는 약속한 때에는 3년 이하의 징역 또는 7년 이하의 자격정지에 처한다.

7.5.5 항공보안에 관한 자율신고의 방법 및 처리절차 등에 관한 사항

항공보안에 관한 자율신고의 신고방법 및 신고처리절차 등에 관하여 필요한 사항은 국토교통부령으로 정한다(항공보안법 제33조의 2 제5항).

8. 보칙

8.1 재정의 지원

국가는 예산의 범위 내에서 항공보안에 관한 업무수행에 필요한 비용을 지원할 수 있다(항공보안법 제34조).

8.2 국토교통부장관의 감독

국토교통부장관은 이 「항공보안법」 또는 이 「항공보안법」에 따른 명령이나 처분을 위반하는 행위에 대하여는 시정명령 등 필요한 조치를 할 수 있다(항공보안법 제35조).

8.3 국토교통부장관의 취소처분에 따른 청문

국토교통부장관은 다음에 해당하는 취소처분을 하려면 청문을 하여야 한다(항공보안법 제37조).

1. 위탁업체 지정의 취소[24]
2. 상용화주 지정의 취소[25]
3. 교육기관 지정의 취소[26]

---

24) 위탁업체 지정의 취소에 대하여는, 「항공보안법」 제15조 제7항(「항공보안법」 제16조 제1항 후단 · 제2항 후단 및 제17조 제5항에서 준용하는 경우를 포함)에 따른다.
25) 상용화주 지정의 취소에 대하여는, 「항공보안법」 제17조의 3 제1항에 따른다.
26) 교육기관 지정의 취소에 대하여는, 「항공보안법」 제28조 제4항에 따른다.

8.4 권한의 위임 · 위탁

8.4.1 국토교통부장관의 권한의 위임과 재위임

「항공보안법」에 따른 국토교통부장관의 권한은 대통령령의 규정에 의하여 그 일부를 지방항공청장에게 위임할 수 있다. 이 경우, 지방항공청장은 국토교통부장관으로부터 위임받은 권한의 일부를 국토교통부장관의 승인을 받아, 소속 기관의 장에게 재위임할 수 있다(항공보안법 제38조 제1항).

8.4.2 국토교통부장관의 권한의 위탁

「항공보안법」에 따른 국토교통부장관의 권한은 대통령령의 규정에 의하여 그 일부를 다른 행정청이나 행정청이 아닌 자에게 위탁할 수 있다(항공보안법 제38조 제2항).

9. 벌칙

9.1 항공기의 파손죄

9.1.1 운항 중인 항공기의 파손자에 대한 처벌

운항 중인 항공기의 안전을 해칠 정도로 항공기를 파손한 사람[27]은 사형이나 무기징역 또는 5년 이상의 징역에 처한다(항공보안법 제39조 제1항).

9.1.2 계류 중인 항공기의 파손자에 대한 처벌

계류 중인 항공기의 안전을 해칠 정도로 항공기를 파손한 사람은 7년 이하의 징역에 처한다(항공보안법 제39조 제2항).

27) 이에는 「항공법」 제157조 제1항에서 규정하고 있는 항행 중인 항공기를 추락 또는 전복(顚覆)시키거나 파괴한 사람은 제외되며, 그 자는 동 법 동 조 동 항에 의하여 사형이나 무기징역 또는 5년 이상의 징역에 처하도록 되어 있다.

9.2 항공기의 납치죄 등

9.2.1 항공기의 강탈 및 운항을 강제한 자에 대한 처벌

폭행이나 협박 또는 그 밖의 방법으로 항공기를 강탈하거나, 그 운항을 강제한 사람은 무기 또는 7년 이상의 징역에 처한다(항공보안법 제40조 제1항).

9.2.2 항공기를 강탈하거나 운항을 강제하여 사람을 사상에 이르게 한 자에 대한 처벌

위에서 언급한 죄(항공보안법 제40조 제1항)를 범하여 사람을 사상(死傷)에 이르게 한 사람은 사형 또는 무기징역에 처한다(항공보안법 제40조 제2항).

9.2.3 항공기를 강탈하려고 하였거나 운항을 강제하려고 하였던 자에 대한 처벌

폭행이나 협박 또는 그 밖의 방법으로 항공기를 강탈하려고 하였거나, 그 운항을 강제하려고 하였던 자(항공보안법 제40조 제1항)에 대하여는, 미수범은 처벌을 한다(항공보안법 제40조 제3항).

9.2.4 항공기의 강탈 및 운항의 강제에 관한 예비자 또는 음모자 및 자수자

항공기의 강탈 및 운항을 강제하거나(항공보안법 제40조 제1항), 항공기의 강탈 및 운항의 강제로 인하여 사람을 사상(항공보안법 제40조 제2항)에 이르게 할 범죄를 범할 목적으로 예비 또는 음모한 사람은 5년 이하의 징역에 처한다. 다만, 그 목적한 죄를 실행에 옮기기 전에 자수한 사람에 대하여는, 그 형을 감경하거나 면제할 수 있다(항공보안법 제40조 제4항).

9.3 항공시설의 파손죄

항공기 운항과 관련된 항공시설을 파손하거나 조작을 방해함으로써 항공기의 안전운항을 해친 사람[28]은 2년 이상의 유기징역에 처한다(항공보안법 제41조).

---

28) 이에는 「항공법」 제156조에서 규정하고 있는 비행장이나 공항시설 또는 항행안전시설을 파손하거나 그 밖의 방법으로 항공상의 위험을 발생시킨 사람은 제외되며, 그 자는 동 법 동 조에 의하여 2년 이상의 유기징역에 처하도록 되어 있다.

9.4 항공기의 항로변경죄

위계 또는 위력으로써 운항 중인 항공기의 항로를 변경하게 하여, 항공기의 정상운항을 방해한 사람은 1년 이상 10년 이하의 징역에 처한다(항공보안법 제42조).

9.5 직무집행방해죄

폭행이나 협박 또는 위계로써 기장 등의 정당한 직무집행을 방해하여 항공기와 승객의 안전을 해친 사람은 10년 이하의 징역에 처한다(항공보안법 제43조).

9.6 항공기 내로의 위험물건 탑재죄

무기 등 위해물품의 항공기 내로의 휴대금지에 관한 규정(항공보안법 제21조)을 위반하여 휴대 또는 탑재가 금지된 물건을 항공기 내로 휴대 또는 탑재하거나 다른 사람으로 하여금 휴대 또는 탑재하게 한 사람은 2년 이상 5년 이하의 징역에 처한다(항공보안법 제44조).

9.7 공항운영의 방해죄

거짓된 사실의 유포 · 폭행 · 협박 및 위계로써 공항운영을 방해한 사람은 5년 이하의 징역 또는 5천만원 이하의 벌금에 처한다(항공보안법 제45조).

9.8 항공기의 안전운항을 저해하는 폭행죄 등

탑승객이 항공기의 보안이나 운항을 저해하는 폭행 · 협박 · 위계행위(危計行爲)를 하거나, 출입문 · 탈출구 · 기기의 조작을 금지하도록 하고 있는 규정(항공보안법 제23조 제2항)을 위반한 사람은 5년 이하의 징역에 처한다(항공보안법 제46조).

9.9 항공기의 점거 및 농성죄

탑승객이 항공기가 착륙한 후에 항공기에서 내리지 않고 항공기를 점거하거나, 항공기 내에서 농성하지 못하도록 금지하고 있는 규정(항공보안법 제23조 제3항)을 위반하여 항공기를 점거하거나 항공기 내에서 농성한 사람은 3년 이하의 징역 또는 3천만원 이하의 벌금에 처한다(항공보안법 제47조).

9.10 운항 방해정보의 제공죄

항공운항을 방해할 목적으로 거짓된 정보를 제공한 사람은 3년 이하의 징역 또는 3천만원 이하의 벌금에 처한다(항공보안법 제48조).

9.11 기장의 승낙 없이 조종실의 출입을 기도하는 행위를 하거나, 기장 등의 정당한 직무상 지시에 불응한 것에 대한 벌칙

기장의 승낙 없이는 조종실에 출입을 기도하는 행위(항공보안법 제23조 제1항 제6호)를 할 수 없음에도 불구하고, 이를 위반하여 조종실의 출입을 기도하는 행위를 하거나, 항공기 내의 탑승객은 항공기의 보안이나 운항을 저해하는 행위를 금지하는 기장 등의 정당한 직무상 지시(항공보안법 제23조 제4항)를 따라야만 함에도 불구하고, 이를 위반하여 기장 등의 지시에 따르지 아니한 사람은 1년 이하의 징역 또는 1천만원 이하의 벌금에 처한다(항공보안법 제49조).

9.12 벌칙

9.12.1 보안계획의 미수립자 · 보안검색업무의 위반자 · 업무방해자 및 자체 우발계획의 미수립자에 대한 벌칙

다음에 해당하는 자는 1천만원 이하의 벌금에 처한다(항공보안법 제50조 제1항).

1. 공항운영자 등은 국토교통부장관으로부터 승인을 받아 국가항공보안계획에 따른 자체 보안계획을 수립(항공보안법 제10조 제2항)하여야 함에도 불구하고, 이를 위반하여 자체 보안계획을 수립하지 아니한 자
2. 탑승객 등에 대하여 보안검색(항공보안법 제15조)을 실시하여야 함에도 불구하고, 이를 위반하여 보안검색의 업무를 하지 아니하거나 소홀히 한 자
3. 누구든지 공항에서 보안검색 업무를 수행 중인 항공보안검색요원 또는 보호구역

에의 출입을 통제하는 사람에 대하여 업무를 방해하는 행위 또는 폭행 등 신체에 위해를 주는 행위를 하여서는 아니 됨에도 불구하고(항공보안법 제23조 제8항), 이를 위반하여 공항에서 보안검색업무를 수행 중인 항공보안검색요원 또는 보호구역에의 출입을 통제하는 사람에 대하여 업무를 방해하는 행위 또는 폭행 등 신체에 위해를 주는 행위를 한 자

4. 공항운영자 등은 국토교통부장관이 수립하여 시행하는 국가항공보안의 우발계획(항공보안법 제31조 제1항)에 따라 자체 우발계획을 수립(항공보안법 제31조 제2항)하여야 함에도 불구하고, 이를 위반하여 자체 우발계획을 수립하지 아니한 자

9.12.2 자체 보안계획의 미승인자 · 보안검색업무의 위반자 · 항공기와 탑승객의 안전한 운항과 여행을 위해하는 자 및 자체 우발계획의 미승인자에 대한 벌칙

다음에 해당하는 자는 500만원 이하의 벌금에 처한다(항공보안법 제50조 제2항).

1. 공항운영자 등은 국토교통부장관으로부터 승인을 받아 국가항공보안계획에 따른 자체 보안계획을 수립하거나 수립된 자체 보안계획을 변경(항공보안법 제10조 제2항)하여야 함에도 불구하고, 이를 위반하여 국토교통부장관으로부터 자체 보안계획의 승인을 받지 아니한 자[29)]
2. 탑승객이 아닌 사람 등에 대하여도 보안검색을 실시(항공보안법 제16조)하여야 하거나, 통과 승객 및 환승 승객에 대하여도 보안검색을 실시(항공보안법 제17조)하여야 함에도 불구하고, 이를 위반하여 보안검색 업무를 하지 아니하거나 소홀히 한 자
3. 기장 등의 사전 경고에도 불구하고, 운항 중인 항공기 내에서 폭언 및 고성방가 등의 소란행위 · 흡연(흡연구역에서의 흡연은 제외) · 술을 마시거나 약물을 복용하고 다른 사람에게 위해를 주는 행위 · 다른 사람에게 성적(性的) 수치심을 일으키는 행위 · 국토교통부장관은 운항 중인 항공기의 항행 및 통신장비에 대한 전자파 간섭 등의 영향을 방지하기 위하여 국토교통부령의 규정에 따라 탑승객이 지니고 있는 전자기기의 사용을 제한할 수 있도록 하고 있는데(항공법 제61조의 2), 이 규정을 위반하여 전자기기를 사용하는 행위(항공보안법 제23조 제1항 제1호

---

29) 다만, 국토교통부령에서 규정하고 있는 경미한 사항을 변경하고자 하는 경우에는, 국토교통부장관으로부터 승인을 받지 않아도 된다(항공보안법 제10조 제2항 단서).

내지 제5호) 및 기장 등의 업무를 위계 또는 위력으로써 방해하는 행위(항공보안법 제23조 제1항 제7호) 등의 위반행위를 한 사람

4. 공항운영자 등이 국토교통부장관에 의하여 수립되어 시행되고 있는 국가항공보안의 우발계획(항공보안법 제31조 제2항)에 따라 자체 우발계획을 수립하거나 변경하는 경우에는, 국토교통부장관으로부터 승인(항공보안법 제31조 제3항)을 받아야 함에도 불구하고[30], 이를 위반하여 자체 우발계획의 승인을 받지 아니한 자

9.12.3 기장 등과 탑승객의 안전에 위해를 가하는 행위를 한 자에 대한 벌칙

기장 등의 사전 경고에도 불구하고 계류 중인 항공기 내에서 폭언 및 고성방가 등의 소란행위 · 흡연(흡연구역에서의 흡연은 제외) · 술을 마시거나 약물을 복용하고 다른 사람에게 위해를 주는 행위 · 다른 사람에게 성적(性的) 수치심을 일으키는 행위 · 국토교통부장관은 운항 중인 항공기의 항행 및 통신장비에 대한 전자파 간섭 등의 영향을 방지하기 위하여 국토교통부령의 규정에 따라 탑승객이 지니고 있는 전자기기의 사용을 제한할 수 있도록 하고 있는데(항공법 제61조의 2), 이 규정을 위반하여 전자기기를 사용하는 행위(항공보안법 제23조 제1항 제1호 내지 제5호) 및 기장 등의 업무를 위계 또는 위력으로써 방해하는 행위(항공보안법 제23조 제1항 제7호) 등의 위반행위를 한 사람은 200만원 이하의 벌금에 처한다(항공보안법 제50조 제3항).

9.12.4 공항운영자로부터 허가를 받지 아니하고 보호구역에 출입을 한 자에 대한 벌칙

보호구역에 출입을 하고자 하는 사람은 공항운영자로부터 허가를 받아야 하는데[31] (항공보안법 제13조 제1항), 이를 위반하여 공항운영자로부터 허가를 받지 아니하고 보호구역에 출입한 사람은 100만원 이하의 벌금에 처한다(항공보안법 제50조 제4항).

---

30) 다만, 국토교통부령으로 정하는 경미한 사항을 변경하는 경우에는, 국토교통부장관으로부터 승인을 받지 않아도 된다(항공보안법 제31조 제3항 단서).

31) 공항운영자로부터 허가를 받아 보호구역에 출입할 수 있는 자는 다음과 같다(항공보안법 제13조 제1항).
① 보호구역의 공항시설 등에서 상시적으로 업무를 수행하는 사람
② 공항의 건설이나 공항시설의 유지 및 보수 등을 위하여 보호구역에서 업무를 수행할 필요가 있는 사람
③ 위에서 언급한 자 이외에 업무를 수행하기 위하여 보호구역에 출입이 필요하다고 인정되는 사람

9.13 양벌규정

법인의 대표자나 법인 또는 개인의 대리인, 사용인, 그 밖의 종업원이 그 법인 또는 개인의 업무에 관하여 위에서 언급한 벌칙에 관한 규정(항공보안법 제50조) 중 어느 하나에 해당하는 위반행위를 하면, 그 행위자를 벌하는 외에 그 법인 또는 개인에게도 해당 조문의 벌금형을 과(科)한다. 다만, 법인 또는 개인이 그 위반행위를 방지하기 위하여 해당 업무에 관하여 상당한 주의와 감독을 게을리하지 아니한 경우에는, 벌금형을 과(科)하지 않는다(항공보안법 제50조의 2).

9.14 과태료

9.14.1 1천만원 이하의 과태료(항공보안법 제51조 제1항)

다음에 해당하는 자에게는 1천만원 이하의 과태료를 부과한다.

1. 공항운영자 등은 국토교통부장관으로부터 승인을 받아 국가항공보안계획에 따른 자체 보안계획을 수립하거나 수립된 자체 보안계획을 변경[32](항공보안법 제10조 제2항)하여 이행하여야 함에도 불구하고, 승인받은 자체 보안계획을 이행하지 아니한 자(국가항공보안계획과 관련되는 부분만 해당)
2. 항공운송사업자는 항공기에 탑승객을 탑승시켜서 항공기를 운항하는 경우, 항공기에 항공기 내 보안요원을 탑승시키도록 되어 있음에도 불구하고(항공보안법 제14조 제2항), 이를 위반하여 항공기 내 보안요원을 탑승시키지 아니한 항공운송사업자
3. 항공운송사업자는 항공기가 비행하기 전에 매번 항공기에 대한 보안점검을 실시하도록 되어 있음에도 불구하고(항공보안법 제14조 제4항), 이를 위반하여 항공기에 대한 보안점검을 실시하지 아니한 항공운송사업자
4. 항공운송사업자는 항공기가 공항에 도착하면, 통과 승객 또는 환승 승객을 불문하고 항공기에서 자기의 휴대물품을 가지고 내리도록 하여야 함에도 불구하고(항공보안법 제17조 제1항), 이를 위반하여 통과 승객이나 환승 승객에게 휴대물품

32) 다만, 국토교통부령에서 규정하고 있는 경미한 사항을 변경하고자 하는 경우에는, 국토교통부장관으로부터 승인을 받지 않아도 된다(항공보안법 제10조 제2항 단서).

을 가지고 내리도록 조치하지 아니한 항공운송사업자

5. 공항운영자나 항공운송사업자 및 화물터미널운영자는 검색장비가 정상적으로 작동되지 아니한 상태로 검색을 하였거나, 검색이 미흡한 사실을 알게 된 경우・허가받지 아니한 사람 또는 물품이 보호구역 또는 항공기 안으로 들어간 경우 및 그 밖에 항공보안에 우려가 있는 것으로서 국토교통부령으로 정하는 사항에 대하여는 즉시 그 사실을 국토교통부장관에게 보고하여야 함에도 불구하고(항공보안법 제19조 제1항), 이를 위반하여 국토교통부장관에게 보고하지 아니한 자
6. 공항운영자・항공운송사업자・화물터미널운영자 및 상용화주는 국토교통부장관이 고시하는 항공보안장비를 사용하여야 함에도 불구하고(항공보안법 제27조 제1항), 이를 위반하여 국토교통부장관이 고시하는 항공보안장비를 사용하지 아니한 자
7. 공항운영자 등이 국토교통부장관에 의하여 수립되어 시행되고 있는 국가항공보안의 우발계획(항공보안법 제31조 제2항)에 따라 자체 우발계획을 수립하거나 변경하는 경우에는, 국토교통부장관으로부터 승인[33]을 받아서 이행하도록 되어 있음에도 불구하고(항공보안법 제31조 제3항), 승인받은 자체 우발계획을 이행하지 아니한 자(국가항공보안 우발계획과 관련되는 부분만 해당)
8. 국토교통부장관은 민간항공에 대한 위협에 신속한 대응이 필요한 경우에는, 공항운영자 등에 대하여 필요한 조치를 할 수 있도록 하고 있는데(항공보안법 제32조), 이에 따라 국토교통부장관이 보안조치를 하도록 하였음에도 불구하고, 그 보안조치를 이행하지 아니한 자(공항운영자 등)
9. 국토교통부장관이 소속 공무원을 항공보안의 감독관으로 지정하여 항공보안에 관한 점검을 하도록 한 결과(항공보안법 제33조 제1항) 또는 대통령령에 의하여 관계 행정기관과 합동으로 공항 및 항공기에 대한 보안실태의 현장점검을 실시한 결과(항공보안법 제33조 제2항), 그 개선이나 보완이 필요하다고 인정되는 경우에는, 공항운영자 등에게 시정조치 또는 그 밖의 보안대책 수립을 명할 수 있는데(항공보안법 제33조 제4항), 이를 위반하여 국토교통부장관의 시정조치 또는 명령을 이행하지 아니한 자(공항운영자 등)

---

33) 다만, 국토교통부령으로 정하는 경미한 사항을 변경하는 경우에는, 국토교통부장관으로부터 승인을 받지 않아도 된다(항공보안법 제31조 제3항 단서).

10. 공항운영자 등은 소속 임직원이 항공보안에 관하여 자율신고를 한 경우에는, 그 신고를 이유로 해고 · 전보 · 징계 및 그 밖에 신분이나 처우와 관련하여 불이익한 조치를 할 수 없음에도 불구하고(항공보안법 제33조의 2 제3항), 이를 위반하여 불이익한 조치를 한 자(공항운영자 등)
11. 국토교통부장관은 이 「항공보안법」 또는 이 「항공보안법」에 따른 명령이나 처분을 위반하는 행위에 대하여 시정명령 등 필요한 조치를 할 수 있도록 되어 있는데(항공보안법 제35조), 국토교통부장관의 시정명령 등 필요한 조치에 대하여 이를 이행하지 아니한 자

9.14.2 500만원 이하의 과태료(항공보안법 제51조 제2항)

다음에 해당하는 자에게는 500만원 이하의 과태료를 부과한다.

1. 공항운영자 및 항공운송사업자 또는 보안검색을 위탁받은 검색업체는 검색요원의 업무 및 현장교육훈련 기록 등의 보안검색에 관한 기록을 국토교통부령의 규정에 따라 작성하고 유지하도록 되어 있는데(항공보안법 제29조), 이를 위반하여, 보안검색에 관한 기록을 작성하고 유지하지 아니한 자
2. 국토교통부장관은 소속 공무원을 항공보안의 감독관으로 지정하여 항공보안에 관한 점검업무를 수행하도록 하거나(항공보안법 제33조 제1항), 대통령령에 의하여 관계 행정기관과 합동으로 공항 및 항공기에 대한 보안실태의 현장점검을 수행하도록 할 수 있고(항공보안법 제33조 제2항), 이 경우에 국토교통부장관은 점검업무의 수행에 필요하다고 인정되는 경우, 공항운영자 등에게 필요한 서류 및 자료의 제출을 요구할 수 있는데(항공보안법 제33조 제3항), 이를 위반하여 점검업무의 수행에 필요한 서류 및 자료를 제출하지 아니하거나, 거짓의 자료를 제출한 자(공항운영자 등)

9.14.3 100만원 이하의 과태료(항공보안법 제51조 제3항)

항공운송사업자는 항공기가 공항에 도착하면, 통과 승객 또는 환승 승객을 불문하고 항공기에서 자기의 휴대물품을 가지고 내리도록 하여야 하는데(항공보안법 제17조 제1항), 항공운송사업자의 이와 같은 지시에도 불구하고 휴대물품을 가지고 내리지 아니한

자(통과 승객 또는 환승 승객)

9.14.4 대통령령에 의한 과태료

위의 「항공보안법」 제51조 제1항 내지 제3항의 규정에 의한 과태료는 대통령령으로 정하는 바에 따라 국토교통부장관이 부과하여 징수한다(항공보안법 제51조 제4항).

김명수

- 청주대학교 대학원 졸업(법학박사)
- 대구미래대학교 경찰행정과 강사
- 충북과학대학교 교양과 강사
- 청주대학교 법과대학 법학부 강사
- 안동과학대학교 경호경찰과 겸임교수
- 경운대학교 경찰행정학부 교수
- 현) 안동과학대학교 항공보안과 교수

항공보안관련 법규

2014년 12월 23일 초판 1쇄 인쇄
2014년 12월 30일 초판 1쇄 발행

지은이 김명수
펴낸이 진욱상 · 진성원
펴낸곳 백산출판사
교 정 편집부
본문디자인 박채린
표지디자인 오정은

저자와의 합의하에 인지첩부 생략

등 록 1974년 1월 9일 제1-72호
주 소 서울시 성북구 정릉로 157(백산빌딩 4층)
전 화 02-914-1621/02-917-6240
팩 스 02-912-4438
이메일 editbsp@naver.com
홈페이지 www.ibaeksan.kr

ISBN 979-11-5763-017-2
값 15,000원